大数据技术丛书

R Data Analysis and Data Mining

R语言数据分析与挖掘实战

张良均 云伟标 王路 刘晓勇◎著

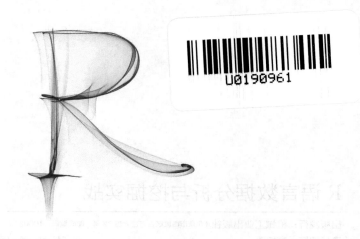

机械工业出版社
China Machine Press

图书在版编目（CIP）数据

R 语言数据分析与挖掘实战 / 张良均等著 . —北京：机械工业出版社，2015.9（2025.1 重印）
（大数据技术丛书）

ISBN 978-7-111-51604-0

I. R… II. 张… III. ①程序语言 – 程序设计 ②数据采集 IV. ① TP312 ② TP274

中国版本图书馆 CIP 数据核字（2015）第 224999 号

R 语言数据分析与挖掘实战

出版发行：机械工业出版社（北京市西城区百万庄大街 22 号 邮政编码：100037）	
责任编辑：高婧雅	责任校对：董纪丽
印　　刷：固安县铭成印刷有限公司	版　　次：2025 年 1 月第 1 版第 14 次印刷
开　　本：186mm×240mm　1/16	印　　张：21
书　　号：ISBN 978-7-111-51604-0	定　　价：69.00 元

客服电话：88361066　68326294

为什么要写这本书

　　LinkedIn 对全球超过 3.3 亿用户的工作经历和技能进行分析后得出，目前最受关注的 25 项技能中，对数据挖掘人才的需求排名第一。那么数据挖掘是什么？

　　数据挖掘是从大量数据（包括文本）中挖掘出隐含的、先前未知的、对决策有潜在价值的关系、模式和趋势，并用这些知识和规则建立用于决策支持的模型，提供预测性决策支持的方法、工具和过程。数据挖掘有助于企业发现业务的发展趋势，揭示已知的事实，预测未知的结果，因此"数据挖掘"已成为企业保持竞争力的必要方法。

　　但跟国外相比，我国由于信息化程度不太高，企业内部信息不完整，零售业、银行、保险、证券等对数据挖掘的应用并不太理想。但随着市场竞争的加剧，各行业对数据挖掘技术的意愿越来越强烈，可以预计，未来几年各行业的数据分析应用一定会从传统的统计分析发展到大规模数据挖掘应用。在大数据时代，数据过剩、人才短缺，数据挖掘专业人才的培养又需要专业知识和职业经验积累。所以，本书注重数据挖掘理论与项目案例实践相结合，可以让读者获得真实的数据挖掘学习与实践环境，更快、更好地学习数据挖掘知识与积累职业经验。

　　总体来说，随着云时代的来临，大数据技术将具有越来越重要的战略意义。大数据已经渗透到每一个行业和业务职能领域，逐渐成为重要的生产要素，人们对于海量数据的运用预示着新一轮生产率增长和消费者盈余浪潮的到来。大数据分析技术将帮助企业用户在合理的时间内攫取、管理、处理、整理海量数据，为企业经营决策提供积极的帮助。大数据分析作为数据存储和挖掘分析的前沿技术，广泛应用于物联网、云计算、移动互联网等战略性新兴产业。虽然大数据目前在国内还处于初级阶段，但是其商业价值已经显现出来，特别是有实践经验的大数据分析人才更是各企业争夺的热门。为了满足日益增长的对大数据分析人才的需求，很多大学开始尝试开设不同程度的大数据分析课程。"大数据分析"作为大数据时代的核心技术，必将成为高校数学与统计学专业的重要课程之一。

本书特色

笔者从实践出发，结合大量数据挖掘工程案例与教学经验，以真实案例为主线，深入浅出地介绍数据挖掘建模过程中的有关任务：数据探索、数据预处理、分类与预测、聚类分析、时序预测、关联规则挖掘、智能推荐、偏差检测等。因此，本书的编排以解决某个应用的挖掘目标为前提，先介绍案例背景，提出挖掘目标，再阐述分析方法与过程，最后完成模型构建，在介绍建模过程中会穿插操作训练，把相关的知识点嵌入相应的操作过程中。为方便读者轻松地获取一个真实的实验环境，本书使用大家熟知的 R 语言对样本数据进行处理以进行挖掘建模。

根据读者对案例的理解，本书配套提供了真实的原始样本数据文件及数据探索、数据预处理、模型构建及评价等不同阶段的 R 语言代码程序，读者可以从全国大学生数据挖掘竞赛网站（http://www.tipdm.org/ts/654.jhtml）免费下载。另外，为方便教师授课需要，本书还特意提供了建模阶段的过程数据文件、PPT 课件，以及基于 R、SAS EM、SPSS Modeler、MAT-LAB、TipDM 等上机实验环境下的数据挖掘各阶段程序/模型及相关代码，读者可通过热线电话（40068-40020）、企业 QQ（4006840020）或以下微信公众号咨询获取。读者也可通过这些方式进行在线咨询。

本书适用对象

☐ 开设有数据挖掘课程的高校教师和学生。

目前国内不少高校将数据挖掘引入本科教学中，在数学、计算机、自动化、电子信息、金融等专业开设了数据挖掘技术相关的课程，但目前这一课程的教学仍然主要限于理论介绍。因为单纯的理论教学过于抽象，学生理解起来往往比较困难，教学效果也不甚理想。本书提供的基于实战案例和建模实践的教学，能够使师生充分发挥互动性和创造性，做到理论联系实际，使师生获得最佳的教学效果。

☐ 需求分析及系统设计人员。

这类人员可以在理解数据挖掘原理及建模过程的基础上，结合数据挖掘案例完成精确营销、客户分群、交叉销售、流失分析、客户信用记分、欺诈发现、智能推荐等数据挖掘应用的需求分析和设计。

  □ 数据挖掘开发人员。

  这类人员可以在理解数据挖掘应用需求和设计方案的基础上，结合本书提供的基于第三方的接口快速完成数据挖掘应用的编程实现。

  □ 进行数据挖掘应用研究的科研人员。

  许多科研院所为了更好地对科研工作进行管理，纷纷开发了适应自身特点的科研业务管理系统，并在使用过程中积累了大量的科研信息数据。但是，这些科研业务管理系统一般没有对这些数据进行深入分析，对数据所隐藏的价值并没有充分挖掘利用。科研人员需要利用数据挖掘建模工具及有关方法论来深挖科研信息的价值，从而提高科研水平。

  □ 关注高级数据分析的人员。

  业务报告和商业智能解决方案对于了解过去和现在的状况可能是非常有用的。但是，数据挖掘的预测分析解决方案还能使这类人员预见未来的发展状况，让他们的机构能够先发制人，而不是处于被动。因为数据挖掘的预测分析解决方案可将复杂的统计方法和机器学习技术应用到数据之中，通过使用预测分析技术来揭示隐藏在交易系统或企业资源计划（ERP）、结构数据库和普通文件中的模式与趋势，从而为这类人员做决策提供科学依据。

如何阅读本书

  本书共16章，分三个部分：基础篇、实战篇、提高篇。基础篇介绍了数据挖掘的基本原理，实战篇介绍了多个真实案例，通过对案例深入浅出的剖析，使读者在不知不觉中获得数据挖掘项目经验，同时快速领悟看似难懂的数据挖掘理论。读者在阅读过程中，应充分利用随书配套的案例建模数据，借助相关的数据挖掘建模工具，通过上机实验快速理解相关知识与理论。

  第一部分是基础篇（第1～5章），第1章的主要内容是数据挖掘概述；第2章对本书所用到的数据挖掘建模工具——R语言进行了简明扼要的说明；第3～5章对数据挖掘的建模过程，包括数据探索、数据预处理及挖掘建模的常用算法与原理进行了介绍。

  第二部分是实战篇（第6～15章），重点对数据挖掘技术在电力、航空、医疗、互联网、生产制造以及公共服务等行业的应用进行了分析。在案例结构组织上，本书是按照先介绍案例背景与挖掘目标，再阐述分析方法与过程，最后完成模型构建的顺序进行的。在建模过程的关键环节，穿插程序实现代码。最后通过上机实践，加深读者数据挖掘技术在案例应用中的理解。

  第三部分是提高篇（第16章），介绍了基于R语言二次开发的数据挖掘应用软件——Tip-DM数据挖掘建模工具，并以此工具为例详细介绍了基于R语言完成数据挖掘二次开发的各个步骤，使读者体验到通过R语言实现数据挖掘二次开发的强大魅力。

勘误和支持

除封面署名外,参加本书编写工作的还有樊哲、陈庚、卢丹丹、魏润润、范正丰、徐英刚、廖晓霞、刘名军、李成华、刘丽君等。由于笔者的水平有限,编写时间仓促,书中难免会出现一些错误或者不准确的地方,恳请读者批评指正。为此,读者可通过作者微信公众号 TipDM(微信号:TipDataMining)、TipDM 官网(www.tipdm.com)反馈有关问题。

读者可以将书中的错误及遇到的任何问题反馈给我们,我们将尽量在线上为读者提供最满意的解答。本书的全部建模数据文件及源程序,可以从全国大学生数据挖掘竞赛网站(http://www.tipdm.org)下载,我们会将相应内容的更新及时发布出来。如果您有更多的宝贵意见,欢迎发送邮件至邮箱 13560356095@qq.com,期待能够得到您的真挚反馈。

致谢

本书编写过程中,得到了广大企事业单位科研人员的大力支持!在此谨向广东电力科学研究院、广西电力科学研究院、广东电信规划设计院、珠江/黄海水产研究所、轻工业环境保护研究所、华南师范大学、广东工业大学、广东技术师范学院、南京中医药大学、华南理工大学、湖南师范大学、韩山师范学院、广东石油化工学院、中山大学、广州泰迪智能科技有限公司、武汉泰迪智慧科技有限公司等单位给予支持的专家及师生致以深深的谢意。

在本书的编辑和出版过程中还得到了参与全国大学生数据挖掘竞赛(http://www.tipdm.org)的众多师生,以及机械工业出版社杨福川、姜影等编辑无私的帮助与支持,在此一并表示感谢。

张良均

基　础　篇

Chapter 1 第 1 章

数据挖掘基础

1.1　某知名连锁餐饮企业的困惑

国内某餐饮连锁有限公司（以下简称 T 餐饮）成立于 1998 年，主要经营粤菜，兼顾湘菜、川菜等综合菜系。至今已经发展成为在国内具有一定知名度、美誉度、多品牌、立体化的大型餐饮连锁企业。下属员工 1000 多人，拥有 16 家直营分店，经营总面积近 13 000 平方米，年营业额近亿元。其旗下各分店均坐落在繁华市区主干道，雅致的装潢，配之以精致的饰品、灯具、器物，出品精美，服务规范。

近年来餐饮行业面临较为复杂的市场环境，与其他行业一样餐饮企业都遇到了原材料成本升高、人力成本升高、房租成本升高等问题，这也使得整个行业的利润率急剧下降。人力成本和房租成本的上升是必然趋势，如何在保证产品质量的同时提高企业效率，成为 T 餐饮企业急需解决的问题。2000 年以来，T 餐饮企业通过加强信息化管理来提高效率，目前已上线的管理系统包括：

（1）客户关系管理系统

该系统详细记录了每位客人的喜好，为顾客提供个性化服务，满足客户的个性化需求。通过客户关怀，提高客户的忠诚度。例如，企业能随时查询了解今天哪位客人过生日或其他纪念日，根据客人的价值分类进行相应关怀，如送鲜花、生日蛋糕、寿面等。通过本系统，还可对客户行为进行深入分析，包括客户价值分析、新客户分析与发展，并根据其价值情况提供给管理者，为企业提供决策支持。

（2）前厅管理系统

该系统通过掌上电脑无线点菜方式，改变了传统"饭店点菜、下单、结账一支笔、一张纸，服务员来回跑的局面"，快速完成点菜过程。通过厨房自动送达信息，服务员的写菜速度加快不需要再通过手写，同时传菜部也轻松不少，菜单会通过电脑自动打印出来，差错率降低，也不存在厨房人员看不懂服务员字迹而搞错的问题。

（3）后厨管理系统

信息化技术可实现后厨与前厅沟通无障碍，客人菜单瞬间传到厨房。服务员只需点击掌上电脑的发送键，客人的菜单即被传送到收银管理系统中，由系统的电脑发出指令，设在厨房等处的打印机立即打印出相应的菜单，厨师按单做菜。与此同时，收银台也打印出一张同样的菜单放在客人桌上，以备客人查询以及作结账凭据，使客人明明白白地消费。

（4）财务管理系统

该系统完成销售统计、销售分析、财务审计，实现对日常经营销售的管理。通过报表，企业管理者很容易掌握前台的销售情况，从而达到对财务的控制。通过表格和图形可以显示餐厅的销售情况，如菜品排行榜、日客户流量、日销售收入分析等；统计每天的出菜情况，我们可以了解哪些是滞销菜，哪些是畅销菜，从而了解顾客的品位，有针对性地制定出一套既适合餐饮企业发展又能迎合顾客品位的菜肴体系和定价策略。

（5）物资管理系统

该系统主要完成对物资的进销存，实际上就是一套融采购管理（入库、供应商管理、账款管理）、销售（通过配菜卡与前台销售联动）、盘存为一体的物流管理系统。对于连锁企业，还涉及统一配送管理等。

通过以上信息化的建设，T 餐饮已经积累了大量的历史数据，有没有一种方法可帮助企业从这些数据中洞察商机，提取价值？在同质化的市场竞争中，怎样找到一些市场以前并不存在的"捡漏"和"补缺"？

1.2　从餐饮服务到数据挖掘

企业经营最大的目的就是盈利，而餐饮业企业盈利的核心就是其菜品和顾客，也就是其提供的产品和服务对象。企业经营者每天都在想推出什么样的菜系和种类能吸引更多的顾客，究竟不同顾客各自的喜好是什么，在不同的时段是不是有不同的菜品畅销，当把几种不同的菜品组合在一起推出时是不是能够得到更好的效果，未来一段时间菜品原材料应该采购多少……

T 餐饮的经营者想尽快地解决这些疑问，使自己的企业更加符合现有顾客的口味，吸引更多的新顾客，又能根据不同的情况和环境转换自己的经营策略。T 餐饮在经营过程中，通过分析历史数据，总结出一些行之有效的经验：

- ❑ 在点餐过程中，由有经验的服务员根据顾客特点进行菜品推荐，一方面可提高菜品的销量，另一方面可减少客户点餐的时间和频率，提高用户体验；
- ❑ 根据菜品历史销售情况，综合考虑节假日、气候和竞争对手等影响因素，对菜品销量进行预测，以便餐饮企业提前准备原材料；

□ 定期对菜品销售情况进行统计，分类统计出好评菜和差评菜，为促销活动和新菜品推出提供支持；

□ 根据就餐频率和金额对顾客的就餐行为进行评分，筛选出优质客户，定期回访和送去关怀。

上述措施的实施都依赖于企业已有业务系统中保存的数据，但是目前从这些数据中获得有关产品和客户的特点以及能够产生价值的规律更多地依赖于管理人员的个人经验。如果有一套工具或系统，能够从业务数据中自动或半自动地发现相关的知识和解决方案，这将极大地提高企业的决策水平和竞争能力。这种从数据中"淘金"，从大量数据（包括文本）中挖掘出隐含的、未知的、对决策有潜在价值的关系、模式和趋势，并用这些知识和规则建立用于决策支持的模型，提供预测性决策支持的方法、工具和过程，就是**数据挖掘**；它是利用各种分析工具在大量数据中寻找其规律和发现模型与数据之间关系的过程，是统计学、数据库技术和人工智能技术的综合。

这种分析方法可避免"人治"的随意性，避免企业管理仅依赖个人领导力的风险和不确定性，实现精细化营销与经营管理。

1.3　数据挖掘的基本任务

数据挖掘的基本任务包括利用分类与预测、聚类分析、关联规则、时序模式、偏差检测、智能推荐等方法，帮助企业提取数据中蕴含的商业价值，提高企业的竞争力。

对餐饮企业而言，数据挖掘的基本任务是从餐饮企业采集各类菜品销量、成本单价、会员消费、促销活动等内部数据，以及天气、节假日、竞争对手以及周边商业氛围等外部数据；之后利用数据分析手段，实现菜品智能推荐、促销效果分析、客户价值分析、新店选址优化、热销/滞销菜品分析和销量趋势预测；最后将这些分析结果推送给餐饮企业管理者及有关服务人员，为餐饮企业降低运营成本、增加盈利能力、实现精准营销、策划促销活动等提供智能服务支持。

1.4　数据挖掘建模过程

从本节开始，将以餐饮行业的数据挖掘应用为例来详细介绍数据挖掘的建模过程，如图 1-1 所示。

1.4.1　定义挖掘目标

针对具体的数据挖掘应用需求，首先要明确本次的挖掘目标是什么？系统完成后能达到什么样的效果？因此我们必须分析应用领域，包括应用中的各种知识和应用目标，了解相关领域的有关情况，熟悉背景知识，弄清用户需求。要想充分发挥数据挖掘的价值，必须要对目标有一个清晰明确的定义，即决定到底想干什么。

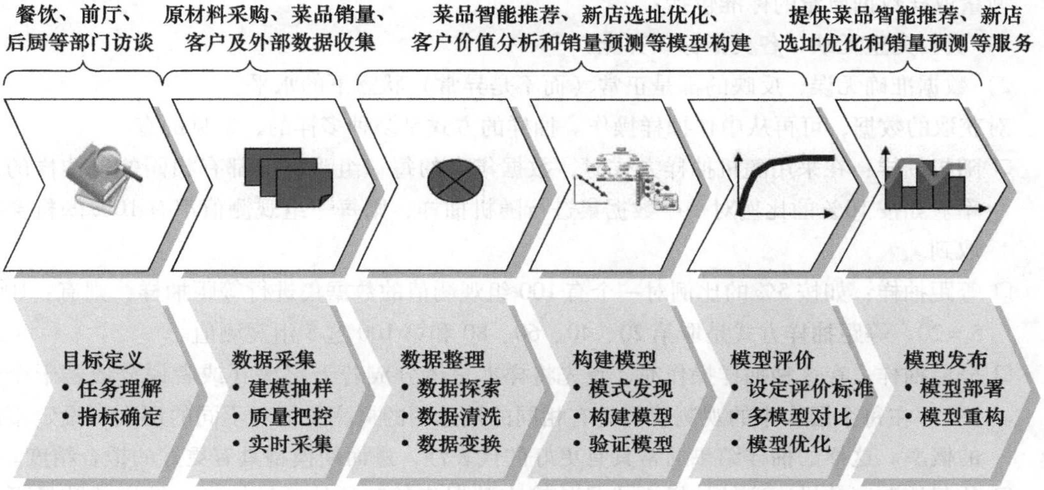

图 1-1　餐饮行业数据挖掘建模过程

针对餐饮行业的数据挖掘应用，可定义如下挖掘目标：

☐ 实现动态菜品智能推荐，帮助顾客快速发现自己感兴趣的菜品，同时确保推荐给顾客的菜品也是餐饮企业所期望的，实现餐饮消费者和餐饮企业的双赢；

☐ 对餐饮客户进行细分，了解不同客户的贡献度和消费特征，分析哪些客户是最有价值的，哪些是最需要关注的，对不同价值的客户采取不同的营销策略，将有限的资源投放到最有价值的客户身上，实现精准化营销；

☐ 基于菜品历史销售情况，综合考虑节假日、气候和竞争对手等影响因素，对菜品销量进行趋势预测，方便餐饮企业准备原材料；

☐ 基于餐饮大数据，优化新店选址，并对新店所在位置的潜在顾客口味偏好进行分析，以便及时进行菜式调整。

1.4.2　数据取样

在明确需要进行数据挖掘的目标后，接下来就需要从业务系统中抽取出一个与挖掘目标相关的样本数据子集。抽取数据的标准，一是相关性，二是可靠性，三是有效性，而不是动用全部企业数据。通过数据样本的精选，不仅能减少数据处理量，节省系统资源，而且使我们想要寻找的规律性更加突显出来。

进行数据取样，一定要严把质量关。在任何时候都不能忽视数据的质量，即使是从一个数据仓库中进行数据取样，也不要忘记检查其质量如何。因为数据挖掘是要探索企业运作的内在规律性，原始数据有误，就很难从中探索规律性。若真的从中探索出了"规律性"，再依此去指导工作，则很可能会造成误导。若从正在运行的系统中进行数据取样，更要注意数据的完整性和有效性。

衡量取样数据质量的标准包括：

1）资料完整无缺，各类指标项齐全；

2）数据准确无误，反映的都是正常（而不是异常）状态下的水平。

对获取的数据，可再从中作抽样操作。抽样的方式是多种多样的，常见的有：

□ 随机抽样：在采用随机抽样方式时，数据集中的每一组观测值都有相同的被抽样的概率。如按 10% 的比例对一个数据集进行随机抽样，则每一组观测值都有 10% 的机会被取到。

□ 等距抽样：如按 5% 的比例对一个有 100 组观测值的数据集进行等距抽样，则有：100/5＝20，等距抽样方式是取第 20、40、60、80 和第 100 这 5 组观测值。

□ 分层抽样：在这种抽样操作时，首先将样本总体分成若干层次（或者说分成若干个子集）。在每个层次中的观测值都具有相同的被选用的概率，但对不同的层次可设定不同的概率。这样的抽样结果通常具有更好的代表性，进而使模型具有更好的拟合精度。

□ 从起始顺序抽样：这种抽样方式是从输入数据集的起始处开始抽样。抽样的数量可以给定一个百分比，或者直接给定选取观测值的组数。

□ 分类抽样：在前述几种抽样方式中，并不考虑抽取样本的具体取值。分类抽样则依据某种属性的取值来选择数据子集，如按客户名称分类、按地址区域分类等。分类抽样的选取方式就是前面所述的几种方式，只是抽样以类为单位。

基于 1.4.1 节定义的针对餐饮行业的挖掘目标，需从客户关系管理系统、前厅管理系统、后厨管理系统、财务管理系统和物资管理系统抽取用于建模和分析的餐饮数据，主要包括：

1）餐饮企业信息：名称、位置、规模、联系方式，以及部门、人员、角色等；

2）餐饮客户信息：姓名、联系方式、消费时间、消费金额等；

3）餐饮企业菜品信息：菜品名称、菜品单价、菜品成本、所属部门等；

4）菜品销量数据：菜品名称、销售日期、销售金额、销售份数；

5）原材料供应商资料及商品数据：供应商姓名、联系方式、商品名称，以及客户评价信息；

6）促销活动数据：促销日期、促销内容、促销描述；

7）外部数据：如天气、节假日、竞争对手以及周边商业氛围等。

1.4.3 数据探索

前面所叙述的数据取样，多少是带着人们对如何实现数据挖掘目标的先验认识进行操作的。当我们拿到一个样本数据集后，它是否达到我们原来设想的要求；其中有没有什么明显的规律和趋势；有没有出现从未设想过的数据状态；属性之间有什么相关性；它们可区分成哪些类别……，这都是要首先探索的内容。

对所抽取的样本数据进行探索、审核和必要的加工处理，是保证最终挖掘模型的质量所必需的。可以说，挖掘模型的质量不会超过所抽取样本的质量。数据探索和预处理的目的是保证样本数据的质量，从而为保证模型质量打下基础。

针对1.4.2节采集的餐饮数据，数据探索主要包括：异常值分析、缺失值分析、相关性分析、周期性分析等，有关介绍详见第3章。

1.4.4　数据预处理

当采样数据维度过大时，如何进行降维处理、缺失值处理等都是数据预处理要解决的问题。

由于采样数据中常常包含许多含有噪声、不完整，甚至不一致的数据，对数据挖掘所涉及的数据对象必须进行预处理。那么如何对数据进行预处理以改善数据质量，并最后达到完善最终数据挖掘结果的目的呢？

针对采集的餐饮数据，数据预处理主要包括：数据筛选、数据变量转换、缺失值处理、坏数据处理、数据标准化、主成分分析、属性选择、数据规约等，有关介绍详见第4章。

1.4.5　挖掘建模

样本抽取完成并经预处理后，接下来要考虑的问题是：本次建模属于数据挖掘应用中的哪类问题（分类、聚类、关联规则、时序模式或者智能推荐），选用哪种算法进行模型构建？

这一步是数据挖掘工作的核心环节。针对餐饮行业的数据挖掘应用，挖掘建模主要包括基于关联规则算法的动态菜品智能推荐、基于聚类算法的餐饮客户价值分析、基于分类与预测算法的菜品销量预测、基于整体优化的新店选址。

以菜品销量预测为例，模型构建是对菜品历史销量，是综合了节假日、气候和竞争对手等采样数据轨迹的概括，它反映的是采样数据内部结构的一般特征，并与该采样数据的具体结构基本吻合。模型的具体化就是菜品销量预测公式，公式可以产生与观察值有相似结构的输出，这就是预测值。

1.4.6　模型评价

从1.4.5节的建模过程中会得出一系列的分析结果，模型评价的目的之一就是从这些模型中自动找出一个最好的模型，另外就是要根据业务对模型进行解释和应用。

对分类与预测模型和聚类分析模型的评价方法是不同的，具体评价方法详见5.1节和5.2节介绍。

1.5　常用数据挖掘建模工具

数据挖掘是一个反复探索的过程，只有将数据挖掘工具提供的技术和实施经验与企业的业务逻辑和需求紧密结合，并在实施过程中不断地磨合，才能取得好的效果。下面简单介绍几种常用的数据挖掘建模工具。

（1）R

R 是一种为统计计算和图形显示而设计的语言环境，是贝尔实验室的 Rick Becker、John Chambers 和 Allan Wilks 开发的 S 语言的一种实现。在 S 语言源代码的基础上，1995 年 Auckland 大学的 Robert Gentleman 和 Ross Ihaka 编写了一套能执行 S 语言的软件，并将该软件的源代码全部公开，这就是 R 软件的雏形，其命令被统称为 R 语言。用户可以自己设计相应的程序，并且可以做成拓展包发布。其他的使用者可以根据需要下载并加载软件包，从而非常方便地拓展 R 的内容。

（2）Python

Python 是一门简单易学且功能强大的编程语言。它拥有高效的高级数据结构，并且能够用简单而又高效的方式进行面向对象编程。Python 优雅的语法和动态类型，再结合它的解释性，使其在大多数平台的许多领域成为编写脚本或开发应用程序的理想语言。

（3）SAS Enterprise Miner

Enterprise Miner（EM）是 SAS 推出的一个集成的数据挖掘系统，允许使用和比较不同的技术，同时还集成了复杂的数据库管理软件。它的运行方式是通过在一个工作空间（workspace）中按照一定的顺序添加各种可以实现不同功能的节点，然后对不同节点进行相应的设置，最后运行整个工作流程（workflow），便可以得到相应的结果。

（4）IBM SPSS Modeler

IBM SPSS Modeler 原名 Clementine，2009 年被 IBM 收购后对产品的性能和功能进行了大幅度改进和提升。它封装了最先进的统计学和数据挖掘技术，来获得预测知识并将相应的决策方案部署到现有的业务系统和业务过程中，从而提高企业的效益。IBM SPSS Modeler 拥有直观的操作界面、自动化的数据准备和成熟的预测分析模型，结合商业技术可以快速建立预测性模型。

（5）SQL Server

Microsoft 的 SQL Server 中集成了数据挖掘组件——Analysis Servers，借助 SQL Server 的数据库管理功能，可以无缝地集成在 SQL Server 数据库中。在 SQL Server 2008 中提供了决策树算法、聚类分析算法、Naive Bayes 算法、关联规则算法、时序算法、神经网络算法、线性回归算法等 9 种常用的数据挖掘算法。但是其预测建模的实现是基于 SQL Server 平台的，平台移植性相对较差。

（6）MATLAB

MATLAB（Matrix Laboratory，矩阵实验室）是美国 Mathworks 公司开发的应用软件，具备强大的科学及工程计算能力，它不但具有以矩阵计算为基础的强大数学计算能力和分析功能，而且还具有丰富的可视化图形表现功能和方便的程序设计能力。MATLAB 并不提供一个专门的数据挖掘环境，但它提供非常多的相关算法的实现函数，是学习和开发数据挖掘算法的很好选择。

（7）WEKA

WEKA（Waikato Environment for Knowledge Analysis）是一款知名度较高的开源机器学习和数据挖掘软件。高级用户可以通过 Java 编程和命令行来调用其分析组件。同时，WEKA 也为普通用户提供了图形化界面，称为 WEKA Knowledge Flow Environment 和 WEKA Explorer，可以实现预处理、分类、聚类、关联规则、文本挖掘、可视化等。

（8）TipDM

TipDM（顶尖数据挖掘平台）使用 Java 语言开发，能从各种数据源获取数据，建立多种数据挖掘模型。TipDM 目前已集成数十种预测算法和分析技术，基本覆盖了国外主流挖掘系统支持的算法。TipDM 支持数据挖掘流程所需的主要过程：数据探索（相关性分析、主成分分析、周期性分析）；数据预处理（属性选择、特征提取、坏数据处理、空值处理）；预测建模（参数设置、交叉验证、模型训练、模型验证、模型预测）；聚类分析、关联规则挖掘等一系列功能。

1.6　小结

本章从一个知名餐饮企业经营过程中存在的困惑出发，引出数据挖掘的概念、基本任务、建模过程及常用工具。

如何帮助企业从数据中洞察商机，提取价值，这是现阶段几乎所有企业都关心的问题。通过发生在身边的案例，由浅入深地引出深奥的数据挖掘理论，让读者在不知不觉中感悟到数据挖掘的非凡魅力！本案例同时也贯穿到后续第 3 章至第 5 章的理论介绍中。

R 语言简介

R 语言是一种为统计计算和图形显示而设计的语言环境，是贝尔实验室（Bell Laboratory）的 Rick Becker、John Chambers 和 Allan Wilks 开发的 S 语言的一种实现，提供了一系列统计和图形显示工具。它是一套开源的数据分析解决方案，由一个庞大且活跃的全球性研究型社区维护。它具有下列优势：

1）作为一个免费的统计软件，R 可运行于多种平台之上，包括 Windows、UNIX、MacOS 和 Linux。

2）R 可以轻松地从各种类型的数据源导入数据，包括文本文件、数据库管理系统、统计软件，乃至专门的数据仓库。它同样可以将数据输出并写入到这些系统中。

2）具有较高的开放性，R 不仅提供功能丰富的内置函数供用户调用，也允许用户编写自定义函数来扩充功能。

4）R 拥有顶尖水准的制图功能。如果希望复杂数据可视化，那么 R 拥有最全面且最强大的一系列可用功能。

R 是一个体系庞大的应用软件，主要包括核心的 R 标准包和各专业领域的其他包。R 在数据分析、数据挖掘领域具有特别优势，本书针对数据分析和挖掘相关的内容采用原理加实战的方式对 R 相关函数进行介绍。本章主要对 R 软件的安装，一些数据分析和挖掘相关的包，以及常用函数的使用进行简单介绍。后续的原理章节中，首先介绍数据挖掘分析的相关原理，然后针对每个原理选取 R 相关函数进行实战演示，使读者不仅对数据挖掘相关原理有比较清晰的认识，同时可以使用本书提供的 R 相关实例来切实地感受相关数据挖掘原理的精髓。

2.1　R 安装

本书使用的 R 版本为 R 3.2.0。根据操作系统不同，可选择安装 64 位或 32 位版本。安装时直接运行下载的 R-3.2.0-win.exe。R 可以在其主页（http://www.r-project.org/）上的 R 综合资料网（Comprehensive R Archive Network，CRAN）获得。Linux、Mac OS X 和 Windows 都有相应编译好的二进制版本，根据你所选择平台的安装说明进行安装即可。

安装好 R 后，点击安装目录中 bin 目录下的 Rgui.exe 启动 R，打开如图 2-1 所示的界面。

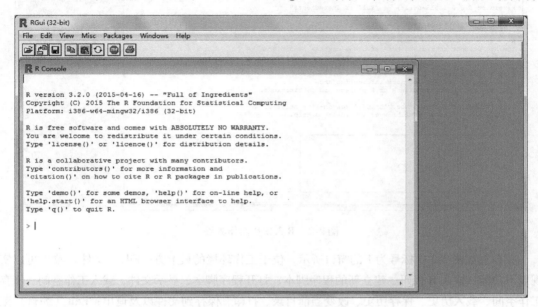

图 2-1　R 3.2.0 初始界面

为了方便使用 R，可使用免费的图形界面编辑器 RStudio，可 http://www.rstudio.com/products/rstudio/download/从中下载，请根据本机操作系统选择系统支持版本自行下载安装。安装 RStudio 后，可以选择从安装目录或者"开始"菜单栏中启动。

2.2　R 使用入门

2.2.1　R 操作界面

R 软件的界面与其他编程软件相类似，是由一些菜单和快捷按钮组成，如图 2-2 所示。快捷按钮下面的窗口便是命令输入窗口，它也是部分运算结果的输出窗口，有些运算结果（如图形）则会在新建的窗口中输出。主窗口上方的一些文字是刚运行 R 时出现的一些说明和指引，文字下的"＞"符号便是 R 的命令提示符，在其后可输入命令。R 一般采用交互式工作方式，在命令提示符后输入命令，回车后便会输出计算结果。当然也可将所有的命令建立成一个文件，运行这个文件的全部或部分来执行相应的命令，从而得到相应的结果。

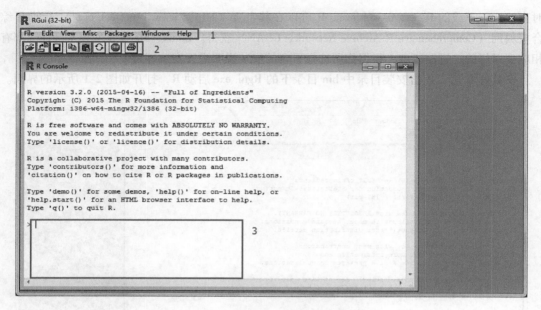

图 2-2　R 3.2.0 操作界面

菜单栏如图 2-2 中标号为 1 的窗口所示，位于工作环境的最上方。File（文件）菜单可以实现以下功能：输入 R 代码、建立新的程序脚本、打开程序脚本、显示文件、载入工作空间、保存工作空间、载入历史、保存历史、改变当前目录、打印、保存到文件以及退出；Edit（编辑）菜单可以实现复制、粘贴、清除控制台和数据编辑等功能；View（视图）菜单可以选择是否显示工具栏；Misc（其他）菜单可以实现中断目前计算、缓冲输出及列出目标对象等功能；Packages（程序包）菜单可以实现载入程序包、设定 CRAN 镜像、安装以及更新程序包等功能；Windows（窗口）菜单可以选择将所有窗口层叠或者平铺；Help（帮助）菜单提供 R 的常见问答和帮助途径。当执行不同的窗口操作时，菜单的内容就会发生不同的变化。如打开 R 文件或一个编写好的 R 函数后，菜单栏就会缺失 View（视图）、Misc（其他）两个菜单栏选项。

工具栏如标号为 2 的窗口所示，从左至右可以依次进行打开程序脚本、载入映像、保存映像、复制、粘贴、复制和粘贴、终止目前计算以及打印的操作。当打开 R 文件或一个编写好的 R 函数时，工具栏会发生相应的变化，此时的快捷按钮从左至右依次为打开程序脚本、保存映像、运行当前行代码或所选代码、返回主界面以及打印。

命令窗口如标号为 3 的窗口所示，是 R 进行工作的窗口，也是实现 R 各种功能的窗口。其中的"＞"是命令提示符，表示 R 处于准备编辑的状态，用户可以直接在命令提示符后输入命令语句，按"Enter"键执行。

2.2.2　RStudio 窗口介绍

RStudio 的启动界面如图 2-3 所示，由代码编辑、命令控制台、资源栏和其他栏组合而成。

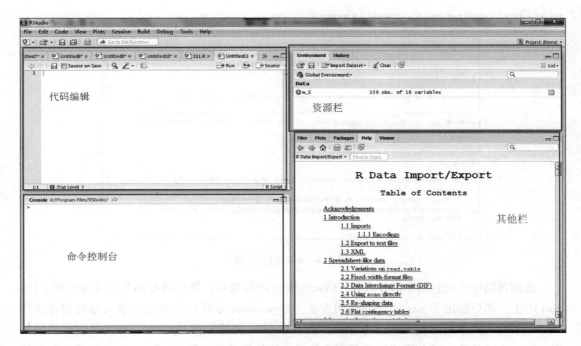

图 2-3　RStudio 启动界面

　　代码编辑栏可以进行代码的编辑，以及打开 R 脚本或者 txt 文本。创建新的文件可以从 File→New 里选择，打开文件可以从目录 File→Open 或者从 Open Recent 目录里打开最近的文件。运行文件可以选择相应的代码，点击 Run 按钮。

　　命令控制台：代码运行后，控制台会显示相应的代码或者返回结果。也可以在命令控制台单独输入命令，和 R 的命令模式相同。

　　其他栏是关于 R 使用方面的显示栏。可以在 Packages 目录下进行 R 包的安装以及加载（包安装好后，并不可以直接使用，如果需要使用包，必须在每次使用前将包加载到内存中，可以直接选择包或者在控制台输入 library（package_name）命令）。在 Help 目录下有关于 R 相关函数或者命令的帮助。在 Plot 目录下会显示图形相关方面的描述。

2.2.3　R 常用操作

　　（1）help

　　功能：提供 R 函数和 R 文件的在线式帮助。

　　在命令窗口输入 help（函数名），或?函数名，按"Enter"键执行，或者在 R 的帮助（Help）菜单下的 Search Help 弹出框输入函数名，都可打开帮助浏览器。帮助浏览器是 R 自带的帮助系统，是学习 R 的一个非常有用的工具。例如，要了解 plot 函数，可以在命令窗口输入 help（plot），或?plot，按"Enter"键执行，或者在 Search Help 弹出框中输入 plot，如

图 2-4 所示，即可获得 plot 函数的使用帮助。

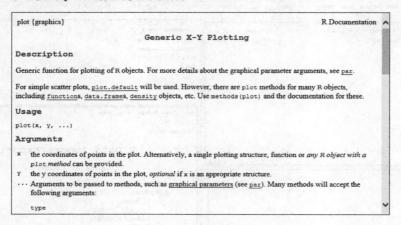

图 2-4　R 帮助浏览器

使用帮助中主要包括 6 部分内容：Description（函数说明）部分描述函数的主要功能；Usage（用法）部分给出了 plot 函数的调用方法；Arguments（参数）部分给出输入参数的详细解释，包括输入参数的取值范围、数据格式等；Details（详情）部分给出了和该函数相关的信息；See Also（其他）部分则提供了与该函数相关的其他函数的链接；Examples（例子）部分给出了 plot 函数的常用例子，用户可以直接运行示例程序得到结果，得到对该函数的一个直观的印象。有些函数的帮助文档还包括：Value（输出参数）部分给出了输出参数的详细描述，类似输入参数；References（参考文献）部分给出了有关学者对该函数的研究文献。

使用 R 的帮助系统是一种快速学习和掌握 R 的有效方法。下面以绘制一个给定的时序 y 的时序图为例进行说明。R 中最基本的绘图命令是 plot，我们在帮助系统中查找 plot，查看其基本语法，找到和自己需求相关的语法，这里使用 plot（x，y）语法即可。接下来查看其语法详细解释，由于这里的 y 是一个时序向量，直接调用即可。然后编写脚本代码，运行程序，即可得到所要的时序图。当然在查看完语法的详细解释后还可以查看其示例程序，直接复制其代码片段到命令窗口执行，查看结果。这样就会不单单对 plot 函数停留在简单理解的水平上。最后，针对所作的时序图，如果需要进一步调整，如设置标题、x 轴、y 轴等信息，还可以在 See Also（其他）里面查询到相关的函数。

（2）Ctrl + L

功能：清除命令窗中的所有显示内容。

（3）rm（list = ls()）

功能：清除 R 工作空间中的内存变量。

一般利用 rm（list = ls()）命令与 gc()命令，清除内存变量并释放内存空间。

（4）install. packages、library

功能：install. packages()用来下载和安装包；library()函数不仅可以显示库中有哪些包，

还可以载入所下载的包，进而在会话中使用包。

（5）getwd、setwd

功能：获取或者设置当前工作目录的位置。

（6）save、load

功能：save 将 R 工作空间中的指定对象保存到指定的文件中，load 从磁盘文件中读取一个工作空间到当前会话中。

（7）read. table、write. table、read. csv、write. csv

功能：read. table、read. csv 读取 EXCEL、TXT 或者 CSV 文件到当前工作空间；write. table、write. csv 把当前工作空间的数据写入到 EXCEL、TXT 或者 CSV 文件中。

（8）odbcConnect、sqlFetch、sqlQuery

功能：odbcConnect 建立一个到 ODBC 数据库的连接；sqlFetch 读取 ODBC 数据库中的某个表到 R 的一个数据框中；sqlQuery 向 ODBC 数据库提交一个查询并返回结果。

第一步是针对你的系统和数据库类型安装和配置合适的 ODBC 驱动——它们并不是 R 的一部分。针对选择的数据库安装并配置好驱动后，请安装 RODBC 包。R 通过 RODBC 包访问一个数据库的示例程序，如代码清单 2-1 所示。

代码清单 2-1　R 通过 RODBC 包访问数据库示例程序

```
install.packages("RODBC")        #安装 RODBC 包
library(RODBC)                    #载入 RODBC 包

mycon <- odbcConnect("mydsn",uid="user",pwd="rply")
#通过一个数据源名称(mydsn)和用户名(user)以及密码(rply,如果没有设置,可以直接忽略)打开了一个OD-
 BC 数据库连接

data(USArrests)
#将 R 自带的"USArrests"表写进数据库里
sqlSave(mycon, USArrests,rownames="state",append=TRUE)
#将数据流保存,这时打开 SQL Server 就可以看到新建的 USArrests 表
rm(USArrests)
#清除 USArrests 变量

sqlFetch(mycon, "USArrests",rownames="state")
#输出 USArrests 表中的内容
sqlQuery(mycon,"select * from USArrests")
#对 USArrests 表执行了 SQL 语句 select,并将结果输出

sqlDrop(channel,"USArrests")
#删除 USArrests 表
close(mycon)
#关闭连接
```

＊代码详见：示例程序/code/database_example. R

（9） source、sink

功能：source （"filename"） 可在当前会话中执行一个脚本；sink （"filename"） 将输出重定向到文件 filename 中。默认情况下，如果文件已经存在，则它的内容将被覆盖；使用参数 append = TRUE 可以将文本追加到文件后；参数 split = TRUE 可将输出同时发送到屏幕和输出文件中。不加参数调用命令 sink() 将仅向屏幕返回输出结果。

（10） plot

功能：画图，可以设置参数进行定制的图像绘制。例如，使用代码清单 2-2 可以实现读取 Excel 的时间序列数据，然后进行定制作图。

代码清单 2-2　定制作图

```
##设置工作空间
#把"数据及程序"文件夹复制到 F 盘下,再用 setwd 设置工作空间
setwd("F:/数据及程序/chapter2/示例程序")
#读入数据
data = read.csv("./data/time_series.csv",header = T)

#定制作图
png(file = "./tmp/myplot.png")                       #图片输出为 PNG 文件
plot(data[,1],data[,2],type = "b",col = "red");      #使用 - o 连接,颜色为红色
title(main = "时间序列图",xlab = "time",ylab = "Response")
dev.off()
```

* 代码详见：示例程序/code/cust_plot. R

2.3　R 数据分析包

R 包主要包含的类别有空间数据分析类、机器学习与统计学习类、多元统计类、药物动力学数据分析类、计量经济类、金融分析类、并行计算类、数据库访问类。各类别都有相应的 R 包来实现其功能。例如，机器学习与统计学习类别就包含实现分类、聚类、关联规则、时间序列分析等功能的 R 包。

R 在数据挖掘领域也提供了足够的支持，如分类、聚类、关联规则挖掘等，通过加载不同的 R 包就能够实现相应的数据挖掘功能，如表 2-1 所示。

表 2-1　R 数据挖掘相关包

功能	函数及加载包
分类	nnet() 需要加载 BP 神经网络 nnet 包；randomForest() 需要加载随机森林 randomForest 包；svm() 需要加载 e1071 包；tree() 需要加载 CRAT 决策树 tree 包等
聚类	hclust() 函数、kmeans() 函数
关联规则	apriori() 需要加载 arules 包
时间序列	arima() 需要加载 forecast、tseries 包

分类是数据挖掘领域研究的主要问题之一，分类器作为解决问题的工具一直是研究的热

点。常用的分类器有神经网络、随机森林、支持向量机、决策树等，这些分类器都有各自的性能特点。

nnet 包执行单隐层前馈神经网络，nnet()函数涉及的主要参数有隐层节点数（size）、节点权重（weights）、最大迭代次数（maxit）等，为了达到最好的分类效果，这些都是需要用户根据经验或者不断地尝试来确定的；随机森林分类器利用基于 Breiman 随机森林理论的 R 语言软件包 randomForest 中的 randomForest()函数来实现，需要设置三个主要的参数：森林中决策树的数量（ntree）、内部节点随机选择属性的个数（mtry）及终节点的最小样本数（nodesize）。

支持向量机分类器采用 R 语言软件包 e1071 实现，该软件包是以台湾大学林智仁教授的 LIBSVM 源代码为基础开发的。svm()函数提供了 R 与 LIBSVM 的接口，涉及的参数主要有类型（type，"C"实现支持向量机分类，"eps-regression"实现支持向量机回归）、核函数（kernel）。SVM 包含了 4 种主要的核函数：线性核函数（Linear）、多项式核函数（Polynomial）、径向基核函数（RBF）以及 Sigmoid 核函数。一般情况下会选择径向基核函数，这主要源于：其一，线性核函数只能处理线性关系，且被证明是径向基核函数的一个特例；其二，Sigmoid 核函数在某些参数上近似径向基核函数的功能，径向基核函数取一定参数也可得到 Sigmoid 核函数的性能；其三，多项式核函数参数较多，不易于参数优选。而径向基核函数支持向量机包含两个重要的参数：惩罚参数 Cost 和核参数 Gamma，tune()函数可以对两者进行网格寻优（Grid-search）确定最优值。

常用的聚类方法有系统聚类与 K-Means 聚类。系统聚类可以使用 hclust()函数实现，涉及的参数有距离矩阵（d）和系统聚类方法（method），其中距离矩阵可以使用 dist()函数求得，常用的系统聚类方法有最短距离法（single）、最长距离法（complete）、类平均法（average）、中间距离法（median）、重心法（centroid）以及 Ward 法（ward）。K-Means 法是一种快速聚类法，可以使用 kmeans()函数实现，涉及的主要参数为聚类数（centers）。

K-Means 法和系统聚类法的不同之处在于：系统聚类对不同的类数产生一系列的聚类结果，而 K 均值法只能产生指定类数的聚类结果。具体类数的确定，离不开实践经验的积累。有时也可借助系统聚类法，以一部分样本为对象进行聚类，其结果作为 K 均值法确定类数的参考。

作为数据挖掘中一个独立的课题，关联规则用于从大量数据中挖掘出有价值的数据项之间的相关关系，常用的有 arules 包中的 Apriori 算法。使用 Apriori 算法生成规则前，要把数据转换为 transcation 格式，通过 as()转换；其中涉及的参数列表（parameter）用于自定义最小支持度与置信度。

时间序列分析是根据系统观测得到的时间序列数据，通过曲线拟合和参数估计来建立数学模型的理论和方法。进行时间序列分析时，可以使用 ts()函数将数据转化成时间序列格式；模型拟合可以通过 arima()函数实现，涉及的主要参数有 order（自回归项数、滑动平均项数及使时间序列成为平稳序列的差分阶数）、seasonal（序列表现出季节性趋势时需要，除了上述 order 内容，还有季节周期 period）、method（参数估计方法，"CSS"为条件最小二乘法，"ML"

为极大似然法）等。R 里面有个函数 auto. arima()可以自动生成一个最优拟合模型。

2.4 配套附件使用设置

本书附件资源按照章节组织，在附件的目录中会有 chapter2、chapter3、chapter4 等章节。在基础篇章节中其章节目录下只包含"示例程序"文件夹，包含三个子目录：code、data 和 tmp。其中，code 为章节正文中使用到的代码、data 为使用的数据文件、tmp 文件夹中存放临时文件或者示例程序运行的结果文件。

例如，在实战篇中，chapter6 下面则包含"示例程序"、"上机实验"、"上机实验拓展"、"拓展思考"文件夹。其中，"示例程序"文件夹和基础篇一致；"上机实验"文件夹则主要针对上机实验部分的完整代码，其子目录结构和"示例程序"一致；"上机实验拓展"里面包含"SAS"、"SPSS"文件夹，主要是使用不同的工具来解决上机实验问题；"拓展思考"则主要存储拓展思考部分的数据文件。

读者只需把整个章节如 chapter2 复制到本地，打开其中的示例程序即可运行程序并得到结果。这里需要注意，在示例程序中使用的一些自定义函数在对应的章节可以找到相应的 R 文件。同时，示例程序中的参数初始化可能需要根据具体设置进行配置，如数据库的驱动的地址，如果和示例程序不同，请自行修改。

2.5 小结

本章主要对 R 进行简单介绍，包括软件安装、使用入门及相关注意事项和 R 数据分析及挖掘相关包。R 包含多个领域的程序包，本章只介绍了与数据分析及数据挖掘相关的包，包括实现分类、聚类、关联规则、时间序列分析等功能的包。程序包里面的函数在后续章节中会进行实例分析，通过在 R 平台上完成实际案例的分析来掌握数据分析和数据挖掘的知识，来培养读者应用数据分析和挖掘技术解决实际问题的能力。

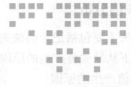

数据探索

根据观测、调查收集到初步的样本数据集后，接下来要考虑的问题是：样本数据集的数量和质量是否满足模型构建的要求？有没有出现从未设想过的数据状态？其中有没有什么明显的规律和趋势？各因素之间有什么样的关联性？

通过检验数据集的数据质量、绘制图表、计算某些特征量等手段，对样本数据集的结构和规律进行分析的过程就是数据探索。数据探索有助于选择合适的数据预处理和建模方法，甚至可以完成一些通常由数据挖掘解决的问题。

本章从数据质量分析和数据特征分析两个角度对数据进行探索。

3.1 数据质量分析

数据质量分析是数据挖掘中数据准备过程的重要一环，是数据预处理的前提，也是数据挖掘分析结论有效性和准确性的基础，没有可信的数据，数据挖掘构建的模型将是空中楼阁。

数据质量分析的主要任务是检查原始数据中是否存在脏数据，脏数据一般是指不符合要求，以及不能直接进行相应分析的数据。在常见的数据挖掘工作中，脏数据包括：

- □ 缺失值；
- □ 异常值；
- □ 不一致的值；
- □ 重复数据及含有特殊符号（如#、￥、＊）的数据。

本小节将主要对数据中的缺失值、异常值和一致性进行分析。

3.1.1 缺失值分析

数据的缺失主要包括记录的缺失和记录中某个字段信息的缺失，两者都会造成分析结果的不准确，以下从缺失值产生的原因及影响等方面展开分析。

（1）缺失值产生的原因

1）有些信息暂时无法获取，或者获取信息的代价太大。

2）有些信息是被遗漏的。可能是因为输入时认为不重要、忘记填写或对数据理解错误等一些人为因素而遗漏，也可能是由于数据采集设备的故障、存储介质的故障、传输媒体的故障等非人为原因而丢失。

3）属性值不存在。在某些情况下，缺失值并不意味着数据有错误。对一些对象来说某些属性值是不存在的，如一个未婚者的配偶姓名、一个儿童的固定收入等。

（2）缺失值的影响

1）数据挖掘建模将丢失大量的有用信息。

2）数据挖掘模型所表现出的不确定性更加显著，模型中蕴含的规律更难把握。

3）包含空值的数据会使建模过程陷入混乱，导致不可靠的输出。

（3）缺失值的分析

使用简单的统计分析，可以得到含有缺失值的属性的个数，以及每个属性的未缺失数、缺失数与缺失率等。

缺失值的处理，从总体上来说分为删除存在缺失值的记录、对可能值进行插补和不处理三种情况，将在4.1.1节详细介绍。

3.1.2 异常值分析

异常值分析是检验数据是否有录入错误以及含有不合常理的数据。忽视异常值的存在是十分危险的，不加剔除地把异常值包括进数据的计算分析过程中，会给结果带来不良影响；重视异常值的出现，分析其产生的原因，常常成为发现问题进而改进决策的契机。

异常值是指样本中的个别值，其数值明显偏离其余的观测值。异常值也称为离群点，异常值的分析也称为离群点分析。

（1）简单统计量分析

可以先对变量做一个描述性统计，进而查看哪些数据是不合理的。最常用的统计量是最大值和最小值，用来判断这个变量的取值是否超出了合理的范围。例如，客户年龄的最大值为199岁，则该变量的取值存在异常。

（2）3σ原则

如果数据服从正态分布，在3σ原则下，异常值被定义为一组测定值中与平均值的偏差超过三倍标准差的值。在正态分布的假设下，距离平均值3σ之外的值出现的概率为$P(|x-\mu|>3\sigma)\leq0.003$，属于极个别的小概率事件。

如果数据不服从正态分布，也可以用远离平均值的多少倍标准差来描述。

（3）箱形图分析

箱形图提供了识别异常值的一个标准：异常值通常被定义为小于 $Q_L - 1.5$IQR 或大于 $Q_U +$ 1.5IQR 的值。Q_L 称为下四分位数，表示全部观察值中有四分之一的数据取值比它小；Q_U 称为上四分位数，表示全部观察值中有四分之一的数据取值比它大；IQR 称为四分位数间距，是上四分位数 Q_U 与下四分位数 Q_L 之差，其间包含了全部观察值的一半。

箱形图依据实际数据绘制，没有对数据作任何限制性要求，如服从某种特定的分布形式，它只是真实直观地表现数据分布的本来面貌；另外，箱形图判断异常值的标准以四分位数和四分位距为基础，四分位数具有一定的鲁棒性：多达 25% 的数据可以变得任意远而不会很大地扰动四分位数，所以异常值不能对这个标准施加影响。由此可见，箱形图识别异常值的结果比较客观，在识别异常值方面有一定的优越性，如图 3-1 所示。

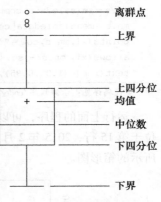

图 3-1　箱形图检测异常值

在餐饮系统中的销量额数据可能出现缺失值和异常值，例如表 3-1 中的数据所示。

表 3-1　餐饮日销量额数据示例

日期	2015/2/10	2015/2/11	2015/2/12	2015/2/13	2015/2/14
销量额/元	2742.8	3014.3	865	3036.8	

＊数据详见：示例程序/data/catering_sale.csv

分析餐饮系统日销量额数据可以发现，其中有部分数据是缺失的，但是如果数据记录和属性较多，使用人工分辨的方法就很不切合实际，所以这里需要编写程序来检测出含有缺失值的记录和属性以及缺失率个数和缺失率等。同时，通过观察可以看出日销量额数据也含有异常值，由于这里数据量较大，所以使用箱形图来检测异常值。R 语言检测代码如代码清单 3-1 所示。

代码清单 3-1　餐饮销量额数据缺失值及异常值检测代码

```
##设置工作空间
#把"数据及程序"文件夹复制到 F 盘下,再用 setwd 设置工作空间
setwd("F:/数据及程序/chapter3/示例程序")
#读入数据
saledata = read.csv(file = "./data/catering_sale.csv", header = TRUE)

#缺失值检测并打印结果,由于 R 把 TRUE 和 FALSE 分别当作 1、0,可以用 sum()和 mean()函数来分别获取缺失
  样本数、缺失比例
sum(complete.cases(saledata))
sum(!complete.cases(saledata))
mean(!complete.cases(saledata))
saledata[!complete.cases(saledata),]
```

```
#异常值检测箱形图
sp = boxplot(saledata$"销量",boxwex = 0.7)
title("销量异常值检测箱形图")
xi = 1.1
sd.s = sd(saledata[ complete.cases(saledata),]$"销量")
mn.s = mean(saledata[ complete.cases(saledata),]$"销量")
points(xi,mn.s,col = "red",pch = 18)
arrows(xi, mn.s - sd.s, xi, mn.s + sd.s, code = 3, col = "pink", angle = 75, length = .1)
text(rep(c(1.05,0.95),length(sp$out)/2),sp$out,sp$out,col = "red")
```

*代码详见：示例程序/code/missing_abnormal_check. R

运行上面的程序，可以看到缺失值个数输出结果为"1"，占样本总量的 0.497%，缺失值位于第 15 行，2015 年 2 月 14 日销量缺失。通过异常值检测箱形图的程序，可以得到如图 3-2 所示的箱形图。

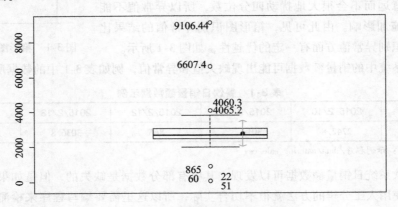

图 3-2　异常值检测箱形图

图 3-2 中，箭头所示的是一个标准差的区间。可以看出箱形图中超过上下界的 8 个销售额数据可能为异常值。结合具体业务可以把 865、4060.3、4065.2 归为正常值，将 60、22、51、6607.4、9106.44 归为异常值。最后确定过滤规则为日销量在 400 以下 5000 以上则属于异常数据，编写过滤程序，进行后续处理。

3.1.3　一致性分析

数据不一致性是指数据的矛盾性、不相容性。直接对不一致的数据进行挖掘，可能会产生与实际相违背的挖掘结果。

在数据挖掘过程中，不一致数据的产生主要发生在数据集成的过程中，可能是由被挖掘数据来自于不同的数据源、对于重复存放的数据未能进行一致性更新造成的。例如，两张表中都存储了用户的电话号码，但在用户的电话号码发生改变时只更新了一张表中的数据，那么这两张表中就有了不一致的数据。

3.2 数据特征分析

对数据进行质量分析以后，接下来可通过绘制图表、计算某些特征量等手段进行数据的特征分析。

3.2.1 分布分析

分布分析能揭示数据的分布特征和分布类型。对于定量数据，欲了解其分布形式是对称的还是非对称的、发现某些特大或特小的可疑值，可做出频率分布表、绘制频率分布直方图、绘制茎叶图进行直观地分析；对于定性数据，可用饼形图和条形图直观地显示分布情况。

1. 定量数据的分布分析

对于定量变量，选择"组数"和"组宽"是做频率分布分析时最主要的问题，一般按照以下步骤：

1）求极差；

2）决定组距与组数；

3）决定分点；

4）列出频率分布表；

5）绘制频率分布直方图。

遵循的主要原则有：

1）各组之间必须是相互排斥的；

2）各组必须将所有的数据包含在内；

3）各组的组宽最好相等。

下面结合具体实例运用分布分析对定量数据进行特征分析：

表 3-2 是描述菜品捞起生鱼片在 2014 年第二个季度的销售数据，绘制销售量的频率分布表、频率分布图，对该定量数据做出相应的分析。

表 3-2 捞起生鱼片的销售情况

日期	销售额/元	日期	销售额/元	日期	销售额/元
2014/4/1	420	2014/5/1	1770	2014/6/1	3960
2014/4/2	900	2014/5/2	135	2014/6/2	1770
2014/4/3	1290	2014/5/3	177	2014/6/3	3570
2014/4/4	420	2014/5/4	45	2014/6/4	2220
2014/4/5	1710	2014/5/5	180	2014/6/5	2700
...	...	...	...	...	...
2014/4/30	450	2014/5/30	2220	2014/6/30	2700
		2014/5/31	1800		

* 数据详见：示例程序/data/catering_fish_congee. xls

（1）求极差

$$极差 = 最大值 - 最小值 = 3960 - 45 = 3915（元）$$

（2）决定组距与组数

这里根据业务数据的含义，可取组距为500。

$$组数 = 极差/组距 = 3915/500 = 7.83 \Rightarrow 8$$

（3）决定分点

分布区间如表3-3所示。

表3-3　分布区间

[0, 500)	[500, 1000)	[1000, 1500)	[1500, 2000)
[2000, 2500)	[2500, 3000)	[3000, 3500)	[3500, 4000)

（4）列出频率分布表

根据分组区间得到如表3-4所示的频率分布表。其中，第1列将数据所在的范围分成若干组段，其中第1个组段要包括最小值，最后一个组段要包括最大值。习惯上将各组段设为左闭右开的半开区间，如第1个分组为 [0, 500)。第2列组中值是各组段的代表值，由本组段的上、下限相加除以2得到。第3列和第4列分别为频数和频率。第5列是累计频率，是否需要计算该列视情况而定。

表3-4　频率分布表

组段	组中值 x	频数	频率 f/%	累计频率/%
[0, 500)	250	15	16.48	16.48
[500, 1000)	750	24	26.37	42.85
[1000, 1500)	1250	17	18.68	61.54
[1500, 2000)	1750	15	16.48	78.02
[2000, 2500)	2250	9	9.89	87.91
[2500, 3000)	2750	3	3.30	92.31
[3000, 3500)	3250	4	4.40	95.60
[3500, 4000)	3750	3	3.30	98.90
[4000, 4500)	4250	1	1.10	100.00

（5）绘制频率分布直方图

若以2014年第二季度捞起生鱼片每天的销售额为横轴，以各组段的频率密度（频率与组距之比）为纵轴，表3-4的数据可绘制成频率分布直方图，如图3-3所示。

2. 定性数据的分布分析

对于定性变量，常常根据变量的分类类型来分组，可以采用饼形图和条形图来描述定性变量的分布。

饼形图的每一个扇形部分代表每一类型的百分比或频数，根据定性变量的类型数目将饼形图分成几个部分，每一部分的大小与每一类型的频数成正比；条形图的高度代表每一类型的百分比或频数，条形图的宽度没有意义。

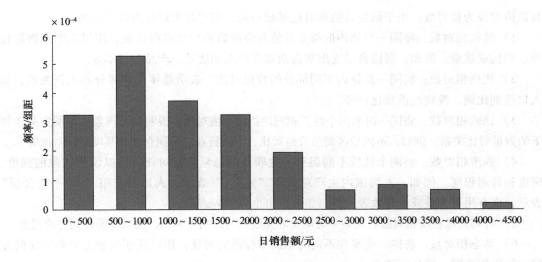

图 3-3　销售额的频率分布直方图

图 3-4 和图 3-5 是菜品 A、B、C 在某段时间的销售量分布图。

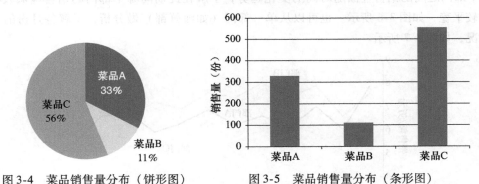

图 3-4　菜品销售量分布（饼形图）　　　图 3-5　菜品销售量分布（条形图）

3.2.2　对比分析

对比分析是指把两个相互联系的指标进行比较，从数量上展示和说明研究对象规模的大小，水平的高低，速度的快慢，以及各种关系是否协调。特别适用于指标间的横纵向比较、时间序列的比较分析。在对比分析中，选择合适的对比标准是十分关键的步骤，选择合适，才能做出客观的评价，选择不合适，评价可能得出错误的结论。

对比分析主要有以下两种形式：

（1）绝对数比较

它是利用绝对数进行对比，从而寻找差异的一种方法。

（2）相对数比较

它是由两个有联系的指标对比计算的，用以反映客观现象之间数量联系程度的综合指标，其数值表现为相对数。由于研究目的和对比基础不同，相对数可以分为以下几种：

1）结构相对数：将同一总体内的部分数值与全部数值对比求得比重，用以说明事物的性质、结构或质量。例如，居民食品支出额占消费支出总额比重、产品合格率等。

2）比例相对数：将同一总体内不同部分的数值对比，表明总体内各部分的比例关系，如人口性别比例、投资与消费比例等。

3）比较相对数：将同一时期两个性质相同的指标数值对比，说明同类现象在不同空间条件下的数量对比关系。例如，不同地区商品价格对比，不同行业、不同企业间某项指标对比等。

4）强度相对数：将两个性质不同但有一定联系的总量指标对比，用以说明现象的强度、密度和普遍程度。例如，人均国内生产总值用"元/人"表示，人口密度用"人/平方公里"表示，也有用百分数或千分数表示的，如人口出生率用‰表示。

5）计划完成程度相对数：是某一时期实际完成数与计划数对比，用以说明计划完成程度。

6）动态相对数：将同一现象在不同时期的指标数值对比，用以说明发展方向和变化的速度，如发展速度、增长速度等。

拿各菜品的销售数据来看，从时间的维度上分析，可以看到甜品部 A、海鲜部 B、素菜部 C 三个部门之间的销售金额随时间的变化趋势，了解在此期间哪个部门的销售金额较高，趋势比较平稳，如图 3-6 所示。也可以从单一部门（如海鲜部）做分析，了解各月份的销售对比情况，如图 3-7 所示。

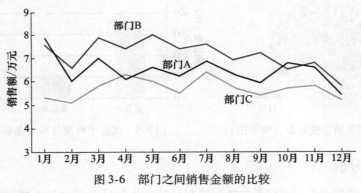

图 3-6　部门之间销售金额的比较

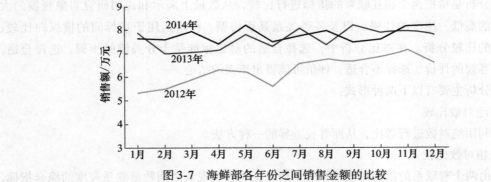

图 3-7　海鲜部各年份之间销售金额的比较

从总体来看，三个部门的销售金额呈递减趋势；部门 A 和部门 C 的递减趋势比较平稳；部门 B 销售金额下降的趋势比较明显，可以进一步分析造成这种现象的业务原因，可能是原材料不足。

3.2.3 统计量分析

用统计指标对定量数据进行统计描述，常从集中趋势和离中趋势两个方面进行分析。

平均水平的指标是对个体集中趋势的度量，使用最广泛的是均值和中位数；反映变异程度的指标则是对个体离开平均水平的度量，使用较广泛的是标准差（方差）、四分位数间距。

1. 集中趋势度量

（1）均值

均值是所有数据的平均值。

如果求 n 个原始观察数据的平均数，计算公式为：

$$\text{mean}(x) = \bar{x} = \frac{\sum x_i}{n} \tag{3-1}$$

有时，为了反映在均值中不同成分所占的不同重要程度，为数据集中的每一个 x_i 赋予 w_i，这就得到了加权均值的计算公式：

$$\text{mean}(x) = \bar{x} = \frac{\sum w_i x_i}{\sum w_i} = \frac{w_1 x_1 + w_2 x_2 + \cdots + w_n x_n}{w_1 + w_2 + \cdots + w_n} \tag{3-2}$$

类似地，频率分布表（如表 3-4）的平均数可以使用下式计算：

$$\text{mean}(x) = \bar{x} = \sum f_i x_i = f_1 x_1 + f_2 x_2 + \cdots + f_k x_k \tag{3-3}$$

式中，x_1，x_2，$\cdots$，x_k 分别为 k 个组段的组中值；f_1，f_2，$\cdots$，f_k 分别为 k 个组段的频率。这里的 f_i 起了权重的作用。

作为一个统计量，均值的主要问题是对极端值很敏感。如果数据中存在极端值或者数据是偏态分布的，那么均值就不能很好地度量数据的集中趋势。为了消除少数极端值的影响，可以使用截断均值或者中位数来度量数据的集中趋势。截断均值是去掉高、低极端值之后的平均数。

（2）中位数

中位数是将一组观察值从小到大按顺序排列，位于中间的那个数据。即在全部数据中，小于和大于中位数的数据个数相等。

将某一数据集 x：$\{x_1, x_2, \cdots, x_n\}$ 从小到大排序：$\{x_{(1)}, x_{(2)}, \cdots, x_{(n)}\}$。

当 n 为奇数时

$$M = x_{\left(\frac{n+1}{2}\right)} \tag{3-4}$$

当 n 为偶数时

$$M = \frac{1}{2}\left(x_{\left(\frac{n}{2}\right)} + x_{\left(\frac{n+1}{2}\right)}\right) \tag{3-5}$$

（3）众数

众数是指数据集中出现最频繁的值。众数并不经常用来度量定性变量的中心位置，更适用于定性变量。众数不具有唯一性。

2. 离中趋势度量

（1）极差

$$极差 = 最大值 - 最小值$$

极差对数据集的极端值非常敏感，并且忽略了位于最大值与最小值之间的数据是如何分布的。

（2）标准差

标准差度量数据偏离均值的程度，计算公式为：

$$s = \sqrt{\frac{\sum (x_i - \bar{x})^2}{n}} \tag{3-6}$$

（3）变异系数

变异系数度量标准差相对于均值的离中趋势，计算公式为：

$$CV = \frac{s}{\bar{x}} \times 100\% \tag{3-7}$$

变异系数主要用来比较两个或多个具有不同单位或不同波动幅度的数据集的离中趋势。

（4）四分位数间距

四分位数包括上四分位数和下四分位数。将所有数值由小到大排列并分成四等份，处于第一个分割点位置的数值是下四分位数，处于第二个分割点位置（中间位置）的数值是中位数，处于第三个分割点位置的数值是上四分位数。

四分位数间距是上四分位数 Q_U 与下四分位数 Q_L 之差，其间包含了全部观察值的一半。其值越大，说明数据的变异程度越大；反之，说明变异程度越小。

针对餐饮销量数据进行统计量分析，其 R 语言代码如代码清单 3-2 所示。

代码清单 3-2　餐饮销量数据统计量分析代码

```
##设置工作空间
#把"数据及程序"文件夹复制到 F 盘下,再用 setwd 设置工作空间
setwd("F:/数据及程序/chapter3/示例程序")
#读入数据
saledata = read.table(file = "./data/catering_sale.csv",sep = ",",header = TRUE)
sales = saledata[,2]

#统计量分析
#均值
mean_ = mean(sales,na.rm = T)
#中位数
median_ = median(sales,na.rm = T)
#极差
range_ = max(sales,na.rm = T) - min(sales,na.rm = T)
#标准差
std_ = sqrt(var(sales,na.rm = T))
#变异系数
variation_ = std_/mean_
```

```
#四分位数间距
q1 = quantile(sales,0.25,na.rm = T)
q3 = quantile(sales,0.75,na.rm = T)
distance = q3 - q1
a = matrix(c(mean_,median_,range_,std_,variation_,q1,q3,distance),1,byrow = T)
colnames(a) = c("均值","中位数","极差","标准差","变异系数","1/4 分位数","3/4 分位数","四分位数间距")
print(a)
```

*代码详见：示例程序/code/statistics_analyze.R

我们通过上面的程序已经得到餐饮销量数的统计量情况：销量数据均值：2744.5954，中位数：2655.9，极差：3200.2，标准差：424.7394，变异系数：0.15475，四分位数间距：566.65。

3.2.4　周期性分析

周期性分析是探索某个变量是否随着时间变化而呈现出某种周期变化趋势。时间尺度相对较长的周期性趋势有年度周期性趋势、季节性周期性趋势，相对较短的有月度周期性趋势、周度周期性趋势，甚至更短的天、小时周期性趋势。

例如，要对某单位用电量进行预测，可以先分析该用电单位日用电量的时序图，以此来直观地估计其用电量变化趋势。

图 3-8 是某用电单位 A 在 2014 年 9 月日用电量的时序图；图 3-9 是用电单位 A 在 2013 年 9 月日用电量的时序图。

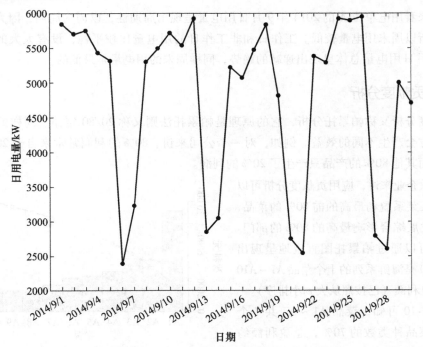

图 3-8　2014 年 9 月日用电量时序图

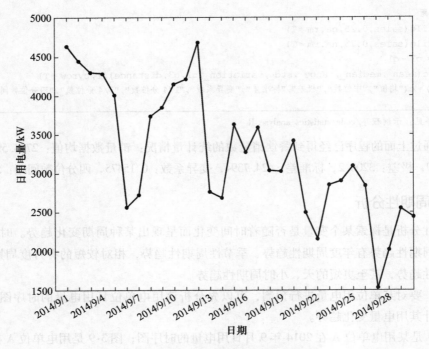

图 3-9　2013 年 9 月日用电量时序图

总体来看用电单位 A 的 2014 年 9 月日用电量呈现出周期性，以周为周期，因为周六周日不上班，所以周末用电量较低。工作日和非工作日的用电量比较平稳，没有太大的波动。而 2013 年 9 月日用电量总体呈现出递减的趋势，同样周末的用电量是最低的。

3.2.5　贡献度分析

贡献度分析又称帕累托分析，它的原理是帕累托法则又称 20/80 定律。同样的投入放在不同的地方会产生不同的效益。例如，对一个公司来讲，80% 的利润常常来自于 20% 最畅销的产品，而其他 80% 的产品只产生了 20% 的利润。

就餐饮企业来讲，应用贡献度分析可以重点改善某菜系盈利最高的前 80% 的菜品，或者重点发展综合影响最高的 80% 的部门。这种结果可以通过帕累托图直观地呈现出来。图 3-10 是海鲜系列的十个菜品 A1 ~ A10 某个月的盈利额（已按照从大到小排序）。

由图 3-10 可知，菜品 A1 ~ A7 共 7 个菜品，占菜品种类数的 70%，总盈利额约占该月盈利额的 85%。根据帕累托法则，

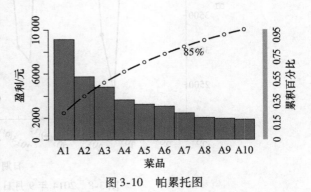

图 3-10　帕累托图

应该增加对菜品 A1～A7 的成本投入，减少对菜品 A8～A10 的投入以获得更高的盈利额。

表 3-5 是餐饮系统对应的菜品盈利数据示例。

表 3-5　餐饮系统菜品盈利数据

菜品 ID	菜品名	盈利/元	菜品 ID	菜品名	盈利/元
17148	A1	9173	14	A6	3026
17154	A2	5729	2868	A7	2378
109	A3	4811	397	A8	1970
117	A4	3594	88	A9	1877
17151	A5	3195	426	A10	1782

* 数据详见：示例程序/data/catering_dish_profit. csv

其 R 语言代码如代码清单 3-3 所示。

代码清单 3-3　菜品盈利帕累托图代码

```
##设置工作空间
#把"数据及程序"文件夹复制到 F 盘下,再用 setwd 设置工作空间
setwd("F:/数据及程序/chapter3/示例程序")
#读取菜品数据,绘制帕累托图
dishdata = read.csv(file = "./data/catering_dish_profit.csv",header = TRUE)
barplot(dishdata[,3],col = "blue1",names.arg = dishdata[,2],width = 1,space = 0,
    ylim = c(0,10000),xlab = "菜品",ylab = "盈利:元")
accratio = dishdata[,3]
for ( i in 1:length(accratio)){
    accratio[i] = sum(dishdata[1:i,3])/sum(dishdata[,3])
}

par(new = T,mar = c(4,4,4,4))
points(accratio*10000 ~ c((1:length(accratio) - 0.5)),new = FALSE,type = "b",new = T)
axis(4,col = "red",col.axis = "red",at = 0:10000,label = c(0:10000/10000))
mtext("累积百分比",4,2)
points(6.5,accratio[7]*10000,col = "red")
text(7,accratio[7]*10000,paste(round(accratio[7] + 0.00001,4)*100,"%"))
```

* 代码详见：示例程序/code/dish_pareto. R

3.2.6　相关性分析

分析连续变量之间线性相关程度的强弱，并用适当的统计指标表示出来的过程称为相关分析。

1. 直接绘制散点图

判断两个变量是否具有线性相关关系最直观的方法是直接绘制散点图，如图 3-11 所示。

2. 绘制散点图矩阵

需要同时考察多个变量间的相关关系时，一一绘制它们间的简单散点图会十分麻烦。此时可利用散点图矩阵来同时绘制各变量间的散点图，从而快速发现多个变量间的主要相关性，这在进行多元线性回归时显得尤为重要。

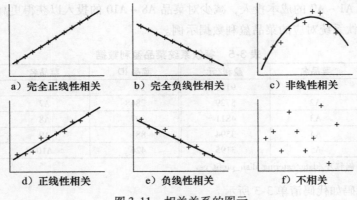

图 3-11　相关关系的图示

a）完全正线性相关　b）完全负线性相关　c）非线性相关

d）正线性相关　e）负线性相关　f）不相关

散点图矩阵如图 3-12 所示。

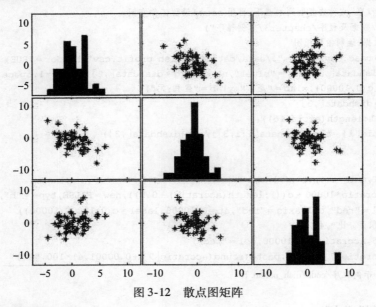

图 3-12　散点图矩阵

3. 计算相关系数

为了更加准确地描述变量之间的线性相关程度，可以通过计算相关系数进行相关分析。在二元变量的相关分析过程中比较常用的有 Pearson 相关系数、Spearman 秩相关系数和判定系数。

（1）Pearson 相关系数

Pearson 相关系数一般用于分析两个连续性变量之间的关系，其计算公式如下：

$$r = \frac{\sum_{i=1}^{n} (x_i - \overline{x})(y_i - \overline{y})}{\sqrt{\sum_{i=1}^{n} (x_i - \overline{x})^2 \sum_{i=1}^{n} (y_i - \overline{y})^2}} \tag{3-8}$$

相关系数 r 的取值范围：$-1 \leqslant r \leqslant 1$

$$\begin{cases} r > 0 \text{ 为正相关}, r < 0 \text{ 为负相关} \\ |r| = 0 \text{ 表示不存在线性关系} \\ |r| = 1 \text{ 表示完全线性相关} \end{cases}$$

$0 < |r| < 1$ 表示存在不同程度线性相关：

$$\begin{cases} |r| \leqslant 0.3 \text{ 为极弱线性相关或不存在线性相关} \\ 0.3 < |r| \leqslant 0.5 \text{ 为低度线性相关} \\ 0.5 < |r| \leqslant 0.8 \text{ 为显著线性相关} \\ |r| > 0.8 \text{ 为高度线性相关} \end{cases}$$

（2）Spearman 秩相关系数

Pearson 线性相关系数要求连续变量的取值服从正态分布。不服从正态分布的变量、分类或等级变量之间的关联性可采用 Spearman 秩相关系数，也称等级相关系数来描述。

其计算公式如下：

$$r_s = 1 - \frac{6 \sum_{i=1}^{n} (R_i - Q_i)^2}{n(n^2 - 1)} \tag{3-9}$$

对两个变量成对的取值分别按照从小到大（或者从大到大小）顺序编秩，R_i 代表 x_i 的秩次，Q_i 代表 y_i 的秩次，$R_i - Q_i$ 为 x_i、y_i 的秩次之差。

下面给出一个变量 $x = (x_1, x_2, \cdots, x_i, \cdots, x_n)$ 秩次的计算过程：

x_i 从小到大排序	从小到大排序时的位置	秩次 R_i
0.5	1	1
0.8	2	2
1.0	3	3
1.2	4	$(4+5)/2 = 4.5$
1.2	5	$(4+5)/2 = 4.5$
2.3	6	6
2.8	7	7

对于一个变量，相同的取值必须有相同的秩次，所以在计算中采用的秩次是排序后所在位置的平均值。

易知，只要两个变量具有严格单调的函数关系，那么它们就是完全 Spearman 相关的，这与 Pearson 相关不同，Pearson 相关只有在变量具有线性关系时才是完全相关的。

上述两种相关系数在实际应用计算中都要对其进行假设检验，使用 t 检验方法检验其显著性水平以确定其相关程度。研究表明，在正态分布假定下，Spearman 秩相关系数与 Pearson 相关系数在效率上是等价的，而对于连续测量数据，更适合用 Pearson 相关系数进行分析。

（3）判定系数

判定系数是相关系数的平方，用 r^2 表示；用来衡量回归方程对 y 的解释程度。判定系数取值范围：$0 \leqslant r^2 \leqslant 1$。$r^2$ 越接近于 1，表明 x 与 y 之间的相关性越强；r^2 越接近于 0，表明两个变量之间几乎没有直线相关关系。

餐饮系统中可以统计得到不同菜品的日销量数据，数据示例如表 3-6 所示。

表 3-6　菜品日销量数据

日期	百合酱蒸凤爪	翡翠蒸香茜饺	金银蒜汁蒸排骨	乐膳真味鸡	蜜汁焗餐包	生炒菜心	铁板酸菜豆腐	香煎韭菜饺	香煎萝卜糕	原汁原味菜心
2015/1/1	17	6	8	24	13	13	18	10	10	27
2015/1/2	11	15	14	13	9	10	19	13	14	13
2015/1/3	10	8	12	13	8	3	7	11	10	9
2015/1/4	9	6	6	3	10	9	9	13	14	13
2015/1/5	4	10	13	8	12	10	17	11	13	14
2015/1/6	13	10	13	16	8	9	12	11	5	9

＊数据详见：示例程序/data/catering_sale_all.csv

分析这些菜品销售量之间的相关性可以得到不同菜品之间的关系，如替补菜品、互补菜品或者没有关系，为原材料采购提供参考。其 R 语言代码如代码清单 3-4 所示。

代码清单 3-4　餐饮销量数据相关性分析

```
#餐饮销量数据相关性分析
##设置工作空间
#把"数据及程序"文件夹复制到 F 盘下,再用 setwd 设置工作空间
setwd("F:/数据及程序/chapter3/示例程序")
#读取数据
cordata = read.csv(file = "./data/catering_sale_all.csv",header = T)
#求出相关系数矩阵
cor(cordata[,2:11])
```

＊代码详见：示例程序/code/correlation_analyze.R

运行上面的代码，可以得到下面的结果：

百合酱蒸凤爪	
百合酱蒸凤爪	1
翡翠蒸香茜饺	0.009205803
金银蒜汁蒸排骨	0.016799326
乐膳真味鸡	0.455638166
蜜汁焗餐包	NA
生炒菜心	0.308495593
铁板酸菜豆腐	0.20489784
香煎韭菜饺	0.127448249
香煎萝卜糕	−0.090275548
原汁原味菜心	0.42831626

由于缺失值的出现，相关系数计算结果中也出现了一个 NA，但是没有影响其他菜品的相关系数。从上面的结果可以看到如果顾客点了"百合酱蒸凤爪"，则点"翡翠蒸香茜饺"、"金银蒜汁蒸排骨"、"香煎萝卜糕"、"铁板酸菜豆腐"、"香煎韭菜饺"等主食类的相关性比较低，反而点"乐膳真味鸡"、"生炒菜心"、"原汁原味菜心"的相关性比较高。

3.3 R 语言主要数据探索函数

R 提供了大量的与数据探索相关的函数，这些数据探索函数可大致分为统计特征函数与统计作图函数。本小节对 R 中主要的统计特征函数与统计作图函数进行介绍，并举例以方便理解。

3.3.1 统计特征函数

统计特征函数用于计算数据的均值、方差、标准差、分位数、相关系数、协方差等，这些统计特征能反映出数据的整体分布。本小节所介绍的统计特征函数如表 3-7 所示。

表 3-7 R 中主要的统计特征函数

函 数 名	函 数 功 能
mean()	计算数据样本的算术平均数
exp(mean(log()))	计算数据样本的几何平均数
var()	计算数据样本的方差
sd()	计算数据样本的标准差
cor()	计算数据样本的相关系数矩阵
cov()	计算数据样本的协方差矩阵
moment()	计算数据样本的指定阶中心矩
summary()	计算数据样本的均值、最大值、最小值、中位数、四分位数

（1）mean

□ 功能：计算数据样本的算术平均数。

□ 使用格式：

$$n = mean(X)$$

计算样本 X 的均值 n，样本 X 可为向量、矩阵或多维数组。

（2）exp(mean(log()))

□ 功能：计算数据样本的几何平均数。

□ 使用格式：

$$n = exp(mean(log(X)))$$

计算样本 X 的几何均值 n，样本 X 可为向量、矩阵或多维数组。

（3）var

□ 功能：计算数据样本的方差。

□ 使用格式：

$$v = \text{var}(X)$$

计算样本 X 的方差 v。若 X 为向量，则计算向量的样本方差。若 X 为矩阵，则 v 为 X 的各列向量的样本方差构成的行向量。

（4） sd

□ 功能：计算数据样本的标准差。

□ 使用格式：

$$s = \text{sd}(X)$$

计算样本 X 的标准差，若样本 X 为向量，则计算向量的标准差。若 X 为矩阵，则 s 为 X 的各列向量的标准差构成的行向量。

（5） cor

□ 功能：计算数据样本的相关系数矩阵。

□ 使用格式：

$$R = \text{cor}(x, y = \text{NULL}, \text{use} = "\text{everything}", \text{method} = c("\text{pearson}", "\text{kendall}", "\text{spearman}"))$$

计算列向量 x、y 的相关系数矩阵 R。其中，name 和 value 的取值如表 3-8 所示。

表 3-8　cor 函数 method、use 参数取值表

name	value	说明
method	pearson	皮尔森相关系数，默认选项
	kendall	肯德尔系数
	spearman	斯皮尔曼系数
use	everything	全部数据，有 NA 的计算出 NA
	all. obs	所有观测值，有 NA 的计算提示 error
	complete. obs	只使用没有缺失值的行
	na. or. complete	在存在 NA 时计算出 NA
	pairwise. complete. obs	计算 R(i, j) 只使用第 i 和 j 列中所有非缺失的数据

□ 实例：计算两个列向量的相关系数，采用 Spearman 方法。

```
x = c(1:8)                               #生成向量 x
y = c(2:9)                               #生成向量 y
R = cor(x,y,method = 'spearman')         #计算两个向量 x,y 的相关系数,易知 y = x + 1
R                                        #得到相关系数为 1
[1] 1
```

（6） cov

□ 功能：计算数据样本的协方差矩阵。

□ 使用格式：

$$R = \text{cov}(X)$$

计算样本 X 的协方差矩阵 R。样本 X 可为向量或矩阵。当 X 为向量时，R 表示 X 的方差。当 X 为矩阵时，cov(X) 计算方差矩阵。

$$R = cov(x, y)$$

函数等价于 cov([x，y])。参数 x、y 为长度相等的列向量。

❏ 实例：计算 20×5 随机矩阵的协方差矩阵。

```
X = matrix(rnorm(100),20,5)      #产生 20×5 随机矩阵
R = cov(X)                       #计算协方差矩阵 R
R
            [,1]          [,2]          [,3]          [,4]          [,5]
[1,]   0.65160946    0.07024229    0.06835007    0.30762937   -0.06023185
[2,]   0.07024229    0.58831470    0.15978350   -0.05277606    0.57369709
[3,]   0.06835007    0.15978350    1.06726745   -0.24946502   -0.32506790
[4,]   0.30762937   -0.05277606   -0.24946502    0.96327555   -0.01089271
[5,]  -0.06023185    0.57369709   -0.32506790   -0.01089271    1.40164989
```

（7）moment

❏ 功能：计算数据样本的指定阶中心矩。

❏ 使用格式：

$$m = moment(X, order)$$

计算样本 X 的 order 阶次的中心矩 m，参数 order 为正整数。样本 X 可为向量、矩阵或多维数组。

❏ 说明：一阶中心矩为 0，二阶中心矩为用除数 n 得到的方差，其中 n 为向量 X 的长度或矩阵 X 的行数。使用此函数要加载 e1071 包。

❏ 实例：计算 100 个随机数的 2 阶中心矩。

```
library(e1071)                   #加载 e1071 包
X = rnorm(100)                   #产生 100 个随机数
m = moment(X,2)                  #计算二阶中心矩
m
[1] 1.131408
```

3.3.2 统计作图函数

通过统计作图函数绘制的图表可以直观地反映出数据及统计量的性质及其内在规律，如盒图可以表示多个样本的均值，误差条形图能同时显示下限误差和上限误差，最小二乘拟合曲线图能分析两变量间的关系。本小节所介绍的统计作图函数如表 3-9 所示。

表3-9　R 中的基本统计作图函数

作图函数名	作图函数功能
barplot()	绘制简单条形图
pie()	绘制饼形图
hist()	绘制二维条形直方图，可显示数据的分配情形
boxplot()	绘制样本数据的箱形图
plot()	绘制线性二维图、折线图、散点图

（1）barplot

❑ 功能：绘制简单条形图。

❑ 使用格式：

$$barplot(X, horiz = FALSE, main, xlab, ylab)$$

绘制矩阵样本 X 的分类条形图，X 是一个向量或者矩阵。其中，参数 horiz 是逻辑值，默认为 FALSE，改成 TRUE 图形变为横向条形图，main、xlab、ylab 分别表示图形标题、横轴和纵轴标题。

❑ 实例：绘制样本数据的条形图，样本由"A"、"B"、"C"三种类型的随机数据组成。绘制结果如图 3-13 所示。

```
x = sample(rep(c("A","B","C"),20),50)    #产生包含"A"、"B"、"C"的随机向量
counts = table(x)                        #统计三种样本的数量保存在 counts 中
barplot(counts)                          #绘制条形图展示三种样本的数量
```

（2）pie

❑ 功能：绘制饼形图。

❑ 使用格式：

$$pie(X)$$

绘制矩阵 X 中非负数据的饼形图。若 X 中非负元素和小于 1，则函数仅画出部分的饼形图，且非负元素 X(i, j) 的值直接限定饼形图中扇形的大小；若 X 中非负元素和大于等于 1，则非负元素 X(i, j) 代表饼形图中的扇形大小通过 X(i, j) /Y 的大小来决定，其中，Y 为矩阵 X 中非负元素和。

❑ 实例：通过向量 [1 3 1.5 4 1.5] 画饼形图，并将第一部分分离出来。绘制结果如图 3-14 所示。

```
pct = round(counts/sum(counts)*100)      #还用上一例中的数据
lbls = paste(c("A","B","C"),pct,"%")     #计算百分比,便于加标签
pie(counts,labels = lbls)                #画饼形图
```

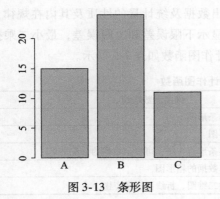

图 3-13　条形图　　　　　　　　　　　图 3-14　饼形图

（3）hist

☐ 功能：绘制二维条形直方图，可显示数据的分布情形。

☐ 使用格式：

$$hist(X, freq = TRUE)$$

把向量 X 中的数值自动分组，各组距相等，条形图每一条的高度表示频率或者频数，默认 freq = TRUE，即画出频数条形图，freq = FALSE 时绘出频率条形图。

☐ 实例：绘制二维条形直方图，从 1 到 999 中随机抽取 100 个数，并对 100 取余数，得到 100 个 1 到 99 之间的随机数，保存在向量 x 中，对其绘制直方图。绘制结果如图 3-15 所示。

```
x = sample(1:999,100)%%100                              #取 100 个 1 到 99 之间的随机数
hist(x,freq = FALSE,breaks = 7,
          main = "Histogram of x with density curve")    #绘制频率直方图
lines(density(x),col = "red")                            #添加密度曲线
```

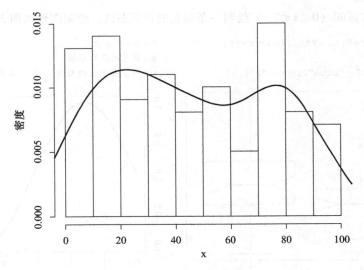

图 3-15　二维条形直方图

（4）boxplot

☐ 功能：绘制样本数据的箱形图。

☐ 使用格式：

$$boxplot(X)$$

绘制矩阵样本 X 的箱形图。其中，盒子的上、下四分位数和中值处有一条线段。箱形末端延伸出去的直线称为须，表示盒外数据的长度。如果在须外没有数据，则在须的底部有一点，点的颜色与须的颜色相同。其中，参数 notch 默认为 FALSE，如果改为 TRUE 则绘制矩阵样本 X 的带刻槽的凹盒图。和别的绘图函数一样，也可以给 horizontal 赋值 TRUE，使图形横过来。

❑ 实例：绘制样本数据的箱形图，样本由两组正态分布的随机数据组成。其中，一组数据均值为5，方差为2，另一组数据均值为7，方差为4，并且分别补充两个比较偏离均值的数，使图中可以出现离群点。绘制结果如图3-16所示。

```
x1 = c(rnorm(50,5,2),11,1)       #生成随机数50个，均值为5，方差为2，并补充两个常数
x2 = c(rnorm(50,7,4),10,2)       #生成随机数50个，均值为7，方差为4，并补充两个常数
boxplot(x1,x2,notch = TRUE)      #绘带刻槽的样本数据的箱形图
```

（5）plot

❑ 功能：绘制线性二维图、折线图、散点图。

❑ 使用格式：

$$plot(X,Y)$$

绘制 Y 对于 X（即以 X 为横轴的二维图形），可以通过参数 type 指定绘制时图形的类型、样式，可以有"o""l""b"等，这三种分别表示散点、曲线和点线混合型。通过 col 参数可以设置多种颜色。

❑ 实例：在区间（$0 \leqslant x \leqslant 2\pi$）绘制一条蓝色的正弦曲线，绘制图形如图3-17所示。

```
x = seq(from = 0,to = 2*pi,length = 50)    #取 50 个 x 值
y = sin(x)                                 #计算相对应的 y 值
plot(x,y,col = "blue",type = "l")          #绘制 y 关于 x 的曲线，类型为曲线型，颜色为蓝色
```

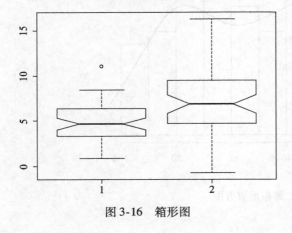

图3-16　箱形图

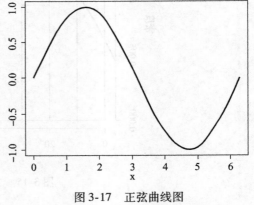

图3-17　正弦曲线图

3.4　小结

本章从应用的角度出发，从数据质量分析和数据特征分析两个方面对数据进行探索分析，最后介绍了 R 语言中常用的数据探索函数及用例。数据质量分析要求我们拿到数据后要先检测是否存在缺失值和异常值；而数据特征分析要求我们在数据挖掘建模前，通过频率分布分析、对比分析、帕累托分析、周期性分析、相关性分析等方法，对所采集样本数据的特征规律进行分析，以了解数据的规律和趋势，为数据挖掘的后续环节提供支持。

第 4 章 *Chapter 4*

数据预处理

在数据挖掘中，海量的原始数据中存在着大量不完整（有缺失值）、不一致、有异常的数据，严重影响到数据挖掘建模的执行效率，甚至可能导致挖掘结果的偏差，所以进行数据清洗就显得尤为重要，数据清洗完成后接着进行或者同时进行数据集成、变换、规约等一系列的处理，该过程就是数据预处理。数据预处理一方面是要提高数据的质量，另一方面是要让数据更好地适应特定的挖掘技术或工具。统计发现，在数据挖掘的过程中，数据预处理工作量占到了整个过程的 60%。

数据预处理的主要内容包括数据清洗、数据集成、数据变换和数据规约。处理过程如图 4-1 所示。

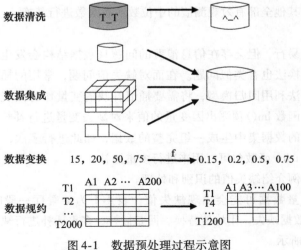

图 4-1　数据预处理过程示意图

4.1 数据清洗

数据清洗主要是删除原始数据集中的无关数据、重复数据，平滑噪声数据，筛选掉与挖掘主题无关的数据，处理缺失值、异常值等。

4.1.1 缺失值处理

从统计上说，缺失的数据可能会产生有偏估计，从而使样本数据不能很好地代表总体，而现实中绝大部分数据都包含缺失值，因此如何处理缺失值很重要。

一般来说，缺失值的处理包括两个步骤，即缺失数据的识别和缺失值处理。在 R 语言中缺失值通常以 NA 表示，可以使用函数 is. na()判断缺失值是否存在，另外函数 complete. cases()可识别样本数据是否完整从而判断缺失情况。在对是否存在缺失值进行判断之后需要进行缺失值处理，常用的方法有删除法、替换法、插补法等。

（1）删除法

删除法是最简单的缺失值处理方法，根据数据处理的不同角度可分为删除观测样本、删除变量两种。删除观测样本又称行删除法，在 R 中可通过 na. omit()函数移除所有含有缺失数据的行，这属于以减少样本量来换取信息完整性的方法，适用于缺失值所占比例较小的情况；删除变量适用于变量有较大缺失且对研究目标影响不大的情况，意味着要删除整个变量，这在 R 中可通过 data[, - p]来实现，其中 data 表示目标数据集，p 表示缺失变量所在的列。

（2）替换法

变量按属性可分为数值型和非数值型，二者的处理办法不同：如果缺失值所在变量为数值型的，一般用该变量在其他所有对象的取值的均值来替换变量的缺失值；如果为非数值型变量，则使用该变量其他全部有效观测值的中位数或者众数进行替换。

（3）插补法

删除法虽然简单易行，但会存在信息浪费的问题且数据结构会发生变动，以致最后得到有偏的统计结果，替换法也有类似问题。在面对缺失值问题，常用的插补法有回归插补、多重插补等。回归插补法利用回归模型，将需要插值补缺的变量作为因变量，其他相关变量作为自变量，通过回归函数 lm()预测出因变量的值来对缺失变量进行补缺；多重插补法的原理是从一个包含缺失值的数据集中生成一组完整的数据，如此进行多次，从而产生缺失值的一个随机样本，R 中的 mice 函数包可以用来进行多重插补。

下面结合具体案例介绍缺失值的识别和处理。

餐饮系统中的销量数据可能会出现缺失值，表 4-1 为某餐厅一段时间的销量表，其中2015 年 2 月 14 日的数据缺失，用均值替换、回归插补、多重插补进行缺失数据插补的 R 程序实现如代码清单 4-1 所示。

表 4-1　某餐厅一段时间的销量数据

日期	销售额/元	日期	销售额/元
2015/2/25	3442.1	2015/2/19	3614.7
2015/2/24	3393.1	2015/2/18	3295.5
2015/2/23	3136.6	2015/2/16	2332.1
2015/2/22	3744.1	2015/2/15	2699.3
2015/2/21	6607.4	2015/2/14	空值
2015/2/20	4060.3	2015/2/13	3036.8

* 数据详见：示例程序/data/catering_sale.csv

代码清单 4-1　用均值替换、回归插补及多重插补进行插补

```
##设置工作空间
#把"数据及程序"文件夹复制到 F 盘下,再用 setwd 设置工作空间
setwd("F:/数据及程序/chapter4/示例程序")
#读取销售数据文件,提取标题行
inputfile = read.csv('./data/catering_sale.csv',he = T)

#变换变量名
inputfile = data.frame(sales = inputfile$'销量',date = inputfile$'日期')

#数据截取
inputfile = inputfile[5:16,]

#缺失数据的识别
is.na(inputfile)                            #判断是否存在缺失
n = sum(is.na(inputfile))                   #输出缺失值个数

#异常值识别
par(mfrow = c(1,2))                         #将绘图窗口划为 1 行两列,同时显示两图
dotchart(inputfile$sales)                   #绘制单变量散点图
boxplot(inputfile$sales,horizontal = T)     #绘制水平箱形图

#异常数据处理
inputfile$sales[5] = NA                     #将异常值处理成缺失值
fix(inputfile)                              #表格形式呈现数据

#缺失值的处理
inputfile$date = as.numeric(inputfile$date) #将日期转换成数值型变量
sub = which(is.na(inputfile$sales))         #识别缺失值所在行数
inputfile1 = inputfile[ - sub,]             #将数据集分成完整数据和缺失数据两部分
inputfile2 = inputfile[sub,]

#行删除法处理缺失,结果转存
result1 = inputfile1

#均值替换法处理缺失,结果转存
```

```
avg_sales = mean(inputfile1$sales)              #求变量未缺失部分的均值
inputfile2$sales = rep(avg_sales,n)             #用均值替换缺失
result2 = rbind(inputfile1,inputfile2)          #并入完成插补的数据

#回归插补法处理缺失,结果转存
model = lm(sales ~ date,data = inputfile1)      #回归模型拟合
inputfile2$sales = predict(model,inputfile2)    #模型预测
result3 = rbind(inputfile1,inputfile2)

#多重插补法处理缺失,结果转存
library(lattice)                                #调入函数包
library(MASS)
library(nnet)
library(mice)                                   #前三个包是 mice 的基础
imp = mice(inputfile,m = 4)                     #4 重插补,即生成 4 个无缺失数据集
fit = with(imp,lm(sales ~ date,data = inputfile)) #选择插补模型
pooled = pool(fit)
summary(pooled)
result4 = complete(imp,action = 3)              #选择第三个插补数据集作为结果
```

* 代码详见：示例程序/code/missing_data_processing. R

执行上面的代码后，R 的图形窗口有如图 4-2 所示的输出。

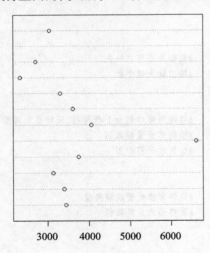 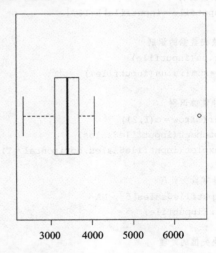

图 4-2　R 的图形窗口的输出

利用均值替换法、回归插补法和多重插补法对缺失值进行插补，得出插值结果如表 4-2 所示。

表 4-2　三种插补法的插值结果

日　　期	原　始　值	均值替换值	回归插补值	多重插补值
2015/2/21	6607.4	3275.46	3380.642	3136.6
2015/2/14	空值	3275.46	2947.539	2699.3

在进行插值之前会对数据进行异常值检测，发现 2015 年 2 月 21 日的数据是异常的（数据远大于 5000），所以也把此日期数据定义为空缺值，进行补数。利用均值替换法、回归插补法及多重插补法对 2015 年 2 月 21 日和 2015 年 2 月 14 日的数据进行插补，结果如表 4-2 所示。考虑到这两天都是周末，而周末的销售额一般要比周一到周五多，所以插值结果比较符合实际情况。

4.1.2　异常值处理

在异常值处理之前需要对异常值进行识别，一般多采用单变量散点图或是箱形图来达到目的。在 R 中，使用函数 dotchart()、boxplot() 实现绘制单变量散点图与箱形图（具体应用见 3.3.2 节内容），图 3-16 中远离正常值范围的点即视为异常值。异常值产生最常见的原因是人为输入的错误，如小数点输入错误，会把 123.00g 变成 12 300g。

在数据预处理时，异常值是否剔除，需视具体情况而定，因为有些异常值可能蕴含着有用的信息。异常值处理常用方法如表 4-3 所示。

表 4-3　异常值处理常用方法

异常值处理方法	方法描述
删除含有异常值的记录	直接将含有异常值的记录删除
视为缺失值	将异常值视为缺失值，利用缺失值处理的方法进行处理
平均值修正	可用前后两个观测值的平均值修正该异常值
不处理	直接在具有异常值的数据集上进行挖掘建模

将含有异常值的记录直接删除这种方法简单易行，但缺点也很明显，在观测值很少的情况下，这种删除会造成样本量不足，可能会改变变量的原有分布，从而造成分析结果的不准确。视为缺失值处理的好处是可以利用现有变量的信息，对异常值（缺失值）进行填补。

很多情况下，要先分析异常值出现的可能原因，再判断异常值是否应该舍弃，如果是正确的数据，可以直接在具有异常值的数据集上进行挖掘建模。

4.2　数据集成

数据挖掘需要的数据往往分布在不同的数据源中，数据集成就是将多个数据源合并存放在一个一致的数据存储（如数据仓库）中的过程。

在 R 中，数据集成是指将存储在两个数据框中的数据以关键字为依据，以行为单位做列向合并，可通过函数 merge() 实现，基本书写形式为 merge（数据框 1，数据框 2，by =‘关键字’），合并后的新数据自动按关键字取值的大小升序排列。

在数据集成时，来自多个数据源的现实世界实体的表达形式是不一样的，有可能不匹配，要考虑实体识别问题和属性冗余问题，从而将源数据在最低层上加以转换、提炼和集成。

4.2.1 实体识别

实体识别是从不同数据源识别出现实世界的实体，它的任务是统一不同源数据的矛盾之处，常见的矛盾有如下几个。

（1）同名异义

数据源 A 中的属性 ID 和数据源 B 中的属性 ID 分别描述的是菜品编号和订单编号，即描述的是不同的实体。

（2）异名同义

数据源 A 中的 sales_dt 和数据源 B 中的 sales_date 都是描述销售日期的，即 A. sales_dt = B. sales_date。

（3）单位不统一

描述同一个实体分别用的是国际单位和中国传统的计量单位。

检测和解决这些冲突就是实体识别的任务。

4.2.2 冗余属性识别

数据集成往往导致数据冗余，如：

1）同一属性多次出现；

2）同一属性命名不一致，导致重复。

仔细整合不同源数据能减少甚至避免数据冗余与不一致，从而提高数据挖掘的速度和质量。对于冗余属性要先分析，检测到后再将其删除。

有些冗余属性可以用相关分析检测。给定两个数值型的属性 A 和 B，根据其属性值，用相关系数度量一个属性在多大程度上蕴含另一个属性，相关系数介绍见 3.2.6 节。

4.3 数据变换

数据变换主要是对数据进行规范化处理、连续变量的离散化以及变量属性的构造，将数据转换成"适当的"形式，以满足挖掘任务及算法的需要。

4.3.1 简单函数变换

简单函数变换是对原始数据进行某些数学函数变换，常用的包括平方、开方、取对数、差分运算等，即：

$$x' = x^2 \tag{4-1}$$

$$x' = \sqrt{x} \tag{4-2}$$

$$x' = \log(x) \tag{4-3}$$

$$\nabla f(x_k) = f(x_{k+1}) - f(x_k) \tag{4-4}$$

简单的函数变换常用来将不具有正态分布的数据变换成具有正态分布的数据；在时间序列分析中，有时简单的对数变换或者差分运算就可以将非平稳序列转换成平稳序列。在数据挖掘中，简单的函数变换可能更有必要，如个人年收入的取值范围为 1 万 ~ 10 亿元，这是一个很大的区间，使用对数变换对其进行压缩是常用的一种变换处理。

4.3.2 规范化

数据规范化（归一化）处理是数据挖掘的一项基础工作。不同评价指标往往具有不同的量纲，数值间的差别可能很大，不进行处理可能会影响到数据分析的结果。为了消除指标之间的量纲和取值范围差异的影响，需要进行标准化处理，将数据按照比例进行缩放，使之落入一个特定的区域，便于进行综合分析。例如，将工资收入属性值映射到 [– 1, 1] 或者 [0, 1] 内。

数据规范化对于基于距离的挖掘算法尤为重要。

（1）最小 – 最大规范化

最小 – 最大规范化也称为离差标准化，是对原始数据的线性变换，将数值映射到 [0, 1]。转换公式如下：

$$x^* = \frac{x - \min}{\max - \min} \tag{4-5}$$

式中，max 为样本数据的最大值；min 为样本数据的最小值。max – min 为极差。离差标准化保留了原来数据中存在的关系，是消除量纲和数据取值范围影响的最简单方法。这种处理方法的缺点是若数值集中且某个数值很大，则规范化后各值会接近于 0，并且将会相差不大。若将来遇到超过目前属性 [min, max] 取值范围时，会引起系统出错，需要重新确定 min 和 max。

（2）零 – 均值规范化

零 – 均值规范化也叫标准差标准化，经过处理的数据的均值为 0，标准差为 1。转化公式为：

$$x^* = \frac{x - \bar{x}}{\sigma} \tag{4-6}$$

式中，$\bar{x}$ 为原始数据的均值；σ 为原始数据的标准差。这种方法是当前用得最多的数据的标准化方法，但是均值和标准差受离群点的影响很大，因此通常需要修改上述变换。首先用中位数 M 取代均值，其次用绝对标准差取代标准差 $\sigma^* = \sum_{i=1}^{i=n} |x_i - W|$，$W$ 是平均数或者中位数。

（3）小数定标规范化

通过移动属性值的小数位数，将属性值映射到 [– 1, 1]，移动的小数位数取决于属性值绝对值的最大值。转化公式为：

$$x^* = \frac{x}{10^k} \tag{4-7}$$

下面通过对一个矩阵使用上面三种规范化的方法对其进行处理，对比结果。其程序如代码清单 4-2 所示。

代码清单 4-2　数据规范化代码

```
##设置工作空间
#把"数据及程序"文件夹复制到 F 盘下,再用 setwd 设置工作空间
setwd("F:/数据及程序 chapter4/示例程序")
#读取数据
data = read.csv('./data/normalization_data.csv',he = F)

#最小 – 最大规范化
b1 = (data[,1] - min(data[,1]))/(max(data[,1]) - min(data[,1]))
b2 = (data[,2] - min(data[,2]))/(max(data[,2]) - min(data[,2]))
b3 = (data[,3] - min(data[,3]))/(max(data[,3]) - min(data[,3]))
b4 = (data[,4] - min(data[,4]))/(max(data[,4]) - min(data[,4]))
data_scatter = cbind(b1,b2,b3,b4)

#零 – 均值规范化
data_zscore = scale(data)

#小数定标规范化
i1 = ceiling(log(max(abs(data[,1])),10))          #小数定标的指数
c1 = data[,1]/10^i1
i2 = ceiling(log(max(abs(data[,2])),10))
c2 = data[,2]/10^i2
i3 = ceiling(log(max(abs(data[,3])),10))
c3 = data[,3]/10^i3
i4 = ceiling(log(max(abs(data[,4])),10))
c4 = data[,4]/10^i4
data_dot = cbind(c1,c2,c3,c4)

#打印结果
options(digits = 4)                              #控制输出结果的有效位数
data;data_scatter;data_zscore;data_dot
```

*代码详见: 示例程序/code/data_normalization. R

执行上面的代码后, 可以在命令行看到如图 4-3 所示的输出。

对于一个含有 n 个记录、p 个属性的数据集, 分别对每一个属性的取值进行规范化。对原始的数据矩阵分别用最小 – 最大规范化、零 – 均值规范化、小数定标规范化进行规范化后的数据如图 4-3 所示。

4.3.3　连续属性离散化

一些数据挖掘算法, 特别是某些分类算法 (如 ID3 算法、Apriori 算法等), 要求数据是分类属性形式。这样, 常常需要将连续属性变换成分类属性, 即连续属性离散化。

1. 离散化的过程

连续属性的离散化就是在数据的取值范围内设定若干个离散的划分点, 将取值范围划分为一些离散化的区间, 最后用不同的符号或整数值代表落在每个子区间中的数据值。所以,

离散化涉及两个子任务：确定分类数以及如何将连续属性值映射到这些分类值。

2. 常用的离散化方法

常用的离散化方法有等宽法、等频法和（一维）聚类。

（1）等宽法

该法将属性的值域分成具有相同宽度的区间，区间的个数由数据本身的特点决定，或者由用户指定，类似于制作频率分布表。

（2）等频法

该法将相同数量的记录放进每个区间。

这两种方法简单，易于操作，但都需要人为地规定划分区间的个数。同时，等宽法的缺点在于它对离群点比较敏感，倾向于不均匀地把属性值分布到各个区间。有些区间包含许多数据，而另外一些区间的数据极少，这样会严重损坏建立的决策模型。等频法虽然避免了上述问题的产生，却可能将相同的数据值分到不同的区间以满足每个区间中固定的数据个数。

（3）（一维）聚类

（一维）聚类的方法包括两个步骤，首先将连续属性的值用聚类算法（如 K-Means 算法）进行聚类，然后再将聚类得到的簇进行处理，合并到一个簇的连续属性值并做同一标记。聚类分析的离散化方法也需要用户指定簇的个数，从而决定产生的区间数。

```
       V1    V2    V3    V4
1      78   521   602  2863
2     144  -600  -521  2245
3      95  -457   468 -1283
4      69   596   695  1054
5     190   527   691  2051
6     101   403   470  2487
7     146   413   435  2571

          b1      b2      b3      b4
[1,] 0.07438  0.9373  0.9235  1.0000
[2,] 0.61983  0.0000  0.0000  0.8509
[3,] 0.21488  0.1196  0.8133  0.0000
[4,] 0.00000  1.0000  1.0000  0.5637
[5,] 1.00000  0.9423  0.9967  0.8041
[6,] 0.26446  0.8386  0.8150  0.9093
[7,] 0.63636  0.8470  0.7862  0.9296

         V1      V2       V3      V4
[1,] -0.9054  0.6359  0.46453  0.7981
[2,]  0.6047 -1.5877 -2.19317  0.3694
[3,] -0.5164 -1.3040  0.14741 -2.0783
[4,] -1.1113  0.7846  0.68463 -0.4569
[5,]  1.6571  0.6478  0.67516  0.2348
[6,] -0.3791  0.4018  0.15214  0.5373
[7,]  0.6504  0.4216  0.06931  0.5956

        c1     c2      c3      c4
[1,] 0.078  0.521   0.602   0.2863
[2,] 0.144 -0.600  -0.521   0.2245
[3,] 0.095 -0.457   0.468  -0.1283
[4,] 0.069  0.596   0.695   0.1054
[5,] 0.190  0.527   0.691   0.2051
[6,] 0.101  0.403   0.470   0.2487
[7,] 0.146  0.413   0.435   0.2571
```

图 4-3　输出结果

下面使用上述三种离散化方法对"医学中中医证型的相关数据"进行连续属性离散化的对比，该属性的示例数据如表 4-4 所示。

表 4-4　中医证型连续属性离散化数据

肝气郁结证型系数	0.056	0.488	0.107	0.322	0.242	0.389

* 数据详见：示例程序/data/discretization_data.csv

具体可以参考第 8 章中相关内容，其 R 代码如代码清单 4-3 所示。

代码清单 4-3　数据离散化

```
##设置工作空间
#把"数据及程序"文件夹复制到 F 盘下,再用 setwd 设置工作空间
setwd("F:/数据及程序/chapter4/示例程序")
#读取数据文件,提取标题行
```

```
data = read.csv('./data/discretization_data.csv',header = T)

#等宽离散化
v1 = ceiling(data[,1]*10)

#等频离散化
names(data) = 'f'#变量重命名
attach(data)
seq(0,length(f),length(f)/6)#等频划分为6组
v = sort(f)#按大小排序作为离散化依据
v2 = rep(0,930)#定义新变量
for(i in 1:930) v2[i] = ifelse(f[i] <= v[155],1,
                        ifelse(f[i] <= v[310],2,
                          ifelse(f[i] <= v[465],3,
                            ifelse(f[i] <= v[620],4,
                              ifelse(f[i] <= v[775],5,6)))))
detach(data)

#聚类离散化
result = kmeans(data,6)
v3 = result$cluster

#图示结果
plot(data[,1],v1,xlab = '肝气郁结证型系数')
plot(data[,1],v2,xlab = '肝气郁结证型系数')
plot(data[,1],v3,xlab = '肝气郁结证型系数')
```

＊代码详见：示例程序/code/data_discretization.R

运行上面的程序，可以得到图4-4～图4-6所示的结果。

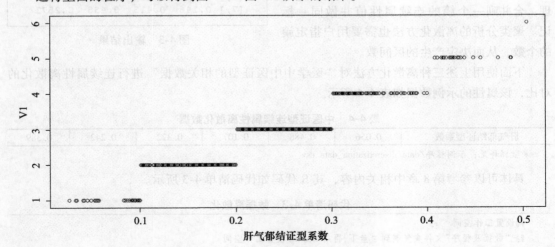

图4-4　等宽离散化结果

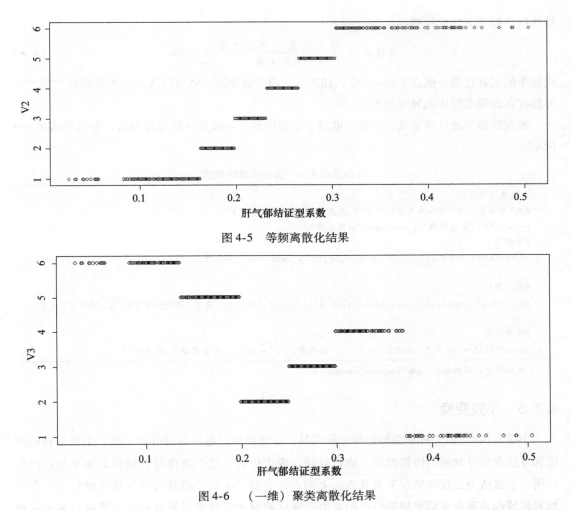

图 4-5　等频离散化结果

图 4-6　（一维）聚类离散化结果

分别用等宽法、等频法和（一维）聚类对数据进行离散化，将数据分成 6 类，然后将每一类记为同一个标识，如分别记为 A1、A2、A3、A4、A5、A6，再进行建模。

4.3.4　属性构造

在数据挖掘的过程中，为了便于提取更有用的信息，挖掘更深层次的模式，提高挖掘结果的精度，需要利用已有的属性集构造出新的属性，并加入到现有的属性集合中。

例如，进行防窃漏电诊断建模时，已有的属性包括供入电量、供出电量（线路上各大用户用电量之和）。理论上供入电量和供出电量应该是相等的，但是由于在传输过程中存在电能损耗，使得供入电量略大于供出电量，如果该条线路上的一个或多个大用户存在窃漏电行为，会使得供入电量明显大于供出电量（详见线户关系图 6-1）。反过来，为了判断是否有大用户存在窃漏电行为，可以构造出一个新的指标——线损率，该过程就是构造属性。新构造的属性线损率按如下公式计算：

$$线损率 = \frac{供入电量 - 供出电量}{供入电量} \times 100\% \qquad (4\text{-}8)$$

线损率的正常范围一般在 3% ~ 15%，如果远远超过该范围，就可以认为该条线路的大用户很可能存在窃漏电等用电异常行为。

根据线损率的计算公式，由供入电量、供出电量进行线损率的属性构造，如代码清单 4-4 所示。

代码清单 4-4　线损率属性构造

```
##设置工作空间
#把"数据及程序"文件夹复制到 F 盘下,再用 setwd 设置工作空间
setwd("F:/数据及程序/chapter4/示例程序")
#数据读取
inputfile = read.csv('./data/electricity_data.csv',he = T)

#构造属性
loss = 100*(inputfile[,1] - inputfile[,2])/inputfile[,1]#数据第一列为供入电量,第二列为供出电量

#保存结果
outputfile = data.frame(inputfile,'线损率(%)'= loss)#变量重命名,存入数据
```

代码详见：示例程序/code/line_rate_construct. R

4.3.5　小波变换

小波变换[2,3]是一种新型的数据分析工具，是近年来兴起的信号分析手段。小波分析的理论和方法在信号处理、图像处理、语音处理、模式识别、量子物理等领域得到越来越广泛的应用，它被认为是近年来在工具及方法上的重大突破。小波变换具有多分辨率的特点，在时域和频域都具有表征信号局部特征的能力，通过伸缩和平移等运算过程对信号进行多尺度聚焦分析，提供了一种非平稳信号的时频分析手段，可以由粗及细地逐步观察信号，从中提取有用信息。

能够刻画某个问题的特征量往往是隐含在一个信号中的某个或者某些分量中，小波变换可以把非平稳信号分解为表达不同层次、不同频带信息的数据序列，即小波系数。选取适当的小波系数，即完成了信号的特征提取。下面将介绍基于小波变换的信号特征提取方法。

（1）基于小波变换的特征提取方法

基于小波变换的特征提取方法主要有：基于小波变换的多尺度空间能量分布特征提取、基于小波变换的多尺度空间的模极大值特征提取、基于小波包变换的特征提取、基于适应性小波神经网络的特征提取，如表 4-5 所示。

表 4-5 基于小波变换的特征提取方法

基于小波变换的特征提取方法	方法描述
基于小波变换的多尺度空间能量分布特征提取方法	各尺度空间内的平滑信号和细节信号能提供原始信号的时频局域信息，特别是能提供不同频段上信号的构成信息。把不同分解尺度上信号的能量求解出来，就可以将这些能量尺度顺序排列，形成特征向量供识别用
基于小波变换的多尺度空间的模极大值特征提取方法	利用小波变换的信号局域化分析能力，求解小波变换的模极大值特性来检测信号的局部奇异性，将小波变换极大值的尺度参数 s、平移参数 t 及其幅值作为目标的特征量
基于小波包变换的特征提取方法	利用小波分解，可将时域随机信号序列映射为尺度域各子空间内的随机系数序列，按小波包分解得到的最佳子空间内随机系数序列的不确定性程度最低，将最佳子空间的熵值及最佳子空间在完整二叉树中的位置参数作为特征量，可以用于目标识别
基于适应性小波神经网络的特征提取方法	基于适应性小波神经网络的特征提取方法可以把信号通过分析小波拟合表示，进行特征提取

（2）小波基函数

小波基函数是一种具有局部支集的函数，并且平均值为0，小波基函数满足 $\psi(0) = \int \psi(t) \mathrm{d}t = 0$。常用的小波基有 Haar 小波基、db 系列小波基等。Haar 小波基函数如图4-7 所示。

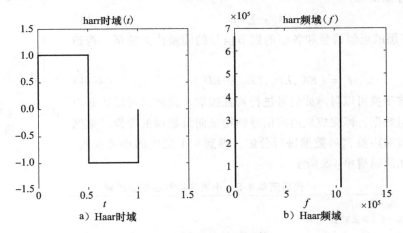

a）Haar时域 　　　　　　b）Haar频域

图 4-7 Haar 小波基函数

（3）小波变换

对小波基函数进行伸缩和平移变换：

$$\psi_{a,b}(t) = \frac{1}{\sqrt{|a|}} \psi\left(\frac{t-b}{a}\right) \tag{4-9}$$

式中，a 为伸缩因子；b 为平移因子。

任意函数 $f(t)$ 的连续小波变换（CWT）为：

$$W_f(a,b) = |a|^{-1/2} \int f(t) \psi\left(\frac{t-b}{a}\right) \mathrm{d}t \tag{4-10}$$

可知，连续小波变换为 $f(t) \rightarrow W_f(a, b)$ 的映射，对小波基函数 $\psi(t)$ 增加约束条件 $C_\psi =$

$\int \dfrac{|\hat{\psi}(t)|^2}{t}dt < \infty$ ，就可以由 $W_f(a,\ b)$ 逆变换得到 $f(t)$ 。其中， $\hat{\psi}(t)$ 为 $\psi(t)$ 的傅里叶变换。

其逆变换为：

$$f(t) = \frac{1}{C_\psi}\int\int \frac{1}{a^2}W_f(a,b)\psi\left(\frac{t-b}{a}\right)da \cdot db \qquad (4\text{-}11)$$

下面介绍基于小波变换的多尺度空间能量分布特征提取方法。

（4）基于小波变换的多尺度空间能量分布特征提取方法

应用小波分析技术可以把信号在各频率波段中的特征提取出来，基于小波变换的多尺度空间能量分布特征提取方法是对信号进行频带分析，再分别以计算所得的各个频带的能量作为特征向量。

信号 $f(t)$ 的二进小波分解可表示为：

$$f(t) = A^j + \sum D^j \qquad (4\text{-}12)$$

式中，A 是近似信号，为低频部分；D 是细节信号，为高频部分，此时信号的频带分布如图 4-8 所示。

信号的总能量为：

$$E = EA_j + \sum ED_j \qquad (4\text{-}13)$$

选择第 j 层的近似信号和各层的细节信号的能量作为特征，构造特征向量：

$$F = [EA_j, ED_1, ED_2, \cdots ED_j] \qquad (4\text{-}14)$$

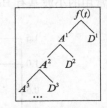

图 4-8 多尺度分解的信号频带分布

利用小波变换可以对声波信号进行特征提取，提取出可以代表声波信号的向量数据，即完成从声波信号到特征向量数据的变换。本例利用小波函数对声波信号数据进行分解，得到 4 个层次的小波系数。其程序实现如代码清单 4-5 所示。

代码清单 4-5 小波变换特征提取代码

```
#数据生成,信号模拟
N=1024;k=6 #参数赋值
x=( (1:N) - N/2 ) * 2 * pi * k / N
y=ifelse( x>0, sin(x), sin(3*x) )        #划分低频波动段和高频波动段
signal=y+rnorm(N)/10                     #添加扰动项,生成信号变量

#调用函数包
library(waveslim)

#对信号进行小波分解
d=dwt(signal,n.levels=4)

#输出各层小波系数
data.frame(d$d1,d$d2,d$d3,d$d4)
```

* 代码详见：示例程序/code/wave_analyze. R

运行上面的代码可以得到模拟的信号分解为 4 层后各层的小波系数结果为 512×4 的数据框。

4.4 数据规约

在大数据集上进行复杂的数据分析和挖掘将需要很长的时间，数据规约可以产生更小的但保持原数据完整性的新数据集。在规约后的数据集上进行分析和挖掘将更有效率。

数据规约的意义在于：

- □ 降低无效、错误数据对建模的影响，提高建模的准确性；
- □ 少量且具代表性的数据将大幅缩减数据挖掘所需的时间；
- □ 降低储存数据的成本。

4.4.1 属性规约

属性规约通过属性合并来创建新属性维数，或者直接通过删除不相关的属性（维）来减少数据维数，从而提高数据挖掘的效率、降低计算成本。属性规约的目标是寻找出最小的属性子集并确保新数据子集的概率分布尽可能地接近原来数据集的概率分布。属性规约常用方法如表 4-6 所示。

表 4-6 属性规约常用方法

属性规约方法	方法描述	方法解析
合并属性	将一些旧属性合为新属性	初始属性集：$\{A_1, A_2, A_3, A_4, B_1, B_2, B_3, C\}$ $\{A_1, A_2, A_3, A_4\} \rightarrow A \ \{B_1, B_2, B_3\} \rightarrow B$ $\Rightarrow$规约后属性集：$\{A, B, C\}$
逐步向前选择	从一个空属性集开始，每次从原来属性集合中选择一个当前最优的属性添加到当前属性子集中。直到无法选择出最优属性或满足一定阈值约束为止	初始属性集：$\{A_1, A_2, A_3, A_4, A_5, A_6\}\{\}$ $\Rightarrow \{A_1\} \Rightarrow \{A_1, A_4\}$ $\Rightarrow$规约后属性集：$\{A_1, A_4, A_6\}$
逐步向后删除	从一个全属性集开始，每次从当前属性子集中选择一个当前最差的属性并将其从当前属性子集中消去。直到无法选择出最差属性为止或满足一定阈值约束为止	初始属性集：$\{A_1, A_2, A_3, A_4, A_5, A_6\}$ $\Rightarrow \{A_1, A_3, A_4, A_5, A_6\}$ $\Rightarrow \{A_1, A_4, A_5, A_6\}$ $\Rightarrow$规约后属性集：$\{A_1, A_4, A_6\}$
决策树归纳	利用决策树的归纳方法对初始数据进行分类归纳学习，获得一个初始决策树，所有没有出现在这个决策树上的属性均可认为是无关属性，因此将这些属性从初始集合中删除，就可以获得一个较优的属性子集	初始属性集：$\{A_1, A_2, A_3, A_4, A_5, A_6\}$ $\Rightarrow$规约后属性集：$\{A_1, A_4, A_6\}$
主成分分析	用较少的变量去解释原始数据中的大部分变量，即将许多相关性很高的变量转化成彼此相互独立或不相关的变量	详见下面计算步骤

逐步向前选择、逐步向后删除和决策树归纳是属于直接删除不相关属性（维）方法。主成分分析是一种用于连续属性的数据降维方法，它构造了原始数据的一个正交变换，新空间的基底去除了原始空间基底下数据的相关性，只需使用少数新变量就能够解释原始数据中的大部分变异。在应用中，通常是选出比原始变量个数少，能解释大部分数据中的变量的几个新变量，即所谓主成分，来代替原始变量进行建模。

主成分分析[4]的计算步骤如下：

1）设原始变量 X_1，X_2，$\cdots X_p$ 的 n 次观测数据矩阵为：

$$X = \begin{bmatrix} x_{11} & x_{12} & \cdots & x_{1p} \\ x_{21} & x_{22} & \cdots & x_{2p} \\ \vdots & \vdots & \vdots & \vdots \\ x_{n1} & x_{n2} & \cdots & x_{np} \end{bmatrix} = (X_1, X_2, \cdots, X_p) \tag{4-15}$$

2）将数据矩阵按列进行中心标准化。为了方便，将标准化后的数据矩阵仍然记为 X。

3）求相关系数矩阵 R，$R = (r_{ij})_{p \times p}$，$r_{ij}$ 的定义为：

$$r_{ij} = \sum_{k=1}^{n} (x_{ki} - \bar{x}_i)(x_{kj} - \bar{x}_j) \Big/ \sqrt{\sum_{k=1}^{n} (x_{ki} - \bar{x}_i)^2 \sum_{k=1}^{n} (x_{kj} - \bar{x}_j)^2} \tag{4-16}$$

式中，$r_{ij} = r_{ji}$，$r_{ij} = 1$。

4）求 R 的特征方程 $\det(R - \lambda E) = 0$ 的特征根 $\lambda_1 \geqslant \lambda_2 \geqslant \cdots \lambda_p \geqslant 0$。

5）确定主成分个数 m：$\dfrac{\sum\limits_{i=1}^{m} \lambda_i}{\sum\limits_{i=1}^{p} \lambda_i} \geqslant \alpha$，$\alpha$ 根据实际问题确定，一般取 80%。

6）计算 m 个相应的单位特征向量：

$$\beta_1 = \begin{bmatrix} \beta_{11} \\ \beta_{21} \\ \vdots \\ \beta_{p1} \end{bmatrix}, \quad \beta_2 = \begin{bmatrix} \beta_{12} \\ \beta_{22} \\ \vdots \\ \beta_{p2} \end{bmatrix}, \quad \cdots, \quad \beta_m = \begin{bmatrix} \beta_{m2} \\ \beta_{m2} \\ \vdots \\ \beta_{m2} \end{bmatrix} \tag{4-17}$$

7）计算主成分：

$$Z_i = \beta_{1i}X_1 + \beta_{2i}X_2 + \cdots + \beta_{pi}X_p, \quad i = 1, 2, \cdots, m \tag{4-18}$$

使用主成分分析降维的程序如代码清单 4-6 所示。

代码清单 4-6　主成分分析降维代码

```
##设置工作空间
#把"数据及程序"文件夹复制到 F 盘下,再用 setwd 设置工作空间
setwd("F:/数据及程序 chapter4/示例程序")
#数据读取
inputfile = read.csv('./data/principal_component.csv',he = F)

#主成分分析
```

```
PCA = princomp(inputfile,cor = F)
names(PCA)                            #查看输出项

(PCA $ sdev)^2                        #主成分特征根
summary(PCA)                          #主成分贡献率
PCA $ loadings                        #主成分载荷
PCA $ scores                          #主成分得分
```

* 代码详见：示例程序/code/principal_component_analyze.R

运行上面的代码可以得到下面的结果。

成分特征根：

Comp.1	Comp.2	Comp.3	Comp.4	Comp.5	Comp.6	Comp.7	Comp.8
372.09375	75.45098	20.55592	11.56931	0.72244	0.19758	0.09986	0.04445

主成分载荷矩阵：

	Comp.1	Comp.2	Comp.3	Comp.4	Comp.5	Comp.6	Comp.7	Comp.8
V1	0.568	0.648	-0.451	0.194				0.101
V2	0.228	0.247	0.238	-0.902				
V3	0.233	-0.171	-0.177		-0.127	-0.128	-0.156	-0.910
V4	0.224	-0.209	-0.118		-0.643	0.570	-0.343	0.188
V5	0.336	-0.361			0.390	0.526	0.566	
V6	0.437	-0.559	-0.201	-0.126	0.107	-0.523	-0.190	0.346
V7				-0.112	-0.632	-0.312	0.699	
V8	0.465			0.807	0.345			

累计贡献率：

Comp.1	Comp.2	Comp.3	Comp.4	Comp.5	Comp.6	Comp.7	Comp.8
0.774	0.9310	0.97372	0.99779	0.999289	0.999700	0.9999075	1.000e+00

从上面的结果可以得到特征方程 $\det(R - \lambda E) = 0$ 有 8 个特征根、对应的 8 个单位特征向量以及累计贡献率。

当选取 3 个主成分时，累计贡献率已达到 97.37%，选取 3 个主成分和对应的单位特征向量，根据式（4-18）$Z_i = \beta_{1i}X_1 + \beta_{2i}X_2 + \cdots \beta_{8i}X_8$，$i = 1$，2，3 计算出成分结果，如图 4-9 所示。

V1	V2	V3	V4	V5	V6	V7	V8		Comp.1	Comp.2	Comp.3
40.4	24.7	7.2	6.1	8.3	8.7	2.442	20		8.19	16.90	3.91
25	12.7	11.2	11	12.9	20.2	3.542	9.1		0.29	-6.48	-4.63
13.2	3.3	3.9	4.3	4.4	5.5	0.578	3.6		-23.71	-2.85	-0.50
22.3	6.7	5.6	3.7	6	7.4	0.176	7.3		-14.43	2.30	-1.50
34.3	11.8	7.1	7.1	8	8.9	1.726	27.5		5.43	10.01	9.52
35.6	12.5	16.4	16.7	22.8	29.3	3.017	26.6		24.16	-9.36	0.73
22	7.8	9.9	10.2	12.6	17.6	0.847	10.6		-3.66	-7.60	-2.36
48.4	13.4	10.9	10.9	13.9	17.8	1.772	17.8		13.97	13.89	-6.45
40.6	19.1	19.8	19	29.7	39.6	2.449	35.8		40.88	-13.26	4.17
24.8	8	9.8	8.9	11.9	16.2	0.789	13.7		-1.75	-4.23	-0.59
12.5	9.7	4.2	4.2	4.6	6.5	0.874	3.9		-21.94	-2.37	1.33
1.8	0.6	0.7	0.7	0.8	1.1	0.056	1		-36.71	-6.01	3.97
32.3	13.9	9.4	8.3	9.8	13.3	2.126	17.1		3.29	4.86	1.00
38.5	9.1	11.3	9.5	12.2	16.4	1.327	11.6		6.00	4.19	-8.60

图 4-9 成分结果

原始数据从 8 维被降维到了 3 维，关系式由式（4-18）确定，同时这 3 维数据占了原始数据 95% 以上的信息。

4.4.2 数值规约

数值规约通过选择替代的、较小的数据来减少数据量，包括有参数方法和无参数方法两类。有参数方法是使用一个模型来评估数据，只需存放参数，而不需要存放实际数据，如回归（线性回归和多元回归）和对数线性模型（近似离散属性集中的多维概率分布）。无参数方法就需要存放实际数据，如直方图、聚类、抽样（采样）。

（1）直方图

直方图使用分箱来近似数据分布，是一种流行的数据规约形式。属性 A 的直方图将 A 的数据分布划分为不相交的子集或桶。如果每个桶只代表单个属性值/频率对，则该桶称为单桶。通常，桶表示给定属性的一个连续区间。R 中用函数 hist() 绘制直方图，用以说明变量取值的分布情况。

这里结合实际案例来说明如何使用直方图做数值规约。下面的数据是某餐饮企业菜品的单价表（按人民币取整），从小到大排序。

3，3，5，5，5，8，8，10，10，10，10，15，15，15，22，22，22，22，22，22，22，22，22，25，25，25，25，25，25，25，25，25，30，30，30，30，30，35，35，35，35，35，39，39，40，40，40

图 4-10 使用单桶显示了这些数据的直方图。

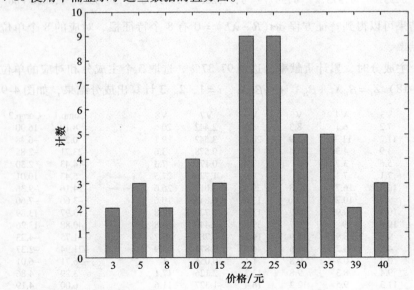

图 4-10　使用单桶的价格直方图（每个单桶代表一个价值/频率对）

为进一步压缩数据，通常让每个桶代表给定属性的一个连续值域。在图 4-11 中每个桶代表长度为 13 元的价值区间。

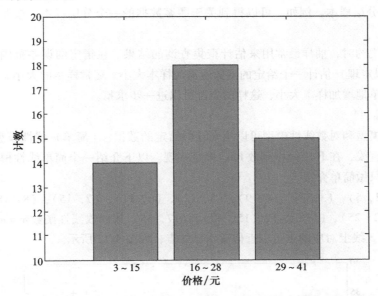

图 4-11 价格的等宽直方图（每个桶代表一个价格区间/频率对）

（2）聚类

聚类技术将数据元组（即记录，数据表中的一行）视为对象。它将对象划分为簇，使一个簇中的对象相互"相似"，而与其他簇中的对象"相异"。在数据规约中，用数据的簇替换实际数据。该技术的有效性依赖于簇的定义是否符合数据的分布性质。R 中常用的聚类函数有 hclust()、kmeans()，前者在使用系统聚类法时使用，后者为快速聚类的函数。

（3）抽样

抽样也是一种数据规约技术，它用比原始数据小得多的随机样本（子集）表示原始数据集。假定原始数据集 D 包含 N 个元组，可以采用抽样方法对 D 进行抽样。下面介绍常用的抽样方法。在 R 中，抽样可以通过函数 sample(N, s, replace = T/F) 实现，实际中相当于先从 $1 \sim N$，共 N 个自然数中抽取 s 个，然后将抽到的 s 个自然数作为数据框中观测的行位置进行目标元组的调出，抽样所得新数据集 new$D = D[$sample(N, s, replace = T/F), $]$。

s 个样本有放回简单随机抽样：从 D 的 N 个元组中抽取 s 个样本（$s < N$），其中 D 中任意元组被抽取的概率均为 $1/N$，即所有元组的抽取是等可能的，R 中对应抽样函数为 sample(N, s, replace = T)。

s 个样本无放回简单随机抽样：该方法类似于无放回简单随机抽样，不同在于每次一个元组从 D 中抽取后，记录它，然后放回原处，其对应抽样函数为 sample(N, s, replace = F)。

聚类抽样：如果 D 中的元组分组放入 M 个互不相交的"簇"，则可以得到 s 个簇的简单随机抽样，其中 $s < M$。例如，数据库中元组通常一次检索一页，这样每页就可以视为一个簇。

分层抽样：如果 D 划分成互不相交的部分，称作层，则通过对每一层的简单随机抽样就可以得到 D 的分层样本。例如，可以得到关于顾客数据的一个分层样本，按照顾客的每个年龄组创建分层。

用于数据规约时，抽样最常用来估计聚集查询的结果。在指定的误差范围内，可以确定（使用中心极限定理）估计一个给定的函数所需的样本大小。通常样本的大小 s 相对于 N 非常小。而通过简单地增加样本大小，这样的集合可以进一步求精。

（4）参数回归

简单线性模型和对数线性模型可以用来近似给定的数据。（简单）线性模型对数据建模，使之拟合一条直线，在 R 中使用函数 lm() 即可实现。以下介绍一个简单线性模型的例子，对对数线性模型只做简单介绍。

把点对 (2, 5)，(3, 7)，(4, 9)，(5, 12)，(6, 11)，(7, 15)，(8, 18)，(9, 19)，(11, 22)，(12, 25)，(13, 24)，(15, 30)，(17, 35) 规约成线性函数 $y = wx + b$。即拟合函数 $y = 2x + 1.3$ 线上对应的点可以近似看作已知点，如图 4-12 所示。

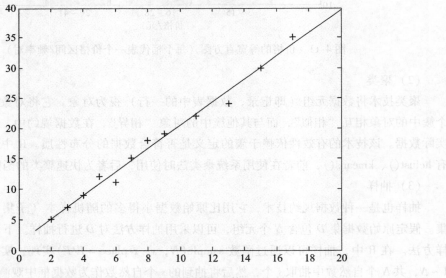

图 4-12　将已知点规约成线性函数 $y = wx + b$

其中，y 的方差是常量 13.44。在数据挖掘中，x 和 y 是数值属性。系数 2 和 1.3（称作回归系数）分别为直线的斜率和 y 轴截距。系数可以用最小二乘方法求解，它使数据的实际直线与估计直线之间的误差最小化。多元线性回归是（简单）线性回归的扩充，允许响应变量 y 建模为两个或多个预测变量的线性函数。

对数线性模型：用来描述期望频数与协变量（指与因变量有线性相关并在探讨自变量与因变量关系时通过统计技术加以控制的变量）之间的关系。考虑期望频数 m 取值在 0 到正无穷之间，故需要进行对数变换为 $f(m) = \ln m$，使它的取值在 $-\infty$ 与 $+\infty$ 之间。

对数线性模型：

$$\ln m = \beta_0 + \beta_1 x_1 + \cdots + \beta_k x_k \tag{4-19}$$

对数线性模型一般用来近似离散的多维概率分布。在一个 n 元组的集合中，每个元组可以看作是 n 维空间中的一个点。可以使用对数线性模型基于维组合的一个较小子集，估计离散化的属性集的多维空间中每个点的概率，这使得高维数据空间可以由较低维空间构造。因此，对数线性模型也可以用于维规约（由于低维空间的点通常比原来的数据点占据较少的空间）和数据光滑（因为与较高维空间的估计相比，较低维空间的聚集估计较少受抽样方差的影响）。

4.5　R 语言主要数据预处理函数

表 4-7 给出了本节要介绍的 R 中的插值、数据归一化、主成分分析等与数据预处理相关的函数。本小节对它们进行一一介绍，实例分析中 R 运行结果已特别标出。

表 4-7　R 主要数据预处理函数

函 数 名	函数功能	所属函数包
lm()	利用因变量与自变量建立线性回归模型	通用函数包
predict()	依据已有模型对数据进行预测	通用函数包
mice()	对缺失数据进行多重插补	mice 函数包
which()	返回服从条件的观测所在位置	通用函数包
scale()	对数据进行零 – 均值规范化	通用函数包
rnorm()	随机产生服从正态分布的一列数	通用函数包
ceiling()	向上舍入接近的整数	通用函数包
kmeans()	对数据进行快速聚类分析	通用函数包
dwt()	对数据进行小波分解	waveslim 函数包
princomp()	对指标变量矩阵进行主成分分析	通用函数包

（1）lm()

❑ 功能：利用因变量与自变量建立线性回归模型。

❑ 使用格式：

$$m = lm(\ y \sim x1 + x2 + \cdots, data\ )$$

变量 y、$x1$、$x2\cdots$ 都是数据集 data 中的变量，y 为因变量，其他为自变量，用此函数可以研究因变量与一个或多个自变量之间的线性关系。

❑ 实例：模拟一个线性回归问题。

```
x = 1:100                        #自变量模拟
y = 12 + 3 * x + rnorm(100,0,9)  #因变量模拟,自变量的函数加上扰动项
data = data.frame(x,y)           #形成数据框
```

```
model = lm(y ~ x,data)                        #建立回归模型
summary(model)                                #输出回归结果

Call:
lm(formula = y ~ x, data = data)

Residuals:
    Min      1Q  Median      3Q     Max
-20.655  -5.877  -1.541   5.893  31.453

Coefficients:
             Estimate   Std.Error   t value   Pr( > |t|)
(Intercept)  11.71868    2.01174     5.825     7.26e-08 ***
x             2.98883    0.03459    86.419     < 2e-16 ***
Signif.codes:  0 '***' 0.001 '**' 0.01 '*' 0.05 '.' 0.1 ' ' 1

Residual standard error: 9.983 on 98 degrees of freedom
Multiple R - squared: 0.987,      Adjusted R - squared: 0.9869
F - statistic:  7468 on 1 and 98 DF,  p - value: < 2.2e -16
```

（2）predict()

❑ 功能：依据已有模型对数据进行预测。

❑ 使用格式：

$$predict(model, newdata)$$

model 为已建立的模型，newdata 为结构与建模所用数据相同的数据集，使用该函数可以对数据集中因变量的值进行预测。

❑ 实例：模型预测，承接线性回归函数 lm() 中的线性回归模型。

```
x = rnorm(4,1,7);y = rep(0,4);data1 = data. frame(x,y)#变量模拟
predict(model,data1)
          1           2          3          4
  40.427189   -10.932363   8.869169   40.837081
```

（3）which()

❑ 功能：返回服从条件的观测所在位置（行数）。

❑ 使用格式：

$$which(约束条件)$$

调出数据中满足约束条件的观测，输出这些观测所在的位置（行数）。

（4）scale()

❑ 功能：对数据进行零一均值规范化。

❑ 使用格式：

$$Z = scale(X, center = TRUE, scale = TRUE)$$

对样本矩阵 X 或者向量 X 进行标准差标准化，返回标准化后的结果到 Z 矩阵中；参数

center 控制是否需要中心化，即控制 Z 的均值是否为 0，参数 scale 控制是否需要标准化，即控制 Z 的方差是否为 1。

（5）rnorm()

❑ 功能：随机产生服从正态分布的一列数。

❑ 使用格式：

$$X = rnorm(n, \mu, \sigma^2)$$

生成一个 n 维向量，其元素均服从正态分布 $N(\mu, \sigma^2)$。

（6）ceiling()

❑ 功能：向上舍入接近的整数。

❑ 使用格式：

$$Z = ceiling(X)$$

输入样本数据 X，向上舍入取接近 X 的整数；若 X 是一个实数，则 ceiling(X) 满足 X + 1 < ceiling(X) ≤ X。

❑ 实例：将一个 4 维行向量向上舍入取整。

```
X = rnorm(4,3,7)    #随机产生一个维向量
X
[1] -4.5261748 -0.4100793  4.0264250 -6.1538063
Z = ceiling(X)
Z
[1] -4  0  5 -6
```

（7）kmeans()

❑ 功能：对数据进行快速聚类分析。

❑ 使用格式：

$$Z = kmeans(X, m)$$

对样本矩阵 X 进行聚类，将样本划分为 m 类，使得类间的差异大而类内差异小。

❑ 实例：将一个 10×2 的样本矩阵划分为三类。

```
v1 = rnorm(10)              #产生 10 个服从 N(0,1) 的随机数
v2 = rnorm(10)
X = cbind(v1,v2)            #合并成样本矩阵 X
result = kmeans(X,3)
result $ cluster
[1] 2 3 3 2 1 1 2 2 1 3
```

（8）dwt()

❑ 功能：对数据进行小波分解。

❑ 使用格式：

$$Z = dwt(X, n.levels = m)$$

对数据 X 按频率高低进行分解，分解成 m 个部分，并计算每个频段的尺度系数和小波系数。

（9）princomp()

□ 功能：对指标变量矩阵进行主成分分析。

□ 使用格式：

$$Z = princomp(X, cor = TRUE)$$

X 为要进行主成分分析的数据矩阵，X 一列的值代表一个变量指标的一列观测值；参数 cor 表示进行主成分分析之前是否需要将原数据零–均值规范化，避免不同量纲的影响。

□ 实例：使用 princomp 函数对一个 10×4 维的随机矩阵进行主成分分析。

```
V = runif(40)                    #产生 40 个服从均匀分布 U(0,1)的随机数
X = matrix(V, nrow = 10)         #产生一个 10×4 的随机矩阵，每一列为一个指标变量
Z = princomp(X, cor = F)
names(Z)                         #查看输出项
[1] "sdev"     "loadings" "center"   "scale"    "n.obs"
[6] "scores"   "call"
summary(Z)                       #主成分累计贡献率
Importance of components:
                          Comp.1       Comp.2      Comp.3      Comp.4
Standard deviation      0.4061200    0.3038009   0.2212870   0.1901609
Proportion of Variance  0.4817579    0.2695866   0.1430315   0.1056240
Cumulative Proportion   0.4817579    0.7513445   0.8943760   1.0000000
Z $ sdev                         #主成分变量标准差(平方结果为特征根)
Comp.1        Comp.2       Comp.3      Comp.4
0.4061200   0.3038009   0.2212870   0.1901609
Z $ loadings                     #主成分载荷矩阵
Loadings:
      Comp.1   Comp.2   Comp.3   Comp.4
[1,]   0.811    0.521    0.260
[2,]   0.168   -0.211    0.962
[3,]   0.413   -0.231   -0.865   -0.165
[4,]   0.413   -0.805    0.373    0.207

                      Comp.1   Comp.2   Comp.3   Comp.4
SS loadings            1.00     1.00     1.00     1.00
Proportion Var         0.25     0.25     0.25     0.25
Cumulative Var         0.25     0.50     0.75     1.00
Z $ scores                       #主成分得分矩阵(新变量数据)
             Comp.1        Comp.2        Comp.3         Comp.4
[1,]    -0.41511019    0.11399863   -0.27286532    0.182951188
[2,]     0.36048875    0.31224685   -0.30373776    0.306183971
[3,]     0.33639727   -0.09352185                  0.39236284
[4,]     0.03473739    0.52636265                  0.25979589
[5,]     0.46338768   -0.07409374   -0.13304827   -0.263303590
[6,]    -0.51147372    0.01117339   -0.14386956   -0.197642770
[7,]     0.49950779    0.06941080   -0.04375274   -0.195682019
[8,]    -0.70659979    0.08050625    0.16917100   -0.017372622
[9,]     0.02267391   -0.64939624   -0.08390385   -0.002269971
[10,]   -0.08400909   -0.29668675    0.15984777    0.078847904
```

4.6　小结

　　本章介绍了数据预处理的四个主要任务：数据清洗、数据集成、数据变换和数据规约。数据清洗主要介绍了对缺失值和异常值的处理，延续了第 3 章的缺失值和异常值分析的内容，本章所介绍的处理缺失值的方法分为三类：删除法、替换法、插补法，处理异常值的方法有删除含有异常值的记录、不处理、平均值修正和视为缺失值；数据集成是合并多个数据源中的数据，并存放到一个数据存储中的过程，对该部分的介绍从实体识别和冗余属性识别两个方面进行；数据变换介绍了如何从不同的应用角度对已有属性进行函数变换；数据规约从属性（纵向）规约和数值（横向）规约两个方面介绍了如何对数据进行规约，使挖掘的性能和效率得到很大的提高。通过对原始数据进行相应的处理，将为后续挖掘建模提供良好的数据基础。

Chapter 5 第 5 章

挖 掘 建 模

经过数据探索与数据预处理，得到了可以直接建模的数据。根据挖掘目标和数据形式可以建立分类与预测、聚类分析、关联规则、时序模式、偏差检测等模型，帮助企业提取数据中蕴含的商业价值，提高企业的竞争力。

5.1　分类与预测

就餐饮企业而言，经常会碰到这样的问题：

1）如何基于菜品历史销售情况，以及节假日、气候和竞争对手等影响因素，对菜品销量进行趋势预测？

2）如何预测在未来一段时间哪些顾客会流失，哪些顾客最有可能会成为 VIP 客户？

3）如何预测一种新产品的销售量，以及在哪种类型的客户中会较受欢迎？

除此之外，餐厅经理需要通过数据分析来帮助他了解具有某些特征的顾客的消费习惯；餐饮企业老板希望知道下个月的销售收入，原材料采购需要投入多少，这些都是分类与预测的例子。

分类和预测是预测问题的两种主要类型，分类主要是预测分类标号（离散属性），而预测主要是建立连续值函数模型，预测给定自变量对应的因变量的值。

5.1.1　实现过程

（1）分类

分类是构造一个分类模型，输入样本的属性值，输出对应的类别，将每个样本映射到预先定义好的类别。

分类模型建立在已有类标记的数据集上，模型在已有样本上的准确率可以方便地计算，所以分类属于有监督的学习。图 5-1 是一个将销售量分为"高、中、低"三分类问题。

图 5-1 分类问题

（2）预测

预测是建立两种或两种以上变量间相互依赖的函数模型，然后进行预测或控制。

（3）实现过程

分类和预测的实现过程类似，以分类模型为例，实现过程如图 5-2 所示。

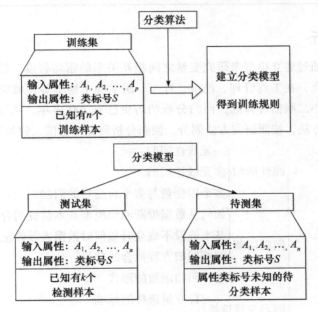

图 5-2 分类模型的实现步骤

分类算法分为以下两步：第一步是学习步，通过归纳分析训练样本集来建立分类模型得到分类规则；第二步是分类步，先用已知的测试样本集评估分类规则的准确率，如果准确率是可以接受的，则使用该模型对未知类标号的待测样本集进行预测。

预测模型的实现也有两步，类似于图 5-2 描述的分类模型，第一步是通过训练集建立预测属性（数值型的）的函数模型，第二步在模型通过检验后进行预测或控制。

5.1.2 常用的分类与预测算法

常用的分类与预测算法如表 5-1 所示。

表 5-1 主要分类与预测算法简介

算法名称	算法描述
回归分析	回归分析是确定预测属性（数值型）与其他变量间相互依赖的定量关系最常用的统计学方法。包括线性回归、非线性回归、Logistic 回归、岭回归、主成分回归、偏最小二乘回归等模型
决策树	决策树采用自顶向下的递归方式，在内部节点进行属性值的比较，并根据不同的属性值从该节点向下分支，最终得到的叶节点是学习划分的类
人工神经网络	人工神经网络是一种模仿大脑神经网络结构和功能而建立的信息处理系统，表示神经网络的输入与输出变量之间关系的模型
贝叶斯网络	贝叶斯网络又称信度网络，是 Bayes 方法的扩展，是目前不确定知识表达和推理领域最有效的理论模型之一
支持向量机	支持向量机是一种通过某种非线性映射，把低维的非线性可分转化为高维的线性可分，在高维空间进行线性分析的算法

5.1.3 回归分析

回归分析[5]是通过建立模型来研究变量之间相互关系的密切程度、结构状态及进行模型预测的一种有效工具，在工商管理、经济、社会、医学和生物学等领域应用十分广泛。从 19 世纪初高斯提出最小二乘估计算起，回归分析的历史已有 200 多年。从经典的回归分析方法到近代的回归分析方法，按照研究方法划分，回归分析研究的范围大致如下：

线性回归
- 一元线性回归
- 多元线性回归
- 多个因变量与多个自变量的回归

回归诊断
- 如何从数据推断回归模型基本假设的合理性
- 基本假设不成立时如何对数据进行修正
- 判断回归方程拟合的效果
- 选择回归函数的形式

回归变量选择
- 自变量选择的标准
- 逐步回归分析法

参数估计方法改进
- 偏最小二乘回归
- 岭回归
- 主成分回归

非线性回归
- 一元非线性回归
- 分段回归
- 多元非线性回归

含有定性变量的回归
- 自变量含有定性变量的情况
- 因变量含有定性变量的情况

在数据挖掘环境下，自变量与因变量具有相关关系，自变量的值是已知的，因变量是要预测的。

常用的回归模型如表 5-2 所示。

表 5-2　主要回归模型分类

回归模型名称	适用条件	算法描述
线性回归	因变量与自变量是线性关系	对一个或多个自变量和因变量之间的线性关系进行建模，可用最小二乘法求解模型系数
非线性回归	因变量与自变量之间不都是线性关系	对一个或多个自变量和因变量之间的非线性关系进行建模。如果非线性关系可以通过简单的函数变换转化成线性关系，用线性回归的思想求解；如果不能转化，用非线性最小二乘方法求解
Logistic 回归	因变量一般有 1 和 0（是否）两种取值	是广义线性回归模型的特例，利用 Logistic 函数将因变量的取值范围控制在 0 和 1 之间，表示取值为 1 的概率
岭回归	参与建模的自变量之间具有多重共线性	是一种改进最小二乘估计的方法
主成分回归	参与建模的自变量之间具有多重共线性	主成分回归是根据主成分分析的思想提出来的，是对最小二乘法的一种改进，它是参数估计的一种有偏估计。可以消除自变量之间的多重共线性

线性回归模型是相对简单的回归模型，但是通常因变量和自变量之间呈现某种曲线关系，就需要建立非线性回归模型。

Logistic 回归属于概率型非线性回归，分为二分类和多分类的回归模型。对于二分类的 Logistic 回归，因变量 y 只有"是、否"两个取值，记为 1 和 0。假设在自变量 x_1，x_2，$\cdots$，x_p 作用下，y 取"是"的概率是 p，则取"否"的概率是 $1-p$，研究的是当 y 取"是"发生的概率 p 与自变量 x_1，x_2，$\cdots$，x_p 的关系。

当自变量之间出现多重共线性时，用最小二乘估计估计的回归系数将会不准确，消除多重共线性的参数改进的估计方法主要有岭回归和主成分回归。

下面就较常用的二分类 Logistic 回归模型的原理展开介绍。

1. Logistic 回归分析介绍

（1）Logistic 函数

Logistic 回归模型中的因变量的只有 1-0（如是和否、发生和不发生）两种取值。假设在 p 个独立自变量 x_1，x_2，$\cdots$，x_p 作用下，记 y 取 1 的概率是 $p=P(y=1\,|\,X)$，取 0 概率是 $1-p$，取 1 和取 0 的概率之比为 $\dfrac{p}{1-p}$，称为事件的优势比（odds），对 odds 取自然对数即得 Logistic 变换 $\mathrm{Logit}(p)=\mathrm{Ln}\left(\dfrac{p}{1-p}\right)$。

令 $\mathrm{Logit}(p)=\mathrm{Ln}\left(\dfrac{p}{1-p}\right)=z$，则 $p=\dfrac{1}{1+\mathrm{e}^{-z}}$ 即为 Logistic 函数，如图 5-3 所示。

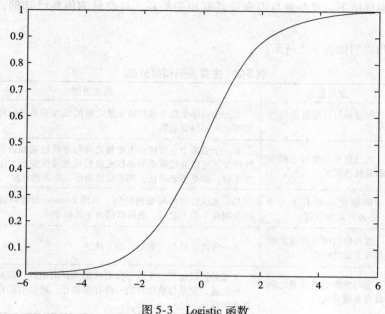

图 5-3　Logistic 函数

当 p 在（0，1）之间变化时，odds 的取值范围是（0，$+\infty$），则 $\mathrm{Ln}\left(\dfrac{p}{1-p}\right)$ 的取值范围是（$-\infty$，$+\infty$）。

（2）Logistic 回归模型

Logistic 回归模型是建立 $\mathrm{Ln}\left(\dfrac{p}{1-p}\right)$ 与自变量的线性回归模型。

Logistic 回归模型为：

$$\mathrm{Ln}\left(\frac{p}{1-p}\right) = \beta_0 + \beta_1 x_1 + \cdots + \beta_p x_p + \varepsilon \tag{5-1}$$

因为 $\mathrm{Ln}\left(\dfrac{p}{1-\mathrm{p}}\right)$ 的取值范围是（$-\infty$，$+\infty$），这样，自变量 x_1，x_2，…，x_p 可在任意范围内取值。

记 $g(x) = \beta_0 + \beta_1 x_1 + \cdots + \beta_p x_p$，得到：

$$p = P(y = 1 \mid X) = \frac{1}{1 + \mathrm{e}^{-g(x)}} \tag{5-2}$$

$$1 - p = P(y = 0 \mid X) = 1 - \frac{1}{1 + \mathrm{e}^{-g(x)}} = \frac{1}{1 + \mathrm{e}^{g(x)}} \tag{5-3}$$

（3）Logistic 回归模型解释

$$\frac{p}{1+p} = \mathrm{e}^{\beta_0 + \beta_1 x_1 + \cdots + \beta_p x_p + \varepsilon} \tag{5-4}$$

β_0：在没有自变量，即 x_1，x_2，…，x_p 全部取 0，$y = 1$ 与 $y = 0$ 发生概率之比的自然对数；

β_i：某自变量 x_i 变化时，即 $x_i = 1$ 与 $x_i = 0$ 相比，$y = 1$ 优势比的对数值。

2. Logistic 回归建模步骤

Logistic 回归模型的建模步骤如图 5-4 所示。

1）根据分析目的设置指标变量（因变量和自变量），然后收集数据。

2）y 取 1 的概率是 $p = P(y = 1 \mid X)$，取 0 概率是 $1 - p$。用 $\mathrm{Ln}\left(\dfrac{p}{1-p}\right)$ 和自变量列出线性回归方程，估计出模型中的回归系数。

3）进行模型检验：根据输出的方差分析表中的 F 值和 p 值来检验该回归方程是否显著，如果 p 值小于显著性水平 α 则模型通过检验，可以进行下一步回归系数的检验；否则要重新选择指标变量，重新建立回归方程。

4）进行回归系数的显著性检验：在多元线性回归中，回归方程显著并不意味着每个自变量对 y 的影响都显著，为了从回归方程中剔除那些次要的、可有可无的变量，重新建立更为简单有效的回归方程，需要对每个自变量进行显著性检验，检验结果由参数估计表得到。采用逐步回归法，首先剔除掉最不显著的因变量，重新构造回归方程，一直到模型和参与的回归系数都通过检验。

5）模型应用：输入自变量的取值，就可以得到预测变量的值，或者根据预测变量的值去控制自变量的取值。

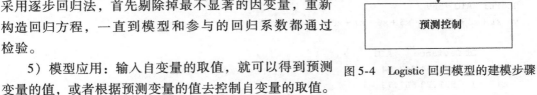

图 5-4　Logistic 回归模型的建模步骤

下面对某银行在降低贷款拖欠率的数据进行 Logistic 回归建模，该数据示例如表 5-3 所示。

表 5-3　银行贷款拖欠率数据

年龄	教育	工龄	地址	收入	负债表	信用卡负债	其他负债	违约
41	3	17	12	176.00	9.30	11.36	5.01	1
27	1	10	6	31.00	17.30	1.36	4.00	0
40	1	15	14	55.00	5.50	0.86	2.17	0
41	1	15	14	120.00	2.90	2.66	0.82	0
24	2	2	0	28.00	17.30	1.79	3.06	1

* 数据详见：示例程序/data/bankloan.csv

利用 R 语言对这个数据进行 Logistic 回归分析，分别采用逐步寻优（逐步剔除掉最不显著的因变量）和使用 R 语言自带的逐步向前、向后回归函数进行建模，其代码如代码清单 5-1 所示。

代码清单 5-1　Logistic 回归代码

```
##设置工作空间
#把"数据及程序"文件夹复制到 F 盘下,再用 setwd 设置工作空间
setwd("F:/数据及程序/chapter5/示例程序")
#读入数据
Data = read.csv("./data/bankloan.csv")[2:701,]
#数据命名
colnames(Data) <- c("x1","x2","x3","x4","x5","x6","x7","x8","y")
#logistic 回归模型
glm = glm(y ~ x1 + x2 + x3 + x4 + x5 + x6 + x7 + x8,family = binomial(link = logit),data = Data)
summary(glm)
#####逐步寻优法
logit.step <- step(glm,direction = "both")
summary(logit.step)
#####前向选择法
logit.step <- step(glm,direction = "forward")
summary(logit.step)
#####后向选择法
logit.step <- step(glm,direction = "backward")
summary(logit.step)
```

＊代码详见：示例程序/code/logistic_regression. R

运行代码清单 5-1 可以得到部分输出结果如下：

```
> logit.step <- step(glm,direction = "both")#逐步筛选法变量选择
Start:  AIC = 569
y ~ x1 + x2 + x3 + x4 + x5 + x6 + x7 + x8


        Df Deviance    AIC
- x2     1   551.54 567.54
- x8     1   551.79 567.79
- x5     1   552.25 568.25
<none>       551.00 569.00
- x1     1   554.95 570.95
- x6     1   555.93 571.93
- x4     1   573.03 589.03
- x7     1   594.37 610.37
- x3     1   635.21 651.21


Step:  AIC = 567.54
y ~ x1 + x3 + x4 + x5 + x6 + x7 + x8


        Df Deviance    AIC
- x8     1   552.51 566.51
- x5     1   552.52 566.52
<none>       551.54 567.54
+ x2     1   551.00 569.00
```

```
  - x1     1   555.34 569.34
  - x6     1   556.17 570.17
  - x4     1   573.19 587.19
  - x7     1   594.65 608.65
  - x3     1   650.94 664.94

Step:  AIC = 566.51
y ~ x1 + x3 + x4 + x5 + x6 + x7

          Df Deviance     AIC
  - x5     1   552.70 564.70
  < none >     552.51 566.51
  + x8     1   551.54 567.54
  + x2     1   551.79 567.79
  - x1     1   556.27 568.27
  - x6     1   571.73 583.73
  - x4     1   573.86 585.86
  - x7     1   594.84 606.84
  - x3     1   651.47 663.47

Step:  AIC = 564.7
y ~ x1 + x3 + x4 + x6 + x7

          Df Deviance     AIC
  < none >     552.70 564.70
  - x1     1   556.29 566.29
  + x2     1   552.30 566.30
  + x5     1   552.51 566.51
  + x8     1   552.52 566.52
  - x4     1   574.45 584.45
  - x6     1   576.92 586.92
  - x7     1   612.58 622.58
  - x3     1   660.08 670.08
```

从上面的结果可以看出，采用逐步寻优剔除变量，分别剔除了 x2、x8、x5，最终构建的模型包含的变量为常量 x1、x3、x4、x6、x7，其模型的 AIC 值是 564.70，为最小值。采用 R 语言自带的后向选择函数可以得到同样的模型，自带的前向选择函数得到有全部自变量的全模型。

这里需要注意，R 语言自带的函数模型变量寻优设置不同的参数可以采用不同的方式进行，如代码清单 5-1 展示的就是添加变量和剔除变量两种方式。同时，这两个的结果不同，前向选择法只考虑引入变量而不考虑删除，而后向选择法逐步删除对 y 影响不显著的变量，以使最后回归方程只保留重要的变量。

5.1.4　决策树

决策树方法在分类、预测、规则提取等领域有着广泛应用。20 世纪 70 年代后期和 80 年代初期，机器学习研究者 J. Ross Quinlan 提出了 ID3[6] 算法以后，决策树在机器学习、数据挖掘领域得到了极大的发展。Quinlan 后来又提出了 C4.5，成为新的监督学习算法。1984 年，几位统计学家提出了 CART 分类算法。ID3 和 CART 算法大约同时被提出，但都是采用类似的方法从训练样本中学习决策树。

决策树是一树状结构，它的每一个叶节点对应着一个分类，非叶节点对应着在某个属性上的划分，根据样本在该属性上的不同取值将其划分成若干个子集。对于非纯的叶节点，多数类的标号给出到达这个节点的样本所属的类。构造决策树的核心问题是在每一步如何选择适当的属性对样本做拆分。对一个分类问题，从已知类标记的训练样本中学习并构造出决策树是一个自上而下、分而治之的过程。

常用的决策树算法如表 5-4 所示。

表 5-4　决策树算法分类

决策树算法	算法描述
ID3 算法	其核心是在决策树的各级节点上，使用信息增益方法作为属性的选择标准，来帮助确定生成每个节点时所应采用的合适属性
C4.5 算法	C4.5 决策树生成算法相对于 ID3 算法的重要改进是使用信息增益率来选择节点属性。C4.5 算法可以克服 ID3 算法存在的不足：ID3 算法只适用于离散的描述属性，而 C4.5 算法既能够处理离散的描述属性，也可以处理连续的描述属性
CART 算法	CART 决策树是一种十分有效的非参数分类和回归方法，通过构建树、修剪树、评估树来构建一个二叉树。当终节点是连续变量时，该树为回归树；当终节点是分类变量时，该树为分类树

本节将详细介绍 ID3 算法，也是最经典的决策树分类算法。

1. ID3 算法简介及基本原理

ID3 算法基于信息熵来选择最佳测试属性。它选择当前样本集中具有最大信息增益值的属性作为测试属性；样本集的划分则依据测试属性的取值进行，测试属性有多少不同的取值就将样本集划分为多少子样本集，同时决策树上对应于该样本集的节点长出新的叶子节点。ID3 算法根据信息论理论，采用划分后样本集的不确定性作为衡量划分好坏的标准，用信息增益值度量不确定性：信息增益值越大，不确定性越小。因此，ID3 算法在每个非叶节点选择信息增益最大的属性作为测试属性，这样可以得到当前情况下最纯的拆分，从而得到较小的决策树。

设 S 是 s 个数据样本的集合。假定类别属性具有 m 个不同的值：$C_i(i=1, 2, \cdots, m)$。设 s_i 是类 C_i 中的样本数。对一个给定的样本，它总的信息熵为：

$$I(s_1, s_2, \cdots, s_m) = -\sum_{i-1}^{m} P_i \log_2(P_i) \tag{5-5}$$

式中，P_i 为任意样本属于 C_i 的概率，一般可以用 $\dfrac{s_i}{s}$ 估计。

设一个属性 A 具有 k 个不同的值 $\{a_1, a_2, \cdots, a_k\}$，利用属性 A 将集合 S 划分为 k 个子集 $\{S_1, S_2, \cdots, S_k\}$，其中 S_j 包含了集合 S 中属性 A 取 a_j 值的样本。若选择属性 A 为测试属性，

则这些子集就是从集合 S 的节点生长出来的新的叶节点。设 s_{ij} 是子集 S_j 中类别为 C_i 的样本数，则根据属性 A 划分样本的信息熵值为：

$$E(A) = \sum_{j=1}^{k} \frac{s_{1j} + s_{2j} + \cdots + s_{mj}}{s} I(s_{1j}, s_{2j}, \cdots, s_{mj}) \tag{5-6}$$

式中，$I(s_{1j}, s_{2j}, \cdots, s_{mj}) = \sum_{i=1}^{k} P_{ij} \log_2(P_{ij})$，$P_{ij} = \dfrac{s_{ij}}{s_{1j} + s_{2j} + \cdots + s_{mj}}$ 是子集 S_j 中类别为 C_i 的样本的概率。

最后，用属性 A 划分样本集 S 后所得的信息增益（Gain）为：

$$\text{Gain}(A) = I(s_1, s_2, \cdots, s_m) - E(A) \tag{5-7}$$

显然 $E(A)$ 越小，$\text{Gain}(A)$ 的值越大，说明选择测试属性 A 对于分类提供的信息越大，选择 A 之后对分类的不确定程度越小。属性 A 的 k 个不同的值对应样本集 S 的 k 个子集或分支，通过递归调用上述过程（不包括已经选择的属性），生成其他属性作为节点的子节点和分支来生成整个决策树。ID3 决策树算法作为一个典型的决策树学习算法，其核心是在决策树的各级节点上都用信息增益作为判断标准进行属性的选择，使得在每个非叶节点上进行测试时，都能获得最大的类别分类增益，使分类后数据集的熵最小。这样的处理方法使得树的平均深度较小，从而有效地提高了分类效率。

2. ID3 算法具体流程

ID3 算法的具体详细实现步骤如下：

1）对当前样本集合，计算所有属性的信息增益；

2）选择信息增益最大的属性作为测试属性，把测试属性取值相同的样本划为同一个子样本集；

3）若子样本集的类别属性只含有单个属性，则分支为叶子节点，判断其属性值并标上相应的符号，然后返回调用处；否则对子样本集递归调用本算法。

下面将结合餐饮案例实现 ID3 的具体实施步骤。T 餐饮企业作为大型连锁企业，生产的产品种类比较多，另外涉及分店所处的位置也不同，数目比较多。对于企业的高层来讲，了解周末和非周末销量是否有大的区别，以及天气、促销这些因素是否能够影响门店的销量这些信息至关重要。因此，为了让决策者准确了解和销量有关的一系列影响因素，需要构建模型来分析天气、是否周末和是否有促销对销量的影响，下面以单个门店进行分析。

对于天气属性，数据源中存在多种不同的值，这里将那些属性值相近的值进行类别整合。例如，天气为"多云"、"多云转晴"、"晴"这些属性值相近，均是适宜外出的天气，不会对产品销量有太大的影响，因此将它们划为一类，天气属性值设置为"好"；同理，对于"雨"、"小到中雨"等天气，均是不适宜外出的天气，因此将它们划为一类，天气属性值设置为"坏"。

对于是否周末属性，周末设置为"是"，非周末则设置为"否"。

对于是否有促销属性，有促销设置为"是"，无促销则设置"否"。

产品的销售数量为数值型，需要对属性进行离散化，将销售数据划分为"高"和"低"两类。

将其平均值作为分界点，大于平均值的划分到"高"类别，小于平均值的划分为"低"类别。

经过以上的处理，我们得到的数据集合如表 5-5 所示。

表 5-5　处理后的数据集

序号	天气	是否周末	是否有促销	销量
1	坏	是	是	高
2	坏	是	是	高
3	坏	是	是	高
4	坏	否	是	高
…	…	…	…	…
32	好	否	是	低
33	好	否	否	低
34	好	否	否	低

* 数据详见：示例程序/data/sales_data. csv

采用 ID3 算法构建决策树模型的具体步骤如下：

1）根据式（5-5），计算总的信息熵，其中数据中总记录数为 34，而销售数量为"高"的数据有 18，"低"的有 16。

$$I(18,16) = -\frac{18}{34}\log_2\frac{18}{34} - \frac{16}{34}\log_2\frac{16}{34} = 0.997\,503$$

2）根据式（5-5）和式（5-6），计算每个测试属性的信息熵。

对于天气属性，其属性值有"好"和"坏"两种。其中，天气为"好"的条件下，销售数量为"高"的记录为 11，销售数量为"低"的记录为 6，可表示为（11，6）；天气为"坏"的条件下，销售数量为"高"的记录为 7，销售数量为"低"的记录为 10，可表示为（7，10）。则天气属性的信息熵计算过程如下：

$$I(11,6) = -\frac{11}{17}\log_2\frac{11}{17} - \frac{6}{17}\log_2\frac{6}{17} = 0.936\,667$$

$$I(7,10) = -\frac{7}{17}\log_2\frac{7}{17} - \frac{10}{17}\log_2\frac{10}{17} = 0.977\,418$$

$$E(\text{天气}) = \frac{17}{34}I(11,6) + \frac{17}{34}I(7,10) = 0.957\,043$$

对于是否周末属性，其属性值有"是"和"否"两种。其中，是否周末属性为"是"的条件下，销售数量为"高"的记录为 11，销售数量为"低"的记录为 3，可表示为（11，3）；是否周末属性为"否"的条件下，销售数量为"高"的记录为 7，销售数量为"低"的记录为 13，可表示为（7，13）。则节假日属性的信息熵计算过程如下：

$$I(11,3) = -\frac{11}{14}\log_2\frac{11}{14} - \frac{3}{14}\log_2\frac{3}{14} = 0.749\,595$$

$$I(7,13) = -\frac{7}{20}\log_2\frac{7}{20} - \frac{13}{20}\log_2\frac{13}{20} = 0.934\,068$$

$$E(\text{是否周末}) = \frac{14}{34}I(11,3) + \frac{20}{34}I(7,13) = 0.858\,109$$

对于是否有促销属性，其属性值有"是"和"否"两种。其中，是否有促销属性为"是"的条件下，销售数量为"高"的记录为 15，销售数量为"低"的记录为 7，可表示为（15，7）；是否有促销属性为"否"的条件下，销售数量为"高"的记录为 3，销售数量为"低"的记录为 9，可表示为（3，9）。则是否有促销属性的信息熵计算过程如下：

$$I(15,7) = -\frac{15}{22}\log_2\frac{15}{22} - \frac{7}{22}\log_2\frac{7}{22} = 0.902\,393$$

$$I(3,9) = -\frac{3}{12}\log_2\frac{3}{12} - \frac{9}{12}\log_2\frac{9}{12} = 0.811\,278$$

$$E(是否有促销) = \frac{22}{34}I(15,7) + \frac{12}{34}I(3,9) = 0.870\,235$$

3）根据式（5-7），计算天气、是否周末和是否有促销属性的信息增益值。

$$Gain(天气) = I(18,16) - E(天气) = 0.997\,503 - 0.957\,043 = 0.040\,46$$

$$Gain(是否周末) = I(18,16) - E(是否周末) = 0.997\,503 - 0.858\,109 = 0.139\,394$$

$$Gain(是否有促销) = I(18,16) - E(是否有促销) = 0.997\,503 - 0.870\,235 = 0.127\,268$$

4）由 3）的计算结果可以知道是否周末属性的信息增益值最大，它的两个属性值"是"和"否"作为该根节点的两个分支。然后按照 1）至 3）所示步骤继续对该根节点的三个分支进行节点的划分，针对每一个分支节点继续进行信息增益的计算，如此循环反复，直到没有新的节点分支，最终构成一棵决策树。生成的决策树模型如图 5-5 所示。

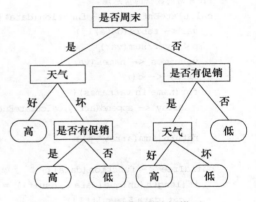

图 5-5　ID3 生成的决策树模型

从图 5-5 的决策树模型可以看出，门店的销售高低和各个属性之间的关系，并可以提取出以下决策规则：

- □ 若周末属性为"是"，天气为"好"，则销售数量为"高"；
- □ 若周末属性为"是"，天气为"坏"，是否有促销属性为"是"，则销售数量为"高"；
- □ 若周末属性为"是"，天气为"坏"，是否有促销属性为"否"，则销售数量为"低"；
- □ 若周末属性为"否"，是否有促销属性为"否"，则销售数量为"低"；
- □ 若周末属性为"否"，是否有促销属性为"是"，天气为"好"，则销售数量为"高"；
- □ 若周末属性为"否"，是否有促销属性为"是"，天气为"坏"，则销售数量为"低"。

由于 ID3 决策树算法采用了信息增益作为选择测试属性的标准，会偏向于选择取值较多的即高度分支属性，而这类属性并不一定是最优的属性。同时，ID3 决策树算法只能处理离散属性，对于连续型的属性，在分类前需要对其进行离散化。为了解决倾向于选择高度分支属性的问题，人们采用信息增益率作为选择测试属性的标准，这样便得到 C4.5 决策树算法。此外，常用的决策树算法还有 CART 算法、SLIQ 算法、SPRINT 算法和 PUBLIC 算法等。

使用 ID3 算法建立决策树的 R 语言代码如代码清单 5-2 所示。

代码清单 5-2　决策树算法预测销量高低代码

```
##设置工作空间
#把"数据及程序"文件夹复制到 F 盘下,再用 setwd 设置工作空间
setwd("F:/数据及程序/chapter5/示例程序")
#读入数据
data = read.csv("./data/sales_data.csv")[,2:5]
#数据命名
colnames(data) <- c("x1","x2","x3","result")
#计算一列数据的信息熵
calculateEntropy <- function(data){
  t <- table(data)
  sum <- sum(t)
  t <- t[t!=0]
  entropy <- -sum(log2(t/sum)*(t/sum))
  return(entropy)
}
#计算两列数据的信息熵
calculateEntropy2 <- function(data){
  var <- table(data[1])
  p <- var/sum(var)
  varnames <- names(var)
  array <- c()
  for(name in varnames){
    array <- append(array,calculateEntropy(subset(data,data[1]==name,select=2)))
  }
  return(sum(array*p))
}
buildTree <- function(data){
  if(length(unique(data$result))==1){
    cat(data$result[1])
    return()
  }
  if(length(names(data))==1){
    cat("...")
    return()
  }
  entropy <- calculateEntropy(data$result)
  labels <- names(data)
  label <- ""
  temp <- Inf
  subentropy <- c()
  for(i in 1:(length(data)-1)){
    temp2 <- calculateEntropy2(data[c(i,length(labels))])
    if(temp2 < temp){
      temp <- temp2
```

```
        label <- labels[i]
    }
    subentropy <- append(subentropy,temp2)
  }
  cat(label)
  cat("[")
  nextLabels <- labels[labels! = label]
  for(value in unlist(unique(data[label]))){
      cat(value,":")
      buildTree(subset(data,data[label] = = value,select = nextLabels))
      cat(";")
  }
  cat("]")
}
#构建分类树
buildTree(data)
```

＊代码详见：示例程序/code/ID3_decision_tree. R

5.1.5 人工神经网络

人工神经网络[7,8]（Artificial Neural Networks，ANN），是模拟生物神经网络进行信息处理的一种数学模型。它以对大脑的生理研究成果为基础，其目的在于模拟大脑的某些机理与机制，实现一些特定的功能。

1943 年，美国心理学家 McCulloch 和数学家 Pitts 联合提出了形式神经元的数学模型 MP 模型，证明了单个神经元能执行逻辑功能，开创了人工神经网络研究的时代。1957 年，计算机科学家 Rosenblatt 用硬件完成了最早的神经网络模型，即感知器，并用来模拟生物的感知和学习能力。1969 年 M. Minsky 等仔细分析了以感知器为代表的神经网络系统的功能及局限后，出版了《Perceptron》（感知器）一书，指出感知器不能解决高阶谓词问题，人工神经网络的研究进入一个低谷期。20 世纪 80 年代以后，超大规模集成电路、脑科学、生物学、光学的迅速发展为人工神经网络的发展打下了基础，人工神经网络的发展进入兴盛期。

人工神经元是人工神经网络操作的基本信息处理单位。人工神经元的模型如图 5-6 所示，它是人工神经网络的设计基础。一个人工神经元对输入信号 $X = [x_1, x_2, \cdots, x_m]^T$ 的输出 $y = f(u + b)$，其中 $u = \sum_{i=1}^{m} w_i x_i$，公式中各字符的含义如图 5-6 所示。

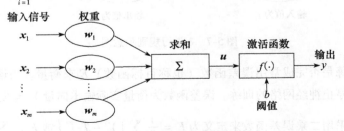

图 5-6　人工神经元模型

激活函数主要有以下 3 种形式，如表 5-6 所示。

表 5-6　激活函数分类表

激活函数	表达形式	图　形	解释说明
域值函数（阶梯函数）	$f(v) = \begin{cases} 1, & v \geq 0 \\ 0, & v < 0 \end{cases}$		当函数的自变量小于 0 时，函数的输出为 0；当函数的自变量大于或等于 0 时，函数的输出为 1，用该函数可以把输入分成两类
分段线性函数	$f(v) = \begin{cases} 1, & v \geq 1 \\ v, & -1 < v < 1 \\ -1, & v \leq -1 \end{cases}$		该函数在（-1，1）线性区内的放大系数是一致的，这种形式的激活函数可以看作是非线性放大器的近似
非线性转移函数	$f(v) = \dfrac{1}{1 + e^{-v}}$		单极性 S 型函数为实数域 R 到 ［0，1］闭集的连续函数，代表了连续状态型神经元模型。其特点是函数本身及其导数都是连续的，能够体现数学计算上的优越性

　　人工神经网络的学习也称为训练，指的是神经网络在受到外部环境的刺激下调整神经网络的参数，使神经网络以一种新的方式对外部环境作出反应的一个过程。在分类与预测中，人工神将网络主要使用有指导的学习方式，即根据给定的训练样本，调整人工神网络的参数以使网络输出接近于已知的样本类标记或其他形式的因变量。

　　在人工神经网络的发展过程中，众多学者提出了多种不同的学习规则，没有一种特定的学习算法适用于所有的网络结构和具体问题。在分类与预测中，δ 学习规则（误差校正学习算法）是使用最广泛的一种。误差校正学习算法根据神经网络的输出误差对神经元的连接强度进行修正，属于有指导学习。设神经网络中神经元 i 作为输入，神经元 j 为输出神经元，它们的连接权值为 w_{ij}，则对权值的修正为 $\Delta w_{ij} = \eta \delta_j Y_i$，其中 η 为学习率，$\delta_j = T_j - Y_j$ 为 j 的偏差，即输出神经元 j 的实际输出和教师信号之差，示意图如图 5-7 所示。

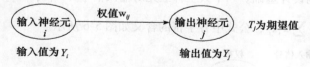

图 5-7　δ 学习规则示意图

　　神经网络训练是否完成常用误差函数（也称目标函数）E 来衡量。当误差函数小于某一个设定的值时即停止神经网络的训练。误差函数为衡量实际输出向量 Y_k 与期望值向量 T_k 误差大小的函数，常采用二乘误差函数来定义为 $E = \dfrac{1}{2} \sum\limits_{k=1}^{N} \left[Y_k - T_k \right]^2$（或 $E = \sum\limits_{k=1}^{N} \left[Y_k - T_k \right]^2$）$k =$

$1,2,\cdots,N$ 为训练样本个数。

　　使用人工神经网络模型需要确定网络连接的拓扑结构、神经元的特征和学习规则等。目前，已有近 40 种人工神经网络模型，常用来实现分类和预测的人工神经网络算法如表 5-7 所示。

表 5-7　人工神经网络算法

算法名称	算法描述
BP 神经网络	BP 神经网络是一种按误差逆传播算法训练的多层前馈网络，学习算法是 δ 学习规则，是目前应用最广泛的神经网络模型之一
LM 神经网络	LM 神经网络是基于梯度下降法和牛顿法结合的多层前馈网络，特点：迭代次数少，收敛速度快，精确度高
RBF 径向基神经网络	RBF 径向基神经网络能够以任意精度逼近任意连续函数，从输入层到隐含层的变换是非线性的，而从隐含层到输出层的变换是线性的，特别适合于解决分类问题
FNN 模糊神经网络	FNN 模糊神经网络是具有模糊权系数或者输入信号是模糊量的神经网络，是模糊系统与神经网络相结合的产物，它汇聚了神经网络与模糊系统的优点，集联想、识别、自适应及模糊信息处理于一体
GMDH 神经网络	GMDH 网络也称为多项式网络，它是前馈神经网络中常用的一种用于预测的神经网络。它的特点是网络结构不固定，而且在训练过程中不断改变
ANFIS 自适应神经网络	神经网络镶嵌在一个全部模糊的结构之中，在不知不觉中向训练数据学习，自动产生、修正并高度概括出最佳的输入与输出变量的隶属函数以及模糊规则；另外，神经网络的各层结构与参数也都具有了明确的、易于理解的物理意义

　　BP 神经网络的学习算法是 δ 学习规则，目标函数采用 $E = \sum_{k=1}^{N} \left[Y_k - T_k \right]^2$，下面详细介绍 BP 神经网络算法。

　　BP（Back Propagation，反向传播）算法的特征是利用输出后的误差来估计输出层的直接前导层的误差，再用这个误差估计更前一层的误差，如此一层一层的反向传播下去，就获得了所有其他各层的误差估计。这样就形成了将输出层表现出的误差沿着与输入传送相反的方向逐级向网络的输入层传递的过程。这里我们以典型的三层 BP 网络为例，描述标准的 BP 算法。图 5-8 所示的是一个有 3 个输入节点，4 个隐层节点，1 个输出节点的一个三层 BP 神经网络。

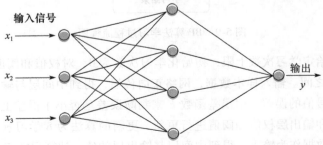

图 5-8　三层 BP 神经网络结构

　　BP 算法的学习过程由信号的正向传播与误差的逆向传播两个过程组成。正向传播时，输入信号经过隐层的处理后，传向输出层。若输出层节点未能得到期望的输出，则转入误差的逆向传播阶段，将输出误差按某种子形式，通过隐层向输入层返回，并"分摊"给隐层 4 个节点与输入层 x_1，x_2，x_3 三个输入节点，从而获得各层单元的参考误差或称误差信号，作为修改各单元权值的依据。这种信号正向传播与误差逆向传播的各层权矩阵的修改过程，是周而复始进行的。权值不断修改的过程，也就是网络的学习（或称训练）过程。此过程一直进行到网络输出的误差逐渐减少到可接受的程度或达到设定的学习次数为止，学习过程的流程图如图 5-9 所示。

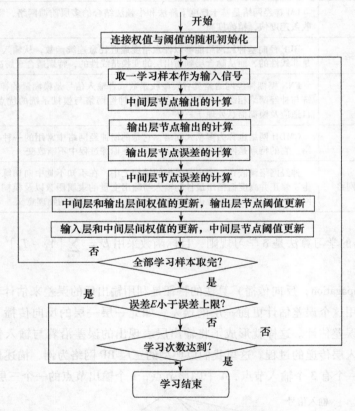

图 5-9　BP 算法学习过程流程图

　　算法开始后，给定学习次数上限，初始化学习次数为 0，对权值和阈值赋予小的随机数，一般在 [-1，1] 之间。输入样本数据，网络正向传播，得到中间层与输出层的值。比较输出层的值与教师信号值的误差，用误差函数 E 来判断误差是否小于误差上限，如不小于误差上限，则对中间层和输出层权值和阈值进行更新，更新的算法为 δ 学习规则。更新权值和阈值后，再次将样本数据作为输入，得到中间层与输出层的值，计算误差 E 是否小于上限，学习次数是否到达指定值，如果到达，则学习结束。

BP 算法只用到均方误差函数对权值和阈值的一阶导数（梯度）的信息，使得算法存在收敛速度缓慢、易陷入局部极小等缺陷，在应用中可根据实际情况选择适合的人工神经网络算法与结构，如 LM 神经网络、RBF 径向基神经网络等。

针对表 5-5 的数据应用 BP 神经网络算法进行建模，其 R 语言代码如代码清单 5-3 所示。

代码清单 5-3   BP 神经网络算法预测销量高低

```
##设置工作空间
#把"数据及程序"文件夹复制到 F 盘下,再用 setwd 设置工作空间
setwd("F:/数据及程序/chapter5/示例程序")
#读入数据
Data = read.csv("./data/sales_data.csv")[,2:5]
#数据命名
library(nnet)
colnames(Data) <-c("x1","x2","x3","y")
###最终模型
model1 = nnet(y ~ .,data = Data,size = 6,decay = 5e-4,maxit = 1000)
pred = predict(model1,Data[,1:3],type = "class")
(P = sum(as.numeric(pred = = Data $ y))/nrow(Data))
table(Data $ y,pred)
prop.table(table(Data $ y,pred),1)
```

* 代码详见：示例程序/code/bp_neural_network. R

运行上面的代码，可以得到下面的混淆矩阵图，如表 5-8 所示。

表 5-8   BP 神经网络预测销量高低

项目		预测值		合计
		high	low	
真实值	high	14	4	18
	low	4	12	16
合计		18	16	34

从表 5-8 可以看出，检测样本为 34 个，预测正确的个数为 26 个，预测准确率为 76.5%，预测准确率较低，是由于神经网络训练时需要较多样本，而这里训练数据较少造成的。

5.1.6   分类与预测算法评价

分类与预测模型对训练集进行预测而得出的准确率并不能很好地反映预测模型未来的性能，为了有效判断一个预测模型的性能表现，需要一组没有参与预测模型建立的数据集，并在该数据集上评价预测模型的准确率，这组独立的数据集叫测试集。模型预测效果评价，通常用绝对误差与相对误差、平均绝对误差、均方误差、均方根误差等指标来衡量。

（1）绝对误差与相对误差

设 Y 表示实际值，$\hat{Y}$ 表示预测值，则称 E 为绝对误差（Absolute Error），计算公式如下：

$$E = Y - \hat{Y} \tag{5-8}$$

e 为相对误差（Relative Error），计算公式如下：

$$e = \frac{Y - \hat{Y}}{Y} \qquad (5\text{-}9)$$

有时相对误差也用百分数表示:

$$e = \frac{Y - \hat{Y}}{Y} \times 100\% \qquad (5\text{-}10)$$

这是一种直观的误差表示方法。

(2) 平均绝对误差

平均绝对误差(Mean Absolute Error,MAE)定义如下:

$$MAE = \frac{1}{n} \sum_{i=1}^{n} |E_i| = \frac{1}{n} \sum_{i=1}^{n} |Y_i - \hat{Y}_i| \qquad (5\text{-}11)$$

式中各项的含义如下:

  ☐ MAE:平均绝对误差;

  ☐ E_i:第 i 个实际值与预测值的绝对误差;

  ☐ Y_i:第 i 个实际值;

  ☐ $\hat{Y}_i$:第 i 个预测值。

由于预测误差有正有负,为了避免正负相抵消,故取误差的绝对值进行综合并取其平均数,这是误差分析的综合指标法之一。

(3) 均方误差

均方误差(Mean Squared Error,MSE)定义如下:

$$MSE = \frac{1}{n} \sum_{i=1}^{n} E_i^2 = \frac{1}{n} \sum_{i=1}^{n} (Y_i - \hat{Y}_i)^2 \qquad (5\text{-}12)$$

式中,MSE 表示均方差,其他符号同前。

本方法用于还原平方失真程度。

均方误差是预测误差平方之和的平均数,它避免了正负误差不能相加的问题。由于对误差 E 进行了平方,加强了数值大的误差在指标中的作用,从而提高了这个指标的灵敏性,是一大优点。均方误差是误差分析的综合指标法之一。

(4) 均方根误差

均方根误差(Root Mean Squared Error,RMSE)定义如下:

$$RMSE = \sqrt{\frac{1}{n} \sum_{i=1}^{n} E_i^2} = \sqrt{\frac{1}{n} \sum_{i=1}^{n} (Y_i - \hat{Y}_i)^2} \qquad (5\text{-}13)$$

式中,RMSE 表示均方根误差,其他符号同前。

这是均方误差的平方根,代表了预测值的离散程度,也叫标准误差,最佳拟合情况为 RMSE = 0。均方根误差也是误差分析的综合指标之一。

(5) 平均绝对百分误差

平均绝对百分误差(Mean Absolute Percentage Error,MAPE)定义如下:

$$MAPE = \frac{1}{n} \sum_{i=1}^{n} |E_i/Y_i| = \frac{1}{n} \sum_{i=1}^{n} |(Y_i - \hat{Y}_i)/Y_i| \qquad (5\text{-}14)$$

式中，MAPE 表示平均绝对百分误差。一般认为 MAPE 小于 10 时，预测精度较高。

（6）Kappa 统计

Kappa 统计是比较两个或多个观测者对同一事物，或观测者对同一事物的两次或多次观测结果是否一致，以由机遇造成的一致性和实际观测的一致性之间的差别大小作为评价基础的统计指标。Kappa 统计量和加权 Kappa 统计量不仅可以用于无序和有序分类变量资料的一致性、重现性检验，而且能给出一个反映一致性大小的"量"值。

Kappa 取值在 ［−1，1］之间，其值的大小均有不同意义：

□ Kappa＝1 说明两次判断的结果完全一致；

□ Kappa＝−1 说明两次判断的结果完全不一致；

□ Kappa＝0 说明两次判断的结果是机遇造成；

□ Kappa＜0 说明一致程度比机遇造成的还差，两次检查结果很不一致，在实际应用中无意义；

□ Kappa＞0 此时说明有意义，Kappa 愈大，说明一致性愈好；

□ Kappa≥0.75 说明已经取得相当满意的一致程度；

□ Kappa＜0.4 说明一致程度不够。

（7）识别准确度

识别准确度（Accuracy）定义如下：

$$Accuracy = \frac{TP + FN}{TP + TN + FP + FN} \times 100\% \tag{5-15}$$

式中各项说明如下：

□ TP（True Positives）：正确的肯定表示正确肯定的分类数；

□ TN（True Negatives）：正确的否定表示正确否定的分类数；

□ FP（False Positives）：错误的肯定表示错误肯定的分类数；

□ FN（False Negatives）：错误的否定表示错误否定的分类数。

（8）识别精确率

识别精确率（Precision）定义如下：

$$Precision = \frac{TP}{TP + FP} \times 100\% \tag{5-16}$$

（9）反馈率

反馈率（Recall）定义如下：

$$Recall = \frac{TP}{TP + TN} \times 100\% \tag{5-17}$$

（10）ROC 曲线

受试者工作特性（Receiver Operating Characteristic，ROC）曲线是一种非常有效的模型评价方法，可为选定临界值给出定量提示。将灵敏度（Sensitivity）设在纵轴，1−特异性（1−Specificity）设在横轴，就可得出 ROC 曲线图。该曲线下的积分面积（Area）大小与每种方法的优劣密切相关，反映分类器正确分类的统计概率，其值越接近 1 说明该算法效果越好。

（11）混淆矩阵

混淆矩阵（Confusion Matrix）是模式识别领域中一种常用的表达形式。它描绘样本数据的真实属性与识别结果类型之间的关系，是评价分类器性能的一种常用方法。假设对于 N 类模式的分类任务，识别数据集 D 包括 T_0 个样本，每类模式分别含有 T_i 个数据（$i = 1$，$\cdots$，N）。采用某种识别算法构造分类器 C，cm_{ij} 表示第 i 类模式被分类器 C 判断成第 j 类模式的数据占第 i 类模式样本总数的百分率，则可得到 $N \times N$ 维混淆矩阵 $\mathrm{CM}(C, D)$：

$$\mathrm{CM}(C,D) = \begin{pmatrix} \mathrm{cm}_{11} & \mathrm{cm}_{22} & \cdots & \mathrm{cm}_{1i} & \cdots & \mathrm{cm}_{1N} \\ \mathrm{cm}_{21} & \mathrm{cm}_{22} & \cdots & \mathrm{cm}_{2i} & \cdots & \mathrm{cm}_{2N} \\ & & \cdots & & \cdots & \\ \mathrm{cm}_{i1} & \mathrm{cm}_{i2} & \cdots & \mathrm{cm}_{ii} & \cdots & \mathrm{cm}_{iN} \\ & & \cdots & & \cdots & \\ \mathrm{cm}_{N1} & \mathrm{cm}_{N2} & \cdots & \mathrm{cm}_{Ni} & \cdots & \mathrm{cm}_{NN} \end{pmatrix} \tag{5-18}$$

混淆矩阵中元素的行下标对应目标的真实属性，列下标对应分类器产生的识别属性。对角线元素表示各模式能够被分类器 C 正确识别的百分率，而非对角线元素则表示发生错误判断的百分率。

通过混淆矩阵，可以获得分类器的正确识别率和错误识别率：

各模式正确识别率：

$$R_i = \mathrm{cm}_{ii}, \quad i = 1, \cdots, N \tag{5-19}$$

平均正确识别率：

$$R_A = \sum_{i=1}^{N} (\mathrm{cm}_{ii} \cdot T_i) / T_0 \tag{5-20}$$

各模式错误识别率：

$$W_i = \sum_{j=1, j \neq i}^{N} \mathrm{cm}_{ij} = 1 - \mathrm{cm}_{ii} = 1 - R_i \tag{5-21}$$

平均错误识别率：

$$W_A = \sum_{i=1}^{N} \sum_{j=1, j \neq i}^{N} (\mathrm{cm}_{ii} \cdot T_i) / T_0 = 1 - R_A \tag{5-22}$$

对于一个二分类预测模型，分类结束后的混淆矩阵如表 5-9 所示。

表 5-9　混淆矩阵

混淆矩阵表		预测类	
		类 = 1	类 = 0
实际类	类 = 1	A	B
	类 = 0	C	D

如有 150 个样本数据，这些数据分成 3 类，每类 50 个。分类结束后得到的混淆矩阵如下：

43	5	2
2	45	3
0	1	49

则第 1 行的数据说明有 43 个样本正确分类，有 5 个样本应该属于第一类，却错误地分到第二类，有 2 个样本应属于第一类，却错误地分到第三类。

5.1.7　R 语言主要分类与预测算法函数

分类与预测在 R 语言中的数据挖掘部分占有很大比重，其涵盖多个算法模块，主要的算法模型包含神经网络模块的分类模型、分类树模型、集成学习分类模型。神经网络模型包含多种应用，如聚类、时间序列、模式识别，而这里的分类模型主要包含人工神经网络，其函数为 nnet。分类树模型主要是指机器学习中的分类树和回归模型，主要包括 rpart 函数。集成学习分类模型主要指机器学习中的集成学习模块，其函数为 bagging，通过改变其参数，可以选择不同的分类模型。所有的函数如表 5-10 所示。

表 5-10　R 语言主要分类和预测函数

函 数 名	函 数 功 能	软 件 包
lda()	构建一个线性判别分析模型	MASS
NaiveBayes()	构建一个朴素贝叶斯分类器	klaR
knn()	构建一个 K 最近邻分类模型	class
rpart()	构建一个分类回归树模型	rpart、maptree
bagging()	构建一个集成学习分类器	adabag
randomForest()	构建一个随机森林模型	randomForest
svm()	构建一个支持向量机模型	e1071
nnet()	构建一个人工识别神经网络	nnet

（1）lda

□ 功能：构建一个线性判别分析模型。

□ 使用格式：

$$lda(formula, data, \cdots, na.omit)$$

formula 根据数据的属性数据 X 以及每个记录对应的类别数据 y 构建一个线性回归的公式；na.omit 自动删除含有缺失值的观测样本。

（2）NaiveBayes

□ 功能：构建一个朴素贝叶斯分类器。

□ 使用格式：

$$NaiveBayes(formula, data, \cdots, na.omit)$$

参数设置与 lda() 类似。

（3）knn

❑ 功能：构建一个 K 最近邻分类模型，主要依靠周围有限邻近样本的信息，对于有交叉重叠的待分类样本有较好的判别效果。

❑ 使用格式：

$$knn(\,train\,,test\,,\cdots,prob\,,use.\,all\,)$$

knn() 函数默认选择欧氏距离来寻找所需的 K 的最近样本，train 和 test 参数代表训练集和测试集，prob 控制其中多数类的比例，use. all 用于选择再出现"节点"时的处理方式。

（4）rpart

❑ 功能：构建一个分类回归树模型，该函数可以根据不同的参数构建不同的模型，可以用于分类或者回归。

❑ 使用格式：

$$rpart(\,formula\,,data\,,\cdots,method\,)$$

formula 为建立模型的公式，data 为训练集，method 用于设置构建的树的类型，method = "anova" 构建一个回归树模型，method = "class" 构建一个分类树模型。该模型的性能依赖于算法的参数设置，如果这些参数设置不合理，将导致较差的性能。

（5）bagging

❑ 功能：构建一个集成学习分类器。

❑ 使用格式：

$$bagging(\,formula\,,data\,,mfinal\,,control\,)$$

formula 为建立模型的公式，data 为训练集，mfinal 表示算法的迭代次数，control 用于控制基分类器的参数，模型的性能依赖于 control 设置。

（6）randomForest

❑ 功能：构建一个随机森林模型。

❑ 使用格式：

$$randomForest(\,formula\,,data\,,\cdots,ntree\,,mtry\,,importance\,)$$

formula 为建立模型的公式，data 为训练集，ntree 指随机森林中树的数目，mtry 用来决定在随机森林中决策树的每次分支时所选择的变量个数，importance 用来计算各个变量在模型中的重要值。

（7）svm

❑ 功能：构建一个支持向量机模型。

❑ 使用格式：

$$svm(\,formula\,,data\,,\cdots,type\,,kernel\,)$$

formula 为建立模型的公式，data 为训练集，type 是指建立模型的类别。type 可取的值有：C- classification、nu- classification、one- classification、eps- regression、nu- regression，在这 5 种类型中，前三种是针对于字符型结果变量的分类方式，后两种则是针对于数量结果变量的分类方式。kernel 参数有 4 个可选核函数，分别为线性、多项式、径向基、神经网络核函数。

（8）nnet

　　□ 功能：构建一个人工识别神经网络，主要用来建立单隐藏层的前馈人工神经网络模型。

　　□ 使用格式：

$$nnet(formula, data, \cdots, size, decay, maxit)$$

formula 为建立模型的公式，data 为训练集，size 代表的是隐藏层中的节点个数，decay 是指模型权重值的衰减程度，maxit 控制的是模型的最大迭代次数。

5.2　聚类分析

餐饮企业经常会碰到这样的问题：

1）如何通过餐饮客户消费行为的测量，进一步评判餐饮客户的价值并对餐饮客户进行细分，找到有价值的客户群和需关注的客户群？

2）如何合理地对菜品进行分析，以便区分哪些菜品畅销毛利又高，哪些菜品滞销毛利又低？

餐饮企业遇到的这些问题，可以通过聚类分析解决。

5.2.1　常用聚类分析算法

与分类不同，聚类分析是在没有给定划分类别的情况下，根据数据相似度进行样本分组的一种方法。与分类模型需要使用有类标记样本构成的训练数据不同，聚类模型可以建立在无类标记的数据上，是一种非监督的学习算法。聚类的输入是一组未被标记的样本，聚类根据数据自身的距离或相似度将它们划分为若干组，划分的原则是组内距离最小化而组间（外部）距离最大化，如图 5-10 所示。

常用聚类方法如表 5-11 所示。

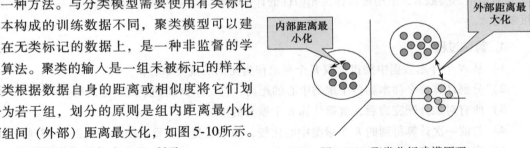

图 5-10　聚类分析建模原理

表 5-11　常用聚类方法

类　　别	包括的主要算法
划分（分裂）方法	K-Means 算法（K-平均）、K-MEDOIDS 算法（K-中心点）、CLARANS 算法（基于选择的算法）
层次分析方法	BIRCH 算法（平衡迭代规约和聚类）、CURE 算法（代表点聚类）、CHAMELEON 算法（动态模型）
基于密度的方法	DBSCAN 算法（基于高密度连接区域）、DENCLUE 算法（密度分布函数）、OPTICS 算法（对象排序识别）

（续）

类　　别	包括的主要算法
基于网格的方法	STING 算法（统计信息网络）、CLIOUE 算法（聚类高维空间）、WAVE- CLUSTER 算法（小波变换）
基于模型的方法	统计学方法、神经网络方法

常用聚类算法如表 5-12 所示。

表 5-12　常用聚类分析算法

算法名称	算法描述
K-Means	K-均值聚类也叫快速聚类法，在最小化误差函数的基础上将数据划分为预定的类数 K。该算法原理简单并便于处理大量数据
K-中心点	K-均值算法对孤立点的敏感性，K-中心点算法不采用簇中对象的平均值作为簇中心，而选用簇中离平均值最近的对象作为簇中心
系统聚类	系统聚类也叫多层次聚类，分类的单位由高到低呈树形结构，且所处的位置越低，其所包含的对象就越少，但这些对象间的共同特征越多。该聚类方法只适合在小数据量时使用，数据量大时速度会非常慢

5.2.2　K-Means 聚类算法

K-Means 算法[9]是典型的基于距离的非层次聚类算法，在最小化误差函数的基础上将数据划分为预定的类数 K，采用距离作为相似性的评价指标，即认为两个对象的距离越近，其相似度就越大。

1. 算法过程

1）从 N 个样本数据中随机选取 K 个对象作为初始的聚类中心；

2）分别计算每个样本到各个聚类中心的距离，将对象分配到距离最近的聚类中；

3）所有对象分配完成后，重新计算 K 个聚类的中心；

4）与前一次计算得到的 K 个聚类中心比较，如果聚类中心发生变化，转 2），否则转 5）；

5）当质心不发生变化时停止并输出聚类结果。

聚类的结果可能依赖于初始聚类中心的随机选择，可能使得结果严重偏离全局最优分类。实践中，为了得到较好的结果，通常以不同的初始聚类中心，多次运行 K-Means 算法。在所有对象分配完成后，重新计算 K 个聚类的中心时，对于连续数据，聚类中心取该簇的均值，但是当样本的某些属性是分类变量时，均值可能无定义，可以使用 K-众数方法。

2. 数据类型与相似性的度量

（1）连续属性

对于连续属性，要先对各属性值进行零-均值规范化，再进行距离的计算。K-Means 聚类算法中，一般需要度量样本之间的距离、样本与簇之间的距离以及簇与簇之间的距离。

度量样本之间的相似性最常用的是欧几里得距离、曼哈顿距离和闵可夫斯基距离；样本与簇之间的距离可以用样本到簇中心的距离 $d(e_i, x)$；簇与簇之间的距离可以用簇中心的距离 $d(e_i, e_j)$。

用 p 个属性来表示 n 个样本的数据矩阵如下：

$$\begin{bmatrix} x_{11} & \cdots & x_{1p} \\ \vdots & \ddots & \vdots \\ x_{n1} & \cdots & x_{np} \end{bmatrix}$$

欧几里得距离：

$$d(i,j) = \sqrt{(x_{i1} - x_{j1})^2 + (x_{i2} - x_{j2})^2 + \cdots + (x_{ip} - x_{jp})^2} \tag{5-23}$$

曼哈顿距离：

$$d(i,j) = |x_{i1} - x_{j1}| + |x_{i2} - x_{j2}| + \cdots + |x_{ip} - x_{jp}| \tag{5-24}$$

闵可夫斯基距离：

$$d(i,j) = \sqrt[q]{(|x_{i1} - x_{j1}|)^q + (|x_{i2} - x_{j2}|)^q + \cdots + (|x_{ip} - x_{jp}|)^q} \tag{5-25}$$

q 为正整数，$q = 1$ 时即为曼哈顿距离；$q = 2$ 时即为欧几里得距离。

（2）文档数据

对于文档数据使用余弦相似性度量，先将文档数据整理成文档—词矩阵格式，如表 5-13 所示。

表 5-13　文档—词矩阵

文档 ＼ 词	lost	win	team	score	music	happy	sad	…	coach
文档一	14	2	8	0	8	7	10	…	6
文档二	1	13	3	4	16	4	…	7
文档三	9	6	7	7	3	14	8	…	5

两个文档之间的相似度计算公式为：

$$d(i,j) = \cos(i,j) = \frac{\vec{i} \cdot \vec{j}}{|\vec{i}| |\vec{j}|} \tag{5-26}$$

3. 目标函数

使用误差平方和 SSE 作为度量聚类质量的目标函数，对于两种不同的聚类结果，选择误差平方和较小的分类结果。

连续属性的 SSE 计算公式为：

$$SSE = \sum_{i=1}^{K} \sum_{x \in E_i} \mathrm{dist}(e_i, x)^2 \tag{5-27}$$

文档数据的 SSE 计算公式为：

$$SSE = \sum_{i=1}^{K} \sum_{x \in E_i} \cos(e_i, x)^2 \qquad (5-28)$$

簇 E_i 的聚类中心 e_i 计算公式为：

$$e_i = \frac{1}{n_i} \sum_{x \in E_i} x \qquad (5-29)$$

式中各项符号含义如表 5-14 所示。

表 5-14　符号表

符号	含　义	符号	含　义
K	聚类簇的个数	e_i	簇 E_i 的聚类中心
E_i	第 i 个簇	n_i	第 i 个簇中样本的个数
x	对象（样本）		

下面结合具体案例来实现本节开始提出的问题。

部分餐饮客户的消费行为特征数据如表 5-15 所示。根据这些数据将客户分类成不同客户群，并评价这些客户群的价值。

表 5-15　消费行为特征数据

ID	R（最近一次消费时间间隔）	F（消费频率）	M（消费总金额）
1	37	4	579
2	35	3	616
3	25	10	394
4	52	2	111
5	36	7	521
6	41	5	225
7	56	3	118
8	37	5	793
9	54	2	111
10	5	18	1086

* 数据详见：示例程序/data/consumption_data.csv

采用 K-Means 聚类算法，设定聚类个数 K 为 3，距离函数默认为欧氏距离。

K-Means 聚类算法的 R 语言代码如代码清单 5-4 所示。

代码清单 5-4　K-Means 聚类算法代码

```
setwd("F:/数据及程序/chapter5/示例程序")
Data = read.csv("./data/consumption_data.csv",header = T)[,2:4]#读入数据
km = kmeans(Data,center = 3)
print(km)
km$size/sum(km$size)
#数据分组
aaa = data.frame(Data,km$cluster)
```

```
Data1 = Data[which(aaa$km.cluster ==1),]
Data2 = Data[which(aaa$km.cluster ==2),]
Data3 = Data[which(aaa$km.cluster ==3),]
par(mfrow = c(1,3))                                    ##客户分群"1"的概率密度函数图
plot(density(Data1[,1]),col = "red",main = "R")
plot(density(Data1[,2]),col = "red",main = "F")
plot(density(Data1[,3]),col = "red",main = "M")
par(mfrow = c(1,3))                                    ##客户分群"2"的概率密度函数图
plot(density(Data2[,1]),col = "red",main = "R")
plot(density(Data2[,2]),col = "red",main = "F")
plot(density(Data2[,3]),col = "red",main = "M")
par(mfrow = c(1,3))                                    #客户分群"3"的概率密度函数图
plot(density(Data3[,1]),col = "red",main = "R")
plot(density(Data3[,2]),col = "red",main = "F")
plot(density(Data3[,3]),col = "red",main = "M")
```

*代码详见：示例程序/code/K-Means.R

执行 K-Means 聚类算法输出的结果如表 5-16 所示。

表 5-16　聚类算法输出结果

分群类别		R	F	M
样本个数		352	370	218
样本个数占比		37.45%	39.36%	23.19%
聚类中心	分群 1	18.477 27	11.355 114	1198.3034
	分群 2	15.489 19	7.316 216	429.8898
	分群 3	16.091 74	10.711 009	1913.3965

图 5-11 ~ 图 5-13 为 R 语言绘制的不同客户分群的概率密度函数图，通过这些图能直观地比较不同客户群的价值。

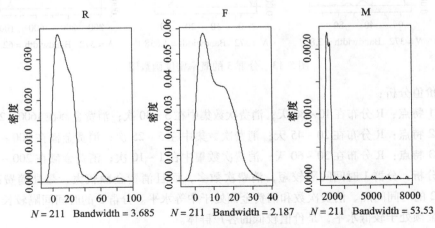

图 5-11　分群 1 的概率密度函数图

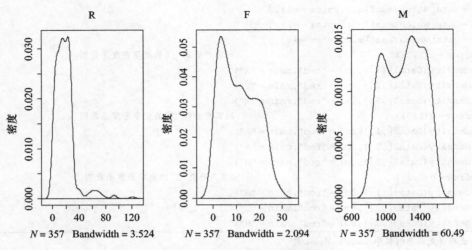

图 5-12　分群 2 的概率密度函数图

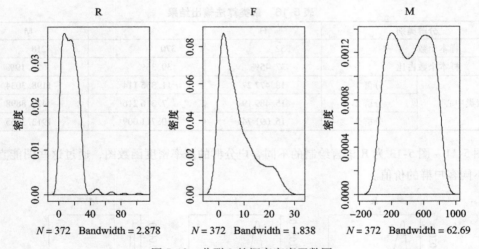

图 5-13　分群 3 的概率密度函数图

客户价值分析：

分群 1 特点：R 分布在 10～30 天；消费次数集中在 5～30 次；消费金额在 1600～2000 元。

分群 2 特点：R 分布在 20～45 天；消费次数集中在 5～25 次；消费金额在 800～1600 元。

分群 3 特点：R 分布在 30～60 天；消费次数集中在 1～10 次；消费金额在 200～800 元。

对比分析：分群 1 时间间隔较短，消费次数多，而且消费金额较大，是高消费高价值人群。分群 2 的时间间隔、消费次数和消费金额处于中等水平。分群 3 的时间间隔较长，消费次数和消费金额处于较低水平，是价值较低的客户群体。

5.2.3　聚类分析算法评价

聚类分析仅根据样本数据本身将样本分组。其目标是，组内的对象相互之间是相似的（相关的），而不同组中的对象是不同的（不相关的）。组内的相似性越大，组间差别越大，聚类效果就越好。

（1）purity 评价法

purity 方法是极为简单的一种聚类评价方法，只需计算正确聚类数占总数的比例：

$$purity(X,Y) = \frac{1}{n} \sum_k \max_i |x_k \cap y_i| \tag{5-30}$$

式中，$x = (x_1, x_2, \cdots, x_k)$ 是聚类的集合。x_k 表示第 k 个聚类的集合。$y = (y_1, y_2, \cdots, y_k)$ 表示需要被聚类的集合，y_i 表示第 i 个聚类对象。n 表示被聚类集合对象的总数。

（2）RI 评价法

实际上这是一种用排列组合原理对聚类进行评价的手段，RI 评价公式如下：

$$RI = \frac{R + W}{R + M + D + W} \tag{5-31}$$

式中，R 指被聚在一类的两个对象被正确分类了；W 指不应该被聚在一类的两个对象被正确分开了；M 指不应该放在一类的对象被错误地放在了一类；D 指不应该分开的对象被错误地分开了。

（3）F 值评价法

这是基于上述 RI 方法衍生出的一个方法，F 评价公式如下：

$$F_\alpha = \frac{(1 + \alpha^2)pr}{\alpha^2 p + r} \tag{5-32}$$

式中，$p = \frac{R}{R + M}$，$r = \frac{R}{R + D}$。

实际上 RI 方法就是把准确率 p 和召回率 r 看得同等重要，事实上有时候我们可能需要某一特性更多一点，这时候就适合使用 F 值方法。

5.2.4　R 语言主要聚类分析算法函数

R 语言里面实现的聚类主要包括：K-均值聚类、K-中心点聚类、密度聚类以及 EM 聚类，其主要相关函数如表 5-17 所示。

表 5-17　聚类主要函数列表

函数名	函数功能	软件包
kmeans()	构建一个 K-均值聚类模型	stats
pam()	构建一个 K-中心点聚类模型	cluster
dbscan()	构建一个密度聚类模型	fpc
Mclust()	构建一个 EM 聚类模型	mclust

（1）kmeans

□ 功能：构建一个 K-均值聚类模型。

□ 使用格式：

$$kmeans(data, centers, iter.max, nstart, algorithm)$$

data 为聚类分析的数据集，centers 为预设类别数 k，iter.max 为迭代的最大值，默认为 10，nstart 为选择随机起始中心点的次数，algorithm 为聚类的算法。其中，algorithm 的参数值，分别为 Hartigan-Wong 距离算法、Lloyd 距离算法、For-gy 距离算法、MacQueen 距离算法。Hartigan-Wong 距离算法，通常情况下性能优良，为默认算法。

□ 实例：使用 kmeans 函数构建一个聚类模型，并使用图表示聚类记录以及聚类中心。

```
set.seed(2)
x = matrix(rnorm(50 * 2), ncol = 2)
x[1:25,1] = x[1:25,1] + 3
x[1:25,2] = x[1:25,2] - 4
km.out = kmeans(x,2,nstart = 20)
km.out$cluster
plot(x, col = (km.out$cluster + 1), main = "K - Means Clustering Results with K = 2",
    xlab = "", ylab = "", pch = 20, cex = 2)
km.out$centers
points(km.out$centers[1,1], km.out$centers[1,2], pch = 10, col = "red", cex = 2)
points(km.out$centers[2,1], km.out$centers[2,2], pch = 10, col = "blue", cex = 2)
```

其聚类记录及聚类中心如图 5-14 所示。

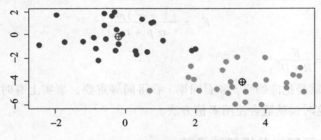

图 5-14　聚类中心及样本图

（2）pam

□ 功能：构建一个 K-中心点聚类模型。

□ 使用格式：

$$pam(data, k, metric, \cdots, medoids)$$

data 为待聚类的数据集，k 为待处理数据的类别数，metric 用于选择样本点间距离测算的方式，medoids 默认取 NULL，即由软件选择出中心点样本，也可以设定一个 k 维向量来指定初始点。

（3）dbscan

　　□ 功能：构建一个密度聚类模型。

　　□ 使用格式：

$$dbscan(data, eps, MinPts, scale, method, \cdots)$$

data 为待聚类的数据集；eps 为考察每一样本点是否满足密度要求时，所划定考察邻域的半径；MinPts 为密度阈值；scale 用于选择是否在聚类前先对数据进行标准化；method 参数用于选择认定的 data 数据集的形式。

（4）Mclust

　　□ 功能：构建一个 EM 聚类模型。

　　□ 使用格式：

$$Mclust(data, G, modelNames, \cdots)$$

data 为待聚类的数据集；G 为预设类别数，默认值为 1 至 9，由软件根据 BIC 值选择最优值；modelNames 用于设定模型类别，也由函数自动选取最优值。

5.3　关联规则

　　下面通过餐饮企业中的一个实际情景引出关联规则的概念。客户在餐厅点餐时，面对菜单中大量的菜品信息，往往无法迅速找到满意的菜品，既增加了点菜的时间，也降低了客户的就餐体验。实际上，菜品的合理搭配是有规律可循的：顾客的饮食习惯、菜品的荤素和口味，有些菜品之间是相互关联的，而有些菜品之间是对立或竞争关系（负关联），这些规律都隐藏在大量的历史菜单数据中，如果能够通过数据挖掘发现客户点餐的规则，就可以快速识别客户的口味，当他下了某个菜品的订单时推荐相关联的菜品，引导客户消费，提高顾客的就餐体验和餐饮企业的业绩水平。

　　关联规则分析也称为购物篮分析，最早是为了发现超市销售数据库中不同的商品之间的关联关系。例如，一个超市的经理想要更多地了解顾客的购物习惯，如"哪组商品可能会在一次购物中同时购买？"或者"某顾客购买了个人电脑，那该顾客三个月后购买数码相机的概率有多大？"他可能会发现如果购买了面包的顾客同时非常有可能会购买牛奶，这就导出了一条关联规则"面包⇒牛奶"，其中面包称为规则的前项，而牛奶称为后项。通过对面包降低售价进行促销，而适当提高牛奶的售价，关联销售出的牛奶就有可能增加超市整体的利润。

　　关联规则分析是数据挖掘中最活跃的研究方法之一，目的是在一个数据集中找出各项之间的关联关系，而这种关系并没有在数据中直接表示出来。

5.3.1　常用关联规则算法

　　常用关联算法如所表 5-18 所示。

表 5-18 常用关联规则算法

算法名称	算法描述
Apriori	关联规则最常用也是最经典的挖掘频繁项集的算法,其核心思想是通过连接产生候选项及其支持度然后通过剪枝生成频繁项集
FP-Tree	针对 Apriori 算法固有的多次扫描事务数据集的缺陷,提出的不产生候选频繁项集的方法。Apriori 和 FP-Tree 都是寻找频繁项集的算法
Eclat 算法	Eclat 算法是一种深度优先算法,采用垂直数据表示形式,在概念格理论的基础上利用基于前缀的等价关系将搜索空间划分为较小的子空间
灰色关联法	分析和确定各因素之间的影响程度或是若干个子因素(子序列)对主因素(母序列)的贡献度而进行的一种分析方法

本节重点详细介绍 Apriori 算法。

5.3.2 Apriori 算法

以超市销售数据为例,提取关联规则的最大困难在于当存在很多商品时,可能的商品组合(规则的前项与后项)的数目会达到一种令人望而却步的程度。因而各种关联规则分析的算法从不同方面入手减小可能的搜索空间的大小以及扫描数据的次数。Apriori[10]算法是最经典的挖掘频繁项集的算法,第一次实现了在大数据集上可行的关联规则提取,其核心思想是通过连接产生候选项与其支持度然后通过剪枝生成频繁项集。

1. 关联规则和频繁项集

(1) 关联规则的一般形式

项集 A、B 同时发生的概率称为关联规则的支持度(也称相对支持度):

$$\text{Support}(A \Rightarrow B) = P(A \cup B) \tag{5-33}$$

项集 A 发生,则项集 B 发生的概率为关联规则的置信度:

$$\text{Confidence}(A \Rightarrow B) = P(B \mid A) \tag{5-34}$$

(2) 最小支持度和最小置信度

最小支持度是用户或专家定义的衡量支持度的一个阈值,表示项目集在统计意义上的最低重要性;最小置信度是用户或专家定义的衡量置信度的一个阈值,表示关联规则的最低可靠性。同时满足最小支持度阈值和最小置信度阈值的规则称作强规则。

(3) 项集

项集是项的集合。包含 k 个项的项集称为 k 项集,如集合 {牛奶,麦片,糖} 是一个 3 项集。

项集的出现频率是所有包含项集的事务计数,又称作绝对支持度或支持度计数。如果项集 I 的相对支持度满足预定义的最小支持度阈值,则 I 是频繁项集。频繁 k 项集通常记作 L_k。

(4) 支持度计数

项集 A 的支持度计数是事务数据集中包含项集 A 的事务个数,简称为项集的频率或计数。

已知项集的支持度计数,则规则 $A \Rightarrow B$ 的支持度和置信度很容易从所有事务计数、项集 A

和项集 $A \cup B$ 的支持度计数推出：

$$\text{Support}(A \Rightarrow B) = \frac{A, B \text{ 同时发生的事务个数}}{\text{所有事务个数}} = \frac{\text{Support\_count}(A \cup B)}{\text{Total\_count}(A)} \qquad (5\text{-}35)$$

$$\text{Confidence}(A \Rightarrow B) = P(B \mid A) = \frac{\text{Support}(A \cup B)}{\text{Support}(A)} = \frac{\text{Support\_count}(A \cup B)}{\text{Support\_count}(A)} \qquad (5\text{-}36)$$

也就是说，一旦得到所有事务个数，A，B 和 $A \cup B$ 的支持度计数，就可以导出对应的关联规则 $A \Rightarrow B$ 和 $B \Rightarrow A$，并可以检查该规则是否是强规则。

在 R 语言中实现上述 Apriori 算法的代码如代码清单 5-5 所示。

代码清单 5-5　Apriori 算法调用代码

```
##设置工作空间
library ( arules )
#把"数据及程序"文件夹复制到 F 盘下,再用 setwd 设置工作空间
setwd("F:/数据及程序/chapter5/示例程序")
#读入数据
tr <- read.transactions("./data/menu_orders.txt", format = "basket", sep=",")
summary(tr)
inspect(tr)
#支持度 0.2,置信度 0.5
rules0 = apriori(tr,parameter = list(support=0.2,confidence=0.5))
rules0
inspect(rules0)
```

* 代码详见：示例程序/code/cal_apriori. R

2. Apriori 算法：使用候选产生频繁项集

Apriori 算法的主要思想是找出存在于事务数据集中最大的频繁项集，在利用得到的最大频繁项集与预先设定的最小置信度阈值生成强关联规则。

（1）Apriori 的性质

频繁项集的所有非空子集也必须是频繁项集。根据该性质可以得出：向不是频繁项集 I 的项集中添加事务 A，新的项集 $I \cap A$ 一定也不是频繁项集。

（2）Apriori 算法实现的两个过程

1）找出所有的频繁项集（支持度必须大于等于给定的最小支持度阈值），在这个过程中连接步和剪枝步互相融合，最终得到最大频繁项集 L_k。

①连接步：

连接步的目的是找到 k 项集。对给定的最小支持度阈值，分别对 1 项候选集 C_1，剔除小于该阈值的项集得到 1 项频繁集 L_1；下一步由 L_1 自身连接产生 2 项候选集 C_2，保留 C_2 中满足约束条件的项集得到 2 项频繁集，记为 L_2；再下一步由 L_2 与 L_1 连接产生 3 项候选集 C_3，保留 C_2 中满足约束条件的项集得到 3 项频繁集，记为 L_3……这样循环下去，得到最大频繁项集 L_k。

②剪枝步:

剪枝步紧接着连接步,在产生候选项 C_k 的过程中起到减小搜索空间的目的。由于 C_k 是 L_{k-1} 与 L_1 连接产生的,根据 Apriori 的性质频繁项集的所有非空子集也必须是频繁项集,所以不满足该性质的项集将不会存在于 C_k 中,该过程就是剪枝。

2)由频繁项集产生强关联规则:由过程1)可知未超过预定的最小支持度阈值的项集已被剔除,如果剩下这些规则又满足了预定的最小置信度阈值,那么就挖掘出了强关联规则。

下面将结合餐饮行业的实例来讲解 Apriori 关联规则算法挖掘的实现过程。数据库中部分点餐数据如表 5-19 所示。

表5-19　数据库中部分点餐数据

序列	日期	订单号	菜品 ID	菜品名称
1	2014/8/21	101	18491	健康麦香包
2	2014/8/21	101	8693	香煎葱油饼
3	2014/8/21	101	8705	翡翠蒸香茜饺
4	2014/8/21	102	8842	菜心粒咸骨粥
5	2014/8/21	102	7794	养颜红枣糕
6	2014/8/21	103	8842	金丝燕麦包
7	2014/8/21	103	8693	三丝炒河粉
…	…	…	…	…

首先将表 5-19 中的事务数据(一种特殊类型的记录数据)整理成关联规则模型所需的数据结构,从中抽取 10 个点餐订单作为事务数据集,设支持度为 0.2(支持度计数为 2),为方便起见将菜品 {18491,8842,8693,7794,8705} 分别简记为 {a,b,c,d,e})如表 5-20 所示。

表5-20　某餐厅事务数据集

订单号	菜品 ID	菜品 ID	订单号	菜品 ID	菜品 ID
1	18491,8693,8705	a,c,e	6	8842,8693	b,c
2	8842,7794	b,d	7	18491,8842	a,b
3	8842,8693	b,c	8	18491,8842,8693,8705	a,b,c,e
4	18491,8842,8693,7794	a,b,c,d	9	18491,8842,8693	a,b,c
5	18491,8842	a,b	10	18491,8693,8705	a,c,e

算法过程如图 5-15 所示。

过程一:找最大 k 项频繁集。

1)算法简单扫描所有的事务,事务中的每一项都是候选 1 项集的集合 C_1 的成员,计算每一项的支持度,如 $P(\{a\}) = \dfrac{项集\ \{a\}\ 的支持度计数}{所有事务个数} = \dfrac{7}{10} = 0.7$。

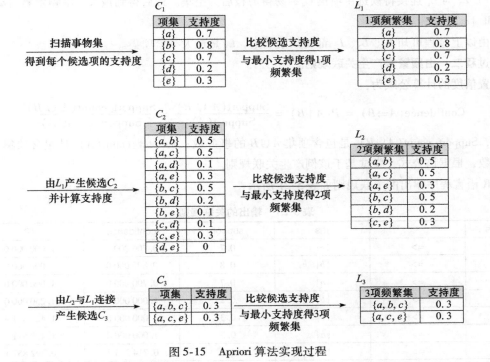

图 5-15 Apriori 算法实现过程

2）对 C_1 中各项集的支持度与预先设定的最小支持度阈值作比较，保留大于或等于该阈值的项，得 1 项频繁集 L_1。

3）扫描所有事务，L_1 与 L_1 连接得候选 2 项集 C_2，并计算每一项的支持度，如 $P(\{a, b\}) = \dfrac{项集\ \{a,\ b\}\ 的支持度计数}{所有事务个数} = \dfrac{5}{10} = 0.5$。接下来是剪枝步，由于 C_2 的每个子集（即 L_1）都是频繁集，所以没有项集从 C_2 中剔除。

4）对 C_2 中各项集的支持度与预先设定的最小支持度阈值作比较，保留大于或等于该阈值的项，得 2 项频繁集 L_2。

5）扫描所有事务，L_2 与 L_1 连接得候选 3 项集 C_3，并计算每一项的支持度，如 $P(\{a, b, c\}) = \dfrac{项集\ \{a,\ b,\ c\}\ 的支持度计数}{所有事务个数} = \dfrac{3}{10} = 0.3$。接下来是剪枝步，$L_2$ 与 L_1 连接的所有项集为：$\{a, b, c\}$、$\{a, b, d\}$、$\{a, b, e\}$、$\{a, c, d\}$、$\{a, c, e\}$、$\{b, c, d\}$、$\{b, c, e\}$。根据 Apriori 算法，频繁集的所有非空子集也必须是频繁集，因为 $\{b, d\}$、$\{b, e\}$、$\{c, d\}$ 不包含在 b 项频繁集 L_2 中，即不是频繁集，应剔除，最后的 C_3 中的项集只有 $\{a, b, c\}$ 和 $\{a, c, e\}$。

6）对 C_3 中各项集的支持度与预先设定的最小支持度阈值作比较，保留大于或等于该阈值的项，得 3 项频繁集 L_3。

7）L_3 与 L_1 连接得候选 4 项集 C_4，易得剪枝后为空集。最后得到最大 3 项频繁集 $\{a, b, c\}$ 和 $\{a, c, e\}$。

由以上过程可知 L_1、L_2、L_3 都是频繁项集，L_3 是最大频繁项集。

过程二：由频繁集产生关联规则。

置信度的计算公式为：

$$\text{Confidence}(A \Rightarrow B) = P(A \mid B) = \frac{\text{Support}(A \cup B)}{\text{Support}(A)} = \frac{\text{Support\_count}(A \cup B)}{\text{Support\_count}(A)}$$

式中，$\text{Support\_count}(A \cup B)$ 是包含项集 $A \cup B$ 的事务数；$\text{Support\_count}(A)$ 是包含项集 A 的事务数，根据该公式，尝试基于该例产生关联规则。

R 语言程序输出的关联规则如表 5-21 所示：

表 5-21 输出的关联规则

lhs		rhs	support	confidence	lift
{}	=>	{c}	0.7	0.700 000 0	1.000 000 0
{}	=>	{b}	0.8	0.800 000 0	1.000 000 0
{}	=>	{a}	0.7	0.700 000 0	1.000 000 0
{d}	=>	{b}	0.2	1.000 000 0	1.250 000 0
{e}	=>	{c}	0.3	1.000 000 0	1.428 571 4
{e}	=>	{a}	0.3	1.000 000 0	1.428 571 4
{c}	=>	{b}	0.5	0.714 285 7	0.892 857 1
{b}	=>	{c}	0.5	0.625 000 0	0.892 857 1
{c}	=>	{a}	0.5	0.714 285 7	1.020 408 2
{a}	=>	{c}	0.5	0.714 285 7	1.020 408 2
{b}	=>	{a}	0.5	0.625 000 0	0.892 857 1
{a}	=>	{b}	0.5	0.714 285 7	0.892 857 1
{c, e}	=>	{a}	0.3	1.000 000 0	1.428 571 4
{a, e}	=>	{c}	0.3	1.000 000 0	1.428 571 4
{a, c}	=>	{e}	0.3	0.600 000 0	2.000 000 0
{b, c}	=>	{a}	0.3	0.600 000 0	0.857 142 9
{a, c}	=>	{b}	0.3	0.600 000 0	0.750 000 0
{a, b}	=>	{c}	0.3	0.600 000 0	0.857 142 9

就第一条输出结果进行解释：客户同时点菜品 a 和 b 的概率是 50%，点了菜品 a，再点菜品 b 的概率是 71.428 57%。知道了这些，就可以对顾客进行智能推荐，增加销量同时满足客户需求。

5.4 时序模式

就餐饮企业而言，经常会碰到这样的问题：

由于餐饮行业是生产和销售同时进行的，因此销售预测对于餐饮企业十分必要。如何基于菜品历史销售数据，做好餐饮销售预测？以便减少菜品脱销现象和避免因备料不足而造成的生产延误，从而减少菜品生产等待时间，提供给客户更优质的服务，同时可以减少安全库存量，做到生产准时制，降低物流成本。

餐饮销售预测可以看作是基于时间序列的短期数据预测，预测对象为具体菜品销售量。

常用按时间顺序排列的一组随机变量 X_1，X_2，$\cdots$，X_t 来表示一个随机事件的时间序列，简记为 $\{X_t\}$；用 x_1，x_2，$\cdots$，x_n 或 $\{x_t, t=1, 2, \cdots, n\}$ 表示该随机序列的 n 个有序观察值，称之为序列长度为 n 的观察值序列。

本节应用时间序列分析[11]的目的就是给定一个已被观测了的时间序列，预测该序列的未来值。

5.4.1 时间序列算法

常用的时间序列模型如表 5-22 所示。

表 5-22　常用时间序列模型

模型名称	描　　述
平滑法	平滑法常用于趋势分析和预测，利用修匀技术，削弱短期随机波动对序列的影响，使序列平滑化。根据所用平滑技术的不同，可具体分为移动平均法和指数平滑法
趋势拟合法	趋势拟合法把时间作为自变量，相应的序列观察值作为因变量，建立回归模型。根据序列的特征，可具体分为线性拟合和曲线拟合
组合模型	时间序列的变化主要受到长期趋势（T）、季节变动（S）、周期变动（C）和不规则变动（ε）这四个因素的影响。根据序列的特点，可以构建加法模型和乘法模型。 加法模型：$x_t = T_t + S_t + C_t + \varepsilon_t$ 乘法模型：$x_t = T_t \times S_t \times C_t \times \varepsilon_t$
AR 模型	$x_1 = \phi_0 + \phi_1 x_{t-1} + \phi_2 x_{t-2} + \cdots + \phi_p x_{t-p} + \varepsilon_t$ 以前 p 期的序列值 x_{t-1}，x_{t-2}，$\cdots$，x_{t-p} 为自变量、随机变量 X_t 的取值 x_t 为因变量建立线性回归模型
MA 模型	$x_t = \mu + \varepsilon_t - \theta_1 \varepsilon_{t-1} - \theta_2 \varepsilon_{t-2} - \cdots - \theta_q \varepsilon_{t-q}$ 随机变量 X_t 的取值 x_t 与以前各期的序列值无关，建立 x_t 与前 q 期的随机扰动 ε_{t-1}，ε_{t-2}，$\cdots$，ε_{t-q} 的线性回归模型
ARMA 模型	$x_t = \phi_0 + \phi_1 x_{t-1} + \phi_2 x_{t-2} + \cdots + \phi_p x_{t-p} + \varepsilon_t - \theta_1 \varepsilon_{t-1} - \theta_2 \varepsilon_{t-2} - \cdots - \theta_q \varepsilon_{t-q}$ 随机变量 X_t 的取值 x_t 不仅与以前 p 期的序列值有关，还与前 q 期的随机扰动有关
ARIMA 模型	许多非平稳序列差分后会显示出平稳序列的性质，称这个非平稳序列为差分平稳序列。对差分平稳序列可以使用 ARIMA 模型进行拟合
ARCH 模型	ARCH 模型能准确地模拟时间序列变量的波动性变化，适用于序列具有异方差性并且异方差函数短期自相关
GARCH 模型及其衍生模型	GARCH 模型称为广义 ARCH 模型，是 ARCH 模型的拓展。相比于 ARCH 模型，GARCH 模型及其衍生模型更能反映实际序列中的长期记忆性、信息的非对称性等性质

本节将重点介绍 AR 模型、MA 模型、ARMA 模型和 ARIMA 模型。

5.4.2 时间序列的预处理

拿到一个观察值序列后，首先要对它的纯随机性和平稳性进行检验，这两个重要的检验称为序列的预处理。根据检验结果可以将序列分为不同的类型，对不同类型的序列会采取不同的分析方法。

对于纯随机序列，又叫白噪声序列，序列的各项之间没有任何相关关系，序列在进行完全无序的随机波动，可以终止对该序列的分析。白噪声序列是没有信息可提取的平稳序列。

对于平稳非白噪声序列，它的均值和方差是常数，现已有一套非常成熟的平稳序列的建模方法。通常是建立一个线性模型来拟合该序列的发展，借此提取该序列的有用信息。ARMA模型是最常用的平稳序列拟合模型。

对于非平稳序列，由于它的均值和方差不稳定，处理方法一般是将其转变为平稳序列，这样就可以应用有关平稳时间序列的分析方法，如建立 ARMA 模型进行相应的研究。如果一个时间序列经差分运算后具有平稳性，称该序列为差分平稳序列，可以使用 ARIMA 模型进行分析。

1. 平稳性检验

（1）平稳时间序列的定义

对于随机变量 X，可以计算其均值（数学期望）μ、方差 σ^2；对于两个随机变量 X 和 Y，可以计算 X，Y 的协方差 $\text{cov}(X, Y) = E[(X - \mu_X)(Y - \mu_Y)]$ 和相关系数 $\rho(X, Y) = \dfrac{\text{cov}(X, Y)}{\sigma_X \sigma_Y}$，它们度量了两个不同事件之间的相互影响程度。

对于时间序列 $\{X_t, t \in T\}$，任意时刻的序列值 X_t 都是一个随机变量，每一个随机变量都会有均值和方差，记 X_t 的均值为 μ_t，方差为 σ_t；任取 $t, s \in T$，定义序列 $\{X_t\}$ 的自协方差函数 $\gamma(t, s) = E[(X_t - \mu_t)(X_s - \mu_s)]$ 和自相关系数 $\rho(t, s) = \dfrac{\text{cov}(X_t, X_s)}{\sigma_t \sigma_s}$（特别地，$\gamma(t, t) = \gamma(0) = 1$，$\rho_0 = 1$），之所以称它们为自协方差函数和自相关系数，是因为它们衡量的是同一个事件在两个不同时期（时刻 t 和 s）之间的相关程度，形象地讲就是度量自己过去的行为对自己现在的影响。

如果时间序列 $\{X_t, t \in T\}$ 在某一常数附近波动且波动范围有限，即有常数均值和常数方差，并且延迟 k 期的序列变量的自协方差和自相关系数是相等的或者说延迟 k 期的序列变量之间的影响程度是一样的，则称 $\{X_t, t \in T\}$ 为平稳序列。

（2）平稳性的检验

对序列平稳性的检验有两种检验方法：一种是根据时序图和自相关图的特征做出判断的图检验，该方法操作简单、应用广泛，缺点是带有主观性；另一种是构造检验统计量进行的方法，目前最常用的方法是单位根检验。

- 时序图检验：根据平稳时间序列的均值和方差都为常数的性质，平稳序列的时序图显示该序列值始终在一个常数附近随机波动，而且波动的范围有界；如果有明显的趋势性或者周期性那它通常不是平稳序列。
- 自相关图检验：平稳序列具有短期相关性，这个性质表明对平稳序列而言通常只有近期的序列值对现时值的影响比较明显，间隔越远的过去值对现时值的影响越小。随着延迟期数 k 的增加，平稳序列的自相关系数 ρ_k（延迟 k 期）会比较快的衰减趋向于零，并在零附近随机波动，而非平稳序列的自相关系数衰减的速度比较慢，这就是利用自相关图进行平稳性检验的标准。
- 单位根检验：单位根检验是指检验序列中是否存在单位根，因为存在单位根就是非平稳时间序列了。

2. 纯随机性检验

如果一个序列是纯随机序列，那么它的序列值之间应该没有任何关系，即满足 $\gamma(k) = 0$，$k \neq 0$，这是一种理论上才会出现的理想状态，实际上纯随机序列的样本自相关系数不会绝对为零，但是很接近零，并在零附近随机波动。

纯随机性检验也称白噪声检验，一般是构造检验统计量来检验序列的纯随机性，常用的检验统计量有 Q 统计量、LB 统计量，由样本各延迟期数的自相关系数可以计算得到检验统计量，然后计算出对应的 p 值，如果 p 值显著大于显著性水平 α，则表示该序列不能拒绝纯随机的原假设，可以停止对该序列的分析。

5.4.3 平稳时间序列分析

ARMA 模型的全称是自回归移动平均模型，它是目前最常用的拟合平稳序列的模型。它又可以细分为 AR 模型、MA 模型和 ARMA 三大类，都可以看作是多元线性回归模型。

1. AR 模型

具有如下结构的模型称为 p 阶自回归模型，简记为 AR(p)：

$$x_t = \phi_0 + \phi_1 x_{t-1} + \phi_2 x_{t-2} + \cdots + \phi_p x_{t-p} + \varepsilon_t \tag{5-37}$$

即在 t 时刻的随机变量 X_t 的取值 x_t 是前 p 期 x_{t-1}，x_{t-2}，$\cdots$，x_{t-p} 的多元线性回归，认为 x_t 主要是受过去 p 期序列值的影响。误差项是当期的随机干扰 ε_t，为零均值白噪声序列。

平稳 AR 模型的性质如表 5-23 所示。

表 5-23　平稳 AR 模型的性质

统计量	性质	统计量	性质
均值	常数均值	自相关系数（ACF）	拖尾
方差	常数方差	偏自相关系数（PACF）	p 阶截尾

- 均值：对满足平稳性条件的 AR(p) 模型的方程，两边取期望，得：

$$E(x_t) = E(\phi_0 + \phi_1 x_{t-1} + \phi_2 x_{t-2} + \cdots + \phi_p x_{t-p} + \varepsilon_t) \tag{5-38}$$

已知 $E(x_t) = \mu$，$E(\varepsilon_t) = 0$，所以有 $\mu = \phi_0 + \phi_1\mu + \phi_2\mu + \cdots + \phi_p\mu$。

解得：

$$\mu = \frac{\phi_0}{1 - \phi_1 - \phi_2 - \cdots - \phi_p} \tag{5-39}$$

☐ 方差：平稳 AR(p) 模型的方差有界，等于常数。

☐ 自相关系数（ACF）：平稳 AR(p) 模型的自相关系数 $\rho_k = \rho(t, t-k) = \dfrac{\text{cov}(X_t, X_{t-k})}{\sigma_t \sigma_{t-k}}$

呈指数的速度衰减，始终有非零取值，不会在 k 大于某个常数之后就恒等于零，这个
性质就是平稳 AR(p) 模型的自相关系数 ρ_k 具有拖尾性。

☐ 偏自相关系数（PACF）：对于一个平稳 AR(p) 模型，求出延迟 k 期自相关系数 ρ_k 时，
实际上得到的并不是 X_t 与 X_{t-k} 之间单纯的相关关系，因为 X_t 同时还会受到中间 $k-1$
个随机变量 X_{t-1}，X_{t-2}，$\cdots$，X_{t-k+1} 的影响，所以自相关系数 ρ_k 里实际上掺杂了其他变
量对 X_t 与 X_{t-k} 的相关影响，为了单纯地测度 X_{t-k} 对 X_t 的影响，引进偏自相关系数的
概念。

可以证明平稳 AR(p) 模型的偏自相关系数具有 p 阶截尾性。这个性质连同前面的自相关
系数的拖尾性是 AR(p) 模型重要的识别依据。

2. MA 模型

具有如下结构的模型称为 q 阶自回归模型，简记为 MA(q)：

$$x_t = \mu + \varepsilon_t - \phi_1 \varepsilon_{t-1} - \theta_2 \varepsilon_{t-2} - \cdots - \theta_q \varepsilon_{t-q} \tag{5-40}$$

即在 t 时刻的随机变量 X_t 的取值 x_t 是前 q 期的随机扰动 ε_{t-1}，ε_{t-2}，$\cdots$，ε_{t-q} 的多元线性
函数，误差项是当期的随机干扰 ε_t，为零均值白噪声序列，μ 是序列 $\{X_t\}$ 的均值。认为 x_t
主要是受过去 q 期的误差项的影响。

平稳 MA(q) 模型的性质如表 5-24 所示。

表 5-24　平稳 MA 模型的性质

统计量	性质	统计量	性质
均值	常数均值	自相关系数（ACF）	q 阶截尾
方差	常数方差	偏自相关系数（PACF）	拖尾

3. ARMA 模型

具有如下结构的模型称为自回归移动平均模型，简记为 ARMA(p, q)：

$$x_t = \phi_0 + \phi_1 x_{t-1} + \phi_2 x_{t-2} + \cdots + \phi_p x_{t-p} + \varepsilon_t - \theta_1 \varepsilon_{t-1} - \theta_2 \varepsilon_{t-2} - \cdots - \theta_q \varepsilon_{t-q} \tag{5-41}$$

即在 t 时刻的随机变量 X_t 的取值 x_t 是前 p 期 x_{t-1}，x_{t-2}，$\cdots$，x_{t-p} 和前 q 期 ε_{t-1}，ε_{t-2}，$\cdots$，
ε_{t-q} 的多元线性函数，误差项是当期的随机干扰 ε_t，为零均值白噪声序列。认为 x_t 主要是受过
去 p 期的序列值和过去 q 期的误差项的共同影响。

特别地，当 $q=0$ 时，是 AR(p) 模型；当 $p=0$ 时，是 MA(q) 模型。

平稳 ARMA(p, q) 的性质如表 5-25 所示。

表 5-25　平稳 ARMA 模型的性质

统计量	性质	统计量	性质
均值	常数均值	自相关系数（ACF）	拖尾
方差	常数方差	偏自相关系数（PACF）	拖尾

4. 平稳时间序列建模

某个时间序列经过预处理，被判定为平稳非白噪声序列，就可以利用 ARMA 模型进行建模。计算出平稳非白噪声序列 $\{X_t\}$ 的自相关系数和偏自相关系数，再由 AR(p) 模型、MA(q) 和 ARMA(p, q) 的自相关系数和偏自相关系数的性质，选择合适的模型。平稳时间序列建模步骤如图 5-16 所示。

1）计算 ACF 和 PACF：先计算平稳非白噪声序列的自相关系数（ACF）和偏自相关系数（PACF）。

2）ARMA 模型识别：也叫模型定阶，由 AR(p) 模型、MA(q) 和 ARMA(p, q) 的自相关系数和偏自相关系数的性质，选择合适的模型。识别的原则如表 5-26 所示。

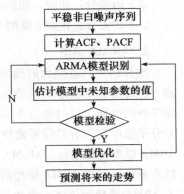

图 5-16　平稳时间序列 ARMA 模型建模步骤

表 5-26　ARMA 模型识别原则

模型	自相关系数（ACF）	偏自相关系数（PACF）
AR(p)	拖尾	p 阶截尾
MA(q)	q 阶截尾	拖尾
ARMA(p, q)	拖尾	拖尾

3）估计模型中未知参数的值并进行参数检验。

4）模型检验。

5）模型优化。

6）模型应用：进行短期预测。

5.4.4　非平稳时间序列分析

前面介绍了对平稳时间序列的分析方法。实际上，在自然界中绝大部分序列都是非平稳的。因而对非平稳序列的分析更普遍、更重要，创造出来的分析方法也更多。

对非平稳时间序列的分析方法可以分为确定性因素分解的时序分析和随机时序分析两大类。

确定性因素分解的方法把所有序列的变化都归结为四个因素（长期趋势、季节变动、循环变动和随机波动）的综合影响，其中长期趋势和季节变动的规律性信息通常比较容易提取，而由随机因素导致的波动则非常难以确定和分析，对随机信息浪费严重，会导致模型拟合精度不够理想。

随机时序分析法的发展就是为了弥补确定性因素分解方法的不足。根据时间序列的不同特点，随机时序分析可以建立的模型有 ARIMA 模型、残差自回归模型、季节模型、异方差模型等。本节重点介绍 ARIMA 模型对非平稳时间序列进行建模。

1. 差分运算

- □ p 阶差分：相距一期的两个序列值之间的减法运算称为 1 阶差分运算。
- □ k 步差分：相距 k 期的两个序列值之间的减法运算称为 k 步差分运算。

2. ARIMA 模型

差分运算具有强大的确定性信息提取能力，许多非平稳序列差分后会显示出平稳序列的性质，这时称这个非平稳序列为差分平稳序列。对差分平稳序列可以使用 ARMA 模型进行拟合。ARIMA 模型的实质就是差分运算与 ARMA 模型的组合，掌握了 ARMA 模型的建模方法和步骤以后，对序列建立 ARIMA 模型是比较简单的。

差分平稳时间序列建模步骤如图 5-17 所示。

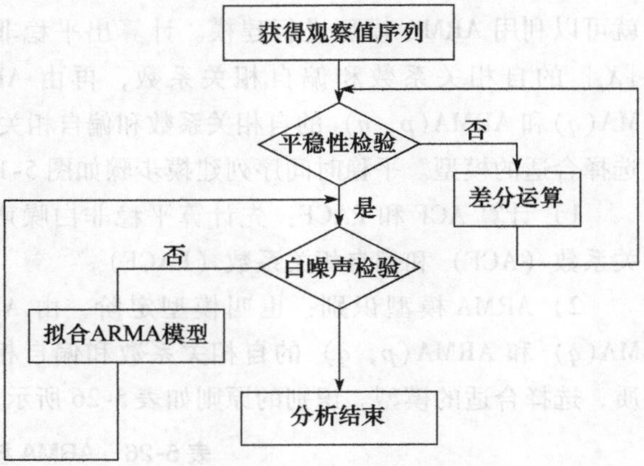

图 5-17　差分平稳时间序列建模步骤

下面应用以上的理论知识，对表 5-27 中 2015 年 1 月 1 日到 2015 年 2 月 6 日某餐厅的销售数据进行建模。

表 5-27　某餐厅的销量数据

日期	销售额/元	日期	销售额/元
2015-1-1	3023	2015-1-13	3142
2015-1-2	3039	2015-1-14	3252
2015-1-3	3056	2015-1-15	3342
2015-1-4	3138	2015-1-16	3365
2015-1-5	3188	2015-1-17	3339
2015-1-6	3224	2015-1-18	3345
2015-1-7	3226	2015-1-19	3421
2015-1-8	3029	2015-1-20	3443
2015-1-9	2859	2015-1-21	3428
2015-1-10	2870	2015-1-22	3554
2015-1-11	2910	2015-1-23	3615
2015-1-12	3012	2015-1-24	3646

（续）

日期	销售额/元	日期	销售额/元
2015-1-25	3614	2015-2-1	4210
2015-1-26	3574	2015-2-2	4493
2015-1-27	3635	2015-2-3	4560
2015-1-28	3738	2015-2-4	4637
2015-1-29	3707	2015-2-5	4755
2015-1-30	3827	2015-2-6	4817
2015-1-31	4039		

* 数据详见：示例程序/data/arima_data.csv

（1）检验序列的平稳性

图 5-18 时序图显示该序列具有明显的单调递增趋势，可以判断为是非平稳序列；图 5-19 的自相关图显示自相关系数长期大于零，说明序列间具有很强的长期相关性；表 5-28 单位根检验统计量对应的 p 值显著大于 0.05，最终将该序列判断为非平稳序列（非平稳序列一定不是白噪声序列）。

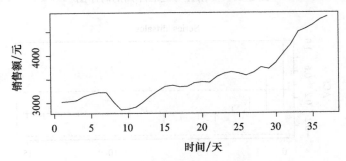

图 5-18　原始序列的时序图

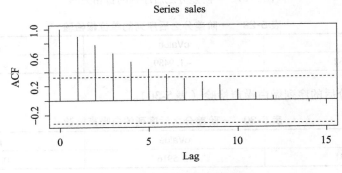

图 5-19　原始序列的自相关图

表 5-28　原始序列的单位根检验

stat	cValue	p 值
3.6862	−1.9486	0.9748

（2）对原始序列进行一阶差分，并进行平稳性和白噪声检验

☐ 对一阶差分后的序列再次做平稳性判断：过程同第一次的检测。结果显示，一阶差分
之后序列的时序图（见图 5-20）在均值附近比较平稳的波动，自相关图（见图 5-21）
有很强的短期相关性，单位根检验（见表 5-29）p 值小于 0.05，所以一阶差分之后的
序列是平稳序列。

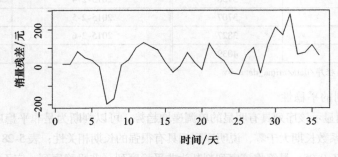

图 5-20　一阶差分之后序列的时序图

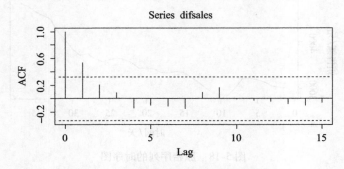

图 5-21　一阶差分之后序列的自相关图

表 5-29　一阶差分之后序列的单位根检验

stat	cValue	p 值
−2.6532	−1.9489	0.0169

☐ 对一阶差分后的序列做白噪声检验（表 5-30）。

表 5-30　一阶差分之后序列的白噪声检验

stat	cValue	p 值
101.6541	12.5916	0.0007

输出的 p 值为 0.0007，所以一阶差分之后的序列是平稳非白噪声序列。

（3）对一阶差分之后的平稳非白噪声序列拟合 ARMA 模型

☐ 模型定阶：模型定阶就是确定 p 和 q。

第一种方法： 人为识别。根据表 5-26ARMA 模型识别原则进行模型定阶。

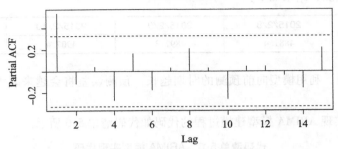

图 5-22　一阶差分后序列的偏自相关图

一阶差分后自相关图显示出 1 阶截尾，偏自相关图显示出拖尾性，所以可以考虑用 MA（1）模型拟合 1 阶差分后的序列，即对原始序列建立 ARIMA（0，1，1）模型。

第二种方法：相对最优模型识别。

计算 ARMA（p，q）当 p 和 q 均小于等于 5 的所有组合的 BIC 信息量，取其中 BIC 信息量达到最小的模型阶数。

计算完成 BIC 图如图 5-23 所示。

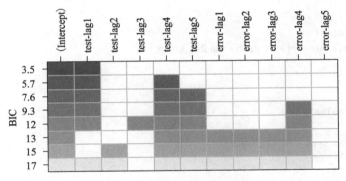

图 5-23　一阶差分后序列的 BIC 图

p 值为 1、q 值为 0 时，BIC 值最小。p、q 定阶完成！

用 AR（1）模型拟合一阶差分后的序列，即对原始序列建立 ARIMA（1，1，0）模型。

虽然两种方法建立的模型是不一样的，但是可以检验两个模型均通过了检验。实际上 ARIMA（1，1，1）模型也是通过检验的，说明模型具有非唯一性。

下面对合一阶差分后的序列拟合 AR（1）模型进行分析。

□ 模型检验：残差为白噪声序列，p 值为 0.627 016。

□ 参数检验和参数估计：对时间序列使用 ARIMA（1，1，0）模型，那就意味着我们对一阶时间序列使用了 ARMA（1，0）模型。估计的参数为 0.6353，AIC 值为 417.68。

（4）ARIMA 模型预测

应用 ARIMA（1，1，0）对表 5-27 中 2015 年 1 月 1 日到 2015 年 2 月 6 日某餐厅的销售数

据做为期 5 天的预测，结果如下：

2015/2/7	2015/2/8	2015/2/9	2015/2/10	2015/2/11
4856.4	4881.4	4897.3	4907.4	4913.8

需要说明的是，利用模型向前预测的时期越长，预测误差将会越来越大，这是时间预测的典型特点。

在 R 语言中实现 ARIMA 模型建模过程的代码如代码清单 5-6 所示。

代码清单 5-6　ARIMA 模型实现代码

```
setwd("F:/数据及程序/chapter5/示例程序")
library(forecast)
library(fUnitRoots)
Data = read.csv("./data/arima_data.csv",header = T)[,2]
sales = ts(Data)
plot.ts(sales,xlab = "时间", ylab = "销量 / 元")
#单位根检验
unitrootTest(sales)
#自相关图
acf(sales)
#一阶差分
difsales = diff(sales)
plot.ts(difsales,xlab = "时间", ylab = "销量残差 / 元")
#自相关图
acf(difsales)
#单位根检验
unitrootTest(difsales)
#白噪声检验
Box.test(difsales, type = "Ljung - Box")
#偏自相关图
pacf(difsales)
#ARIMA(1,1,0)模型
arima = arima(sales, order = c(1,1,0))
arima
forecast = forecast.Arima(arima, h = 5, level = c(99.5))
forecast
```

＊代码详见：示例程序/code/arima_test.R

运行代码清单 5-6 可以得到输出结果如下：

```
>#单位根检验
> unitrootTest(sales)

Title:
 Augmented Dickey - Fuller Test
```

```
Test Results:
  PARAMETER:
    Lag Order: 1
  STATISTIC:
    DF: 1.6708
  P VALUE:
    t: 0.9748
    n: 0.9745

Description:
  Tue Jun 23 16:21:01 2015 by user: hero


> unitrootTest(difsales)

Title:
  Augmented Dickey - Fuller Test

Test Results:
  PARAMETER:
    Lag Order: 1
  STATISTIC:
    DF: - 2.4226
  P VALUE:
    t: 0.01689
    n: 0.2727

Description:
  Tue Jun 23 16:21:01 2015 by user: hero


> #白噪声检验
> Box.test(difsales, type = "Ljung - Box")

  Box - Ljung test

data:  difsales
X - squared = 11.304, df = 1, p - value = 0.0007734

> #ARIMA(1,1,0)模型
> arima = arima(sales, order = c(1,1,0))
> arima

Call:
arima(x = sales, order = c(1, 1, 0))

Coefficients:
      ar1
    0.6353
```

```
s.e.  0.1236

sigma^2 estimated as 5969:  log likelihood = -207.84,  aic = 419.68
> forecast = forecast.Arima(arima, h = 5, level = c(99.5))
> forecast
  Point Forecast  Lo 99.5  Hi 99.5
38      4856.386 4639.508 5073.263
39      4881.405 4465.699 5297.112
40      4897.299 4290.401 5504.198
41      4907.396 4122.477 5692.315
42      4913.810 3964.980 5862.639
```

5.4.5 R 语言主要时序模式算法函数

R 语言实现的时序模式算法主要是 ARIMA 模型，在使用该模型进行建模时，需要进行一系列判别操作，主要包含平稳性检验、白噪声检验、是否差分、AIC 和 BIC 指标值、模型定阶，最后再做预测。与其相关的函数如表 5-31 所示。

表 5-31 时序模式算法函数列表

函数名	函数功能	所属程序包
acf( )	计算自相关系数，画自相关系数图	R 语言通用函数
pacf( )	计算偏相关系数，画偏相关系数图	R 语言通用函数
unitrootTest( )	对观测值序列进行单位根检验	fUnitRoots
diff( )	对观测值序列进行差分计算	R 语言通用函数
armasubsets( )	模型定阶，确定时序模式的建模参数，创建回归时序模型	TSA
arima( )	设置时序模式的建模参数，创建 ARIMA 时序模型或者把回归时序模型转换为 ARIMAX 模型	R 语言通用函数
Box. test( )	检测 ARIMA 模型是否符合白噪声检验	R 语言通用函数
forecast( )	应用构建的时序模型进行预测	forecast

（1）acf

❑ 功能：计算自相关系数，画自相关系数图。

❑ 使用格式：

acf(Series, lag. max = NULL, type = c (" correlation " , " covariance " , " partial ") , plot = TRUE, na. action = na. fail, demean = TRUE, ···)

参数 Series 为观测值序列，acf 为观测值序列自相关函数，lag. max 为与 acf 对应的最大延迟，type 为计算 acf 的形式，默认为"correlation"。当没有输出，即为 acf(Series) 时，画观测值序列的自相关系数图。

（2）pacf

❑ 功能：计算偏相关系数，画偏自相关系数图。

❑ 使用格式：

$$pacf(Series, lag. max, plot, na. action, \cdots)$$

输入参数与输出参数的含义与 acf 函数类似。

（3）unitrootTest

□ 功能：对观测值序列进行单位根检验。

□ 使用格式：

$$unitrootTest(Series, lags = 1, type = c("nc","c","ct"), title = NULL, description = NULL)$$

输入参数 Series 为观测值序列，lags 为用于校正误差项的最大滞后项，type 为单位根的回归类型，返回的参数 p 值，p 值小于 0.05 表示满足单位根检验。

（4）diff

□ 功能：对观测值序列进行差分计算。

□ 使用格式：

$$diff(Series)$$

输入参数 Series 为观测值序列，返回值为进行一次差分后的序列。

（5）armasubsets

□ 功能：模型定阶，确定时序模式的建模参数，创建回归时序模型。

□ 使用格式：

$$res = armasubsets(y, nar, nma, y. name, ar. method = "ols", \cdots)$$

输入参数 y 为观测值序列，nar 为 AR(p) 模型中 p 的最大阶数，nma 为 MA(q) 模型中 q 的最大阶数，y. name 为时间序列的标签，ar. method 为拟合 ar() 模型的方法，通过 plot(res) 函数来绘制 BIC 图。

（6）arima

□ 功能：设置时序模式的建模参数，创建 ARIMA 时序模型或者把一个回归时序模型转换为 ARIMAX 模型。

□ 使用格式：

$$arima(Series, order, seasonal, period, method, \cdots)$$

输入参数 Series 为观测值序列，order 为构建的 ARIMA(p, d, q) 模型的参数，seasonal 为模型的季节性参数，period 为观测值序列的周期，method 为估计模型参数所使用的方法。

（7）Box. test

□ 功能：检测 ARIMA 模型是否符合白噪声检验。

□ 使用格式：

$$hBox. test(x, lag, type)$$

输入参数 x 为待检验的序列，lag 为序列之后向 type 为白噪声检验的方法。

（8）forecast

□ 功能：应用构建的时序模型进行预测。

□ 使用格式：

$$\text{forecast. Arima}(\text{model}, h, \text{level})$$

输入参数 model 为通过 arima() 函数得到的时序模型，h 为指定预测的个数，level 为预测数据的置信水平。

5.5 离群点检测

就餐饮企业而言，经常会碰到这样的问题：

1）如何根据客户的消费记录检测是否为异常刷卡消费？

2）如何检测是否有异常订单？

这一类异常问题可以通过离群点检测解决。

离群点检测是数据挖掘中重要的一部分，它的任务是发现与大部分其他对象显著不同的对象。大部分数据挖掘方法都将这种差异信息视为噪声而丢弃，然而在一些应用中，罕见的数据可能蕴含着更大的研究价值。

在数据的散布图中，如图 5-24 离群点远离其他数据点。因为离群点的属性值明显偏离期望的或常见的属性值，所以离群点检测也称偏差检测。

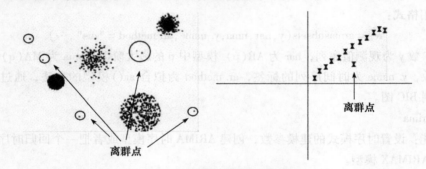

图 5-24   离群点检测示意图

离群点检测已经被广泛应用于电信和信用卡的诈骗检测、贷款审批、电子商务、网络入侵、天气预报等领域，如可以利用离群点检测分析运动员的统计数据，以发现异常的运动员。

（1）离群点的成因

离群点的主要成因有：数据来源于不同的类、自然变异、数据测量和收集误差。

（2）离群点的类型

对离群点的大致分类如表 5-32 所示。

表 5-32   离群点的大致分类

分类标准	分类名称	分类描述
从数据范围	全局离群点和局部离群点	从整体来看，某些对象没有离群特征，但是从局部来看，却显示了一定的离群性。如图 5-25：C 是全局离群点，D 是局部离群点

（续）

分类标准	分类名称	分类描述
从数据类型	数值型离群点和分类型离群点	这是以数据集的属性类型进行划分的
从属性的个数	一维离群点和多维离群点	一个对象可能有一个或多个属性

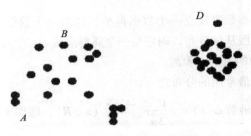

图 5-25　全局离群点和局部离群点

5.5.1　离群点检测方法

常用离群点检测方法[12]如表 5-33 所示。

表 5-33　常用离群点检测方法

离群点检测方法	方法描述	方法评估
基于统计	大部分基于统计的离群点检测方法是构建一个概率分布模型，并计算对象符合该模型的概率，把具有低概率的对象视为离群点	基于统计模型的离群点检测方法的前提是必须知道数据集服从什么分布；对于高维数据，检验效果可能很差
基于邻近度	通常可以在数据对象之间定义邻近性度量，把远离大部分点的对象视为离群点	简单、二维或三维的数据可以做散点图观察；大数据集不适用；对参数选择敏感；具有全局阈值，不能处理具有不同密度区域的数据集
基于密度	考虑数据集可能存在不同密度区域这一事实，从基于密度的观点分析，离群点是在低密度区域中的对象。一个对象的离群点得分是该对象周围密度的逆	给出了对象是离群点的定量度量，并且即使数据具有不同的区域也能够很好的处理；大数据集不适用；参数选择是困难的
基于聚类	一种利用聚类检测离群点的方法是丢弃远离其他簇的小簇；另一种更系统的方法，首先聚类所有对象，然后评估对象属于簇的程度（离群点得分）	基于聚类技术来发现离群点可能是高度有效的；聚类算法产生的簇的质量对该算法产生的离群点的质量影响非常大

　　基于统计模型的离群点检测方法需要满足统计学原理，如果分布已知，则检验可能非常有效。基于邻近度的离群点检测方法比统计学方法更一般、更容易使用，因为确定数据集有

意义的邻近度量比确定它的统计分布更容易。基于密度的离群点检测与基于邻近度的离群点检测密切相关，因为密度常用邻近度定义：一种是定义密度为到 K 个最邻近的平均距离的倒数，如果该距离小，则密度高；另一种是使用 DBSCAN 聚类算法，一个对象周围的密度等于该对象指定距离 d 内对象的个数。

本节重点介绍基于统计模型和聚类的离群点检测方法。

5.5.2　基于模型的离群点检测方法

通过估计概率分布的参数来建立一个数据模型，如果一个数据对象不能很好地跟该模型拟合，即如果它很可能不服从该分布，则它是一个离群点。

（1）一元正态分布中的离群点检测

正态分布是统计学中最常用的分布之一。

若随机变量 x 的密度函数 $\phi(x) = \dfrac{1}{\sqrt{2\pi}} e^{-\frac{(x-\mu)^2}{2\sigma^2}}$ （$x \in \boldsymbol{R}$），则称 x 服从正态分布，简称 x 服从正态分布 $N(\mu, \sigma)$，其中参数 μ 和 σ 分别为均值和标准差。

图 5-26 显示了 $N(0, 1)$ 的密度函数。

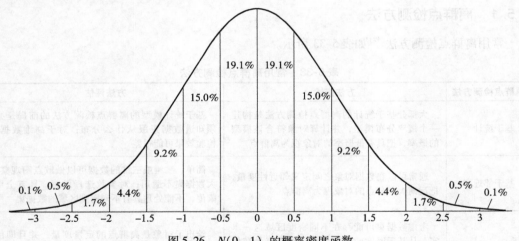

图 5-26　$N(0, 1)$ 的概率密度函数

$N(0, 1)$ 的数据对象出现在该分布的两边尾部的机会很小，因此可以用它作为检测数据对象是否是离群点的基础。数据对象落在三倍标准差中心区域之外的概率仅有 0.0027。

（2）混合模型的离群点检测[12]

这里首先介绍混合模型。混合是一种特殊的统计模型，它使用若干统计分布对数据建模。每一个分布对应一个簇，而每个分布的参数提供对应簇的描述，通常用中心和发散描述。

混合模型将数据看作从不同的概率分布得到的观测值的集合。概率分布可以是任何分布，但是通常是多元正态的，因为这种类型的分布不难理解，容易从数学上进行处理，并且已经证明在许多情况下都能产生好的结果。这种类型的分布可以对椭圆簇建模。

总地来讲，混合模型数据产生过程为：给定几个类型相同但参数不同的分布，随机地选取一个分布并由它产生一个对象。重复该过程 m 次，其中 m 是对象的个数。

具体地讲，假定有 K 个分布和 m 个对象 $\chi = \{x_1, x_2, \cdots, x_m\}$。设第 j 个分布的参数为 α_j，并设 A 是所有参数的集合，即 $A = \{\alpha_1, \alpha_2, \cdots, \alpha_K\}$。则 $P(x_i \mid \alpha_j)$ 是第 i 个对象来自第 j 个分布的概率。选取第 j 个分布产生一个对象的概率由权值 $w_j (1 \leqslant j \leqslant K)$ 给定，其中权值（概率）受限于其和为 1 的约束，即 $\sum_{j=1}^{K} w_j = 1$。于是，对象 x 的概率由以下公式给出：

$$P(x \mid A) = \sum_{j=1}^{K} w_j P_j(x \mid \theta_j) \tag{5-42}$$

如果对象以独立的方式产生，则整个对象集的概率是每个个体对象 x_i 的概率的乘积，公式如下：

$$P(\chi \mid \alpha) = \prod_{i=1}^{m} P(x_i \mid \alpha) = \prod_{i=1}^{m} \sum_{j=1}^{K} w_j P_j(x \mid \alpha_j) \tag{5-43}$$

对于混合模型，每个分布描述一个不同的组，即一个不同的簇。通过使用统计方法，可以由数据估计这些分布的参数，从而描述这些分布（簇）。也可以识别哪个对象属于哪个簇。然而，混合模型只是给出具体对象属于特定簇的概率。

聚类时，混合模型方法假定数据来自混合概率分布，并且每个簇可以用这些分布之一识别。同样，对于离群点检测，数据用两个分布的混合模型建模，一个分布为正常数据，而另一个为离群点。

聚类和离群点检测的目标都是估计分布的参数，以最大化数据的总似然。

这里提供一种离群点检测常用的简单方法：先将所有数据对象放入正常数据集，这时离群点集为空集；再用一个迭代过程将数据对象从正常数据集转移到离群点集，只要该转移能提高数据的总似然。

具体操作如下：

假设数据集 U 包含来自两个概率分布的数据对象：M 是大多数（正常）数据对象的分布，而 N 是离群点对象的分布。数据的总概率分布可以记作：

$$U(x) = (1 - \lambda)M(x) + \lambda N(x)$$

式中，x 是一个数据对象；$\lambda \in [0, 1]$，给出离群点的期望比例。分布 M 由数据估计得到，而分布 N 通常取均匀分布。设 M_t 和 N_t 分别为时刻 t 正常数据和离群点对象的集合。初始 $t = 0$，$M_0 = D$，而 $N_0 = \varnothing$。

根据混合模型中的公式 $P(x \mid A) = \sum_{j=1}^{K} w_j P_j(x \mid \alpha_j)$ 推导，在整个数据集的似然和对数似然可分别由下面两式给出：

$$L_t(U) = \prod_{x_i \in U} P_U(x_i) = \left((1 - \lambda)^{|M_t|} \prod_{x_i \in M_i} P_{M_i}(x_i) \right) \left(\lambda^{|N_t|} \prod_{x_i \in N_i} P_{N_i}(x_i) \right) \tag{5-44}$$

$$\ln L_t(U) = |M_t| \ln(1-\lambda) + \sum_{x_i \in M_i} \ln P_{M_i}(x_i) + |N_t| \ln\lambda + \sum_{x_i \in N_i} \ln P_{N_i}(x_i) \quad (5-45)$$

式中，P_D、P_{M_t}、P_{N_t}分别是D、M_t、N_t的概率分布函数。

因为正常数据对象的数量比离群点对象的数量大很多，因此当一个数据对象移动到离群点集后，正常数据对象的分布变化不大。在这种情况下，每个正常数据对象的正常数据对象的总似然的贡献保持不变。此外，如果假定离群点服从均匀分布，则移动到离群点集的每一个数据对象对离群点的似然贡献是一个固定的量。这样，当一个数据对象移动到离群点集时，数据总似然的改变粗略地等于该数据对象在均匀分布下的概率（用λ加权）减去该数据对象在正常数据点分布下的概率（用$1-\lambda$加权）。从而，离群点由这样一些数据对象组成，这样数据对象在均匀分布下的概率比正常数据对象分布下的概率高。

在某些情况下是很难建立模型的，如因为数据的统计分布未知或没有训练数据可用。在这种情况下，可以考虑另外其他不需要建立模型的检测方法。

5.5.3 基于聚类的离群点检测方法

聚类分析用于发现局部强相关的对象组，而异常检测用来发现不与其他对象强相关的对象。因此，聚类分析非常自然地可以用于离群点检测。本节主要介绍两种基于聚类的离群点检测方法。

（1）丢弃远离其他簇的小簇

一种利用聚类检测离群点的方法是丢弃远离其他簇的小簇。通常，该过程可以简化为丢弃小于某个最小阈值的所有簇。

这个方法可以和其他任何聚类技术一起使用，但是需要最小簇大小和小簇与其他簇之间距离的阈值。而且这种方案对簇个数的选择高度敏感，使用这个方案很难将离群点得分附加到对象上。

图 5-27 中，聚类簇数 $K=2$，可以直观地看出其中一个包含 5 个对象的小簇远离大部分对象，可以视为离群点。

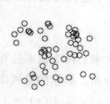

图 5-27　K-Means 算法的聚类图

（2）基于原型的聚类

另一种更系统的方法，首先聚类所有对象，然后评估对象属于簇的程度（离群点得分）。在这种方法中，可以用对象到它的簇中心的距离来度量属于簇的程度。特别地，如果删除一个对象导致该目标的显著改进，则可将该对象视为离群点。例如，在 K 均值算法中，删除远离其相关簇中心的对象能够显著地改进该簇的误差平方和（SSE）。

对于基于原型的聚类，评估对象属于簇的程度（离群点得分）主要有两种方法：一是度量对象到簇原型的距离，并用它作为该对象的离群点得分；二是考虑到簇具有不同的密度，可以度量簇到原型的相对距离，相对距离是点到质心的距离与簇中所有点到质心距离的中位数之比。

如图 5-28 所示，如果选择聚类簇数 $K =$ 3，则对象 A、B、C 应分别属于距离它们最近的簇，但相对于簇内的其他对象，这三个点又分别远离各自的簇，所以有理由怀疑对象 A、B、C 是离群点。

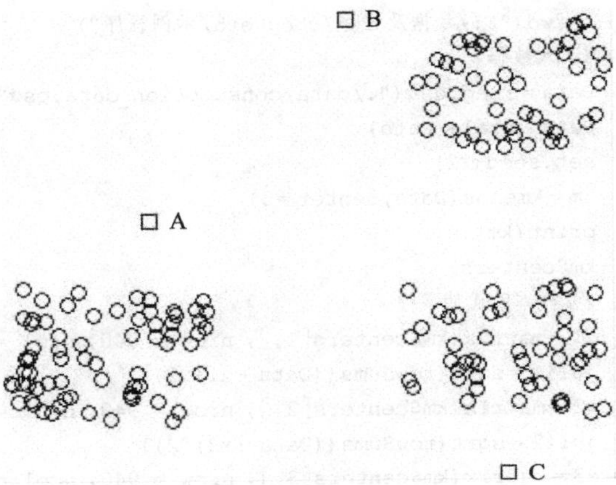

诊断步骤如下：

1）进行聚类。选择聚类算法（如 K-Means 算法），将样本集聚为 K 簇，并找到各簇的质心。

2）计算各对象到它的最近质心的距离。

3）计算各对象到它的最近质心的相对距离。

4）与给定的阈值作比较。

图 5-28　基于距离的离群点检测

如果某对象距离大于该阈值，就认为该对象是离群点。

基于聚类的离群点检测的改进如下：

1）离群点对初始聚类的影响：通过聚类检测离群点时，离群点会影响聚类结果。为了处理该问题，可以使用如下方法：对象聚类，删除离群点，对象再次聚类（这个不能保证产生最优结果）。

2）还有一种更复杂的方法：取一组不能很好地拟合任何簇的特殊对象，这组对象代表潜在的离群点。随着聚类过程的进展，簇在变化。不再强属于任何簇的对象被添加到潜在的离群点集合；而当前在该集合中的对象被测试，如果它现在强属于一个簇，就可以将它从潜在的离群点集合中移除。聚类过程结束时还留在该集合中的点被分类为离群点（这种方法也不能保证产生最优解，甚至不比前面的简单算法好，在使用相对距离计算离群点得分时，这个问题特别严重）。

对象是否被认为是离群点可能依赖于簇的个数（如 K 很大时的噪声簇）。该问题也没有简单的答案。一种策略是对于不同的簇个数重复该分析；另一种方法是找出大量小簇，其想法是：

1）较小的簇倾向于更加凝聚；

2）如果存在大量小簇时一个对象是离群点，则它多半是一个真正的离群点。

不利的一面是一组离群点可能形成小簇从而逃避检测。

利用表 5-15 的数据进行聚类分析，并计算各个样本到各自聚类中心的距离，分析离群样本。其 R 语言代码如代码清单 5-7 所示。

代码清单5-7　离散点检测

```
##设置工作空间
#把"数据及程序"文件夹复制到F盘下,再用setwd设置工作空间
setwd("F:/数据及程序/chapter5/示例程序")
#读入数据
Data = read.csv("./data/consumption_data.csv",header = T)[,2:4]
Data = scale(Data)
set.seed(12)
km = kmeans(Data,center = 3)
print(km)
km$centers
#各样本欧氏距离
x1 = matrix(km$centers[1,], nrow = 940, ncol = 3 , byrow = T)
juli1 = sqrt(rowSums((Data - x1)^2))
x2 = matrix(km$centers[2,], nrow = 940, ncol = 3 , byrow = T)
juli2 = sqrt(rowSums((Data - x2)^2))
x3 = matrix(km$centers[3,], nrow = 940, ncol = 3 , byrow = T)
juli3 = sqrt(rowSums((Data - x3)^2))
dist = data.frame(juli1,juli2,juli3)
##欧氏距离最小值
y = apply(dist, 1, min)
plot(1:940,y,xlim = c(0,940),xlab = "样本点",ylab = "欧氏距离")
points(which(y > 2.5),y[which(y > 2.5)],pch = 19,col = "red")
```

　　*代码详见: 示例程序/code/discrete_point_test.R

　　运行上面的代码可以得到如图5-29所示的距离误差图。

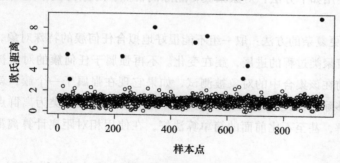

图5-29　离散点检测距离误差图

　　分析图5-29可以得到, 如果距离阈值设置为2.5, 那么所给的数据中有9个离散点, 在聚类时这些数据应该剔除。

5.6　小结

　　本章主要根据数据挖掘的应用分类, 重点介绍了对应的数据挖掘建模方法及实现过程。

通过对本章的学习，可在以后的数据挖掘过程中采用适当的算法并按所陈述的步骤实现综合应用，更希望本章能给读者一些启发，思考如何改进或创造更好的挖掘算法。

　　归纳起来，数据挖掘技术的基本任务主要体现在分类与预测、聚类分析、关联规则、时序模式、离群点检测五个方面。5.1 节主要介绍了决策树和人工神经网络两个分类模型、回归分析预测模型及其实现过程；5.2 节主要介绍了 K-Means 聚类算法，建立分类方法按照接近程度对观测对象给出合理的分类并解释类与类之间的区别；5.3 节主要介绍了 Apriori 算法，以在一个数据集中找出各项之间的关系；5.4 节从序列的平稳性和非平稳性出发，对平稳时间序列主要介绍了 ARMA 模型，对差分平稳序列建立了 ARIMA 模型，应用这两个模型对相应的时间序列进行研究，找寻变化发展的规律，预测将来的走势；5.5 节主要介绍了基于模型和离群点的检测方法，是发现与大部分其他对象显著不同的对象。

　　前 5 章是数据挖掘必备的原理知识，并为本书后面章节的案例理解和实验操作奠定了理论基础。

实 战 篇

电力窃漏电用户自动识别

6.1 背景与挖掘目标

传统的防窃漏电方法主要通过定期巡检、定期校验电表、用户举报窃电等手段来发现窃电或计量装置故障。但这种方法对人的依赖性太强，抓窃查漏的目标不明确。目前，很多供电局主要通过营销稽查人员、用电检查人员和计量工作人员利用计量异常报警功能和电能量数据查询功能开展用户用电情况的在线监控工作，通过采集电量异常、负荷异常、终端报警、主站报警、线损异常等信息，建立数据分析模型，来实时监测窃漏电情况和发现计量装置的故障。根据报警事件发生前后客户计量点有关的电流、电压、负荷数据情况等，构建基于指标加权的用电异常分析模型，实现检查客户是否存在窃电、违章用电及计量装置故障等。

以上防窃漏电的诊断方法，虽然能获得用电异常的某些信息，但由于终端误报或漏报过多，无法达到真正快速精确定位窃漏电嫌疑用户的目的，往往令稽查工作人员无所适从。而且在采用这种方法建模时，模型各输入指标权重的确定需要用专家的知识和经验，具有很大的主观性，存在明显的缺陷，所以实施效果往往不尽如人意。

现有的电力计量自动化系统能够采集到各相电流、电压、功率因数等用电负荷数据以及用电异常等终端报警信息。异常告警信息和用电负荷数据能够反映用户的用电情况，同时稽查工作人员也会通过在线稽查系统和现场稽查来查找出窃漏电用户，并录入系统。若能通过这些数据信息提取出窃漏电用户的关键特征，构建窃漏电用户的识别模型，就能自动检查判断用户是否存在窃漏电行为。

表6-1给出了某企业大用户的用电负荷数据，采集时间间隔为15分钟，即0.25小时，可

表 6-1 某企业大用户用电负荷数据

用户编号	时间	有功总	B相	C相	电流A相	电流B相	电流C相	电压A相	电压B相	电压C相	功率因数	功率因数A	功率因数B	功率因数C
0319001000019011001	2011/11/10	202	0	349.2	33.6	0	33.4	10500	0	10500	0.784	0.573	-10000	0.996
0319001000019011001	2011/11/10 0:15	194.8	0	355.4	32.4	0	34	10500	0	10500	0.789	0.573	-10000	0.996
0319001000019011001	2011/11/10 0:30	210.4	0	366	35	0	35	10500	0	10500	0.784	0.573	-10000	0.996
0319001000019011001	2011/11/10 0:45	199.6	0	376.4	33.2	0	36	10500	0	10500	0.793	0.573	-10000	0.996
0319001000019011001	2011/11/10 1:00	191.2	0	334.6	31.8	0	32	10500	0	10500	0.785	0.573	-10000	0.996
0319001000019011001	2011/11/10 1:15	192.4	0	340.8	32	0	32.6	10500	0	10500	0.786	0.573	-10000	0.996
0319001000019011001	2011/11/10 1:30	192.4	0	353.4	32	0	33.8	10500	0	10500	0.79	0.573	-10000	0.996
0319001000019011001	2011/11/10 1:45	197.2	0	357.6	32.8	0	34.2	10500	0	10500	0.789	0.573	-10000	0.996
0319001000019011001	2011/11/10 2:00	178	0	320.8	29.6	0	30.4	10600	0	10600	0.788	0.573	-10000	0.996
0319001000019011001	2011/11/10 2:15	173.2	0	311.6	28.8	0	29.8	10500	0	10500	0.788	0.573	-10000	0.996
0319001000019011001	2011/11/10 2:30	185.2	0	332.4	30.8	0	31.8	10500	0	10500	0.787	0.573	-10000	0.996
0319001000019011001	2011/11/10 2:45	175.6	0	326.2	29.2	0	31.2	10500	0	10500	0.791	0.573	-10000	0.996
0319001000019011001	2011/11/10 3:00	164.8	0	311.6	27.4	0	29.8	10400	0	10500	0.793	0.573	-10000	0.996
0319001000019011001	2011/11/10 3:15	185.8	0	317.8	31.2	0	30.4	10500	0	10500	0.782	0.573	-10000	0.996
0319001000019011001	2011/11/10 3:30	169.6	0	303.2	28.2	0	29	10400	0	10500	0.787	0.573	-10000	0.996
0319001000019011001	2011/11/10 3:45	179.2	0	320	29.8	0	30.6	10500	0	10500	0.787	0.573	-10000	0.995
0319001000019011001	2011/11/10 4:00	175.6	0	305.2	29.2	0	29.2	10500	0	10500	0.784	0.572	-10000	0.995
0319001000019011001	2011/11/10 4:15	178.6	0	324	30	0	31	10400	0	10500	0.788	0.573	-10000	0.996
0319001000019011001	2011/11/10 4:30	173.2	0	313.6	28.8	0	30	10500	0	10500	0.788	0.573	-10000	0.996
0319001000019011001	2011/11/10 4:45	166	0	297	27.6	0	28.4	10500	0	10500	0.787	0.573	-10000	0.996
0319001000019011001	2011/11/10 5:00	170.8	0	303.2	28.4	0	29	10500	0	10500	0.786	0.573	-10000	0.996
0319001000019011001	2011/11/10 5:15	176.8	0	322	29.4	0	30.8	10500	0	10500	0.789	0.573	-10000	0.996
0319001000019011001	2011/11/10 5:30	175.6	0	301	29.2	0	28.8	10500	0	10500	0.783	0.573	-10000	0.995
0319001000019011001	2011/11/10 5:45	164.4	0	299	27.6	0	28.6	10400	0	10500	0.789	0.573	-10000	0.996
0319001000019011001	2011/11/10 6:00	168.4	0	315.8	28	0	30.2	10500	0	10500	0.792	0.573	-10000	0.996
0319001000019011001	2011/11/10 6:15	165.6	0	284.4	27.2	0	27.2	10400	0	10500	0.783	0.573	-10000	0.996
0319001000019011001	2011/11/10 6:30	164.4	0	297	27.6	0	28.4	10400	0	10500	0.788	0.573	-10000	0.996
0319001000019011001	2011/11/10 6:45	188.2	0	334.6	31.6	0	32	10400	0	10400	0.787	0.572	-10000	0.995
0319001000019011001	2011/11/10 7:00	179.8	0	315.8	30.2	0	30.2	10400	0	10500	0.785	0.573	-10000	0.996
0319001000019011001	2011/11/10 7:15	165.6	0	290	27.8	0	28	10500	0	10400	0.785	0.573	-10000	0.996
0319001000019011001	2011/11/10 7:30	219	0	391	36.4	0	37.4	10400	0	10500	0.787	0.573	-10000	0.996
0319001000019011001	2011/11/10 7:45	227.6	0	403.6	38.2	0	38.6	10400	0	10500	0.786	0.573	-10000	0.996

进一步计算该大用户的用电量。表6-2给出了该企业大用户的终端报警数据,其中与窃漏电相关的报警能较好地识别用户的窃漏电行为。表6-3给出了某企业大用户违约、窃电处理通知书,里面记录了用户的用电类别和窃电时间。

表6-2 某企业大用户终端报警信息

用户名称	时间	计量点 ID	报警编号	报警名称
某企业大用户	2010/4/1 0:01	0319001000045110001	135	最大需量复零
某企业大用户	2010/4/2 18:44	0319001000045110001	152	电流不平衡
某企业大用户	2010/4/2 18:47	0319001000045110001	143	A 相电流过负荷
某企业大用户	2010/4/2 18:47	0319001000045110001	145	C 相电流过负荷
某企业大用户	2010/4/2 21:07	0319001000045110001	152	电流不平衡
某企业大用户	2010/4/2 21:22	0319001000045110001	145	C 相电流过负荷
某企业大用户	2010/4/2 21:25	0319001000045110001	143	A 相电流过负荷
某企业大用户	2010/4/3 5:45	0319001000045110001	145	C 相电流过负荷

*由于各方面原因,终端报警存在一定误报和漏报情况

表6-3 某企业大用户违约、窃电处理通知书

用户基本信息	用户名称	某企业大用户		用户编号	7210100429		
	用电地址	××××××		用电类别	大工业	报装容量	1515kVA
	计量方式	高供高计	电流互感器变比	100/5	电压互感器变比	10kV/100V	

现场情况	我局用电检查人员根据群众举报,于2014年11月17日到你户进行用电检查,发现你户(客户编号:7210100429)配电变压器(3台容量为400kVA和1台容量为315kVA)的高压计量柜的前门封印(SJL00014930)被人为破坏,计费电能表(NO:01026660;条形码NO:SFF5104000864)的计量接线盒C相电压连接片被人为断开,计费电能表显示C相电流为0,现场检测计费电能表C相同时失压失流,导致少计电量。即时报当地公安机关并拍照取证,现场对你户作停电处理。当时计费电能表抄见有功止码为16 448.77
违约、窃电行为	故意使供电企业用电计量装置不准或失效
计算方法及依据	确定依据:计量自动化系统记录(2014年11月12日计费电能表存在失压失流记录,直至2014年11月17日C相电压和电流数值均为0)。 结论:确定你户窃电时间为2014年11月12日至2014年11月17日,共6天。 根据现场计量装置检查情况,计费电能表C相失压失流,依据计量自动化系统召测数据分析,你户计费电能表(NO:01026660;条形码NO:SFF5104000864)的2014年11月12日功率因数:COS(30° + φ) = 0.572,即 φ = 25.11°,COSφ = 0.905。更正系数 = P 正确/P 错误 = UICOSφ/〔UICOS(φ + 30°)〕= 1.732 × 0.905/0.572 = 2.74,更正率 = 更正系数 - 1 = 2.74 - 1 = 1.74。2014年11月12日计费电能表记录有功止码为16 431.45,查处现场计费电能表抄见有功止码为16 448.77,电流互感器变比为100/5,电压互感器变比为10 000/100。根据《供电营业规则》第一百零二条规定,窃电者应按所窃电量补交电费,并承担补交电费三倍的违约使用电费。具体计算如下: 1) 计费电能表已计收电量 = (16 448.77 - 16 431.45) × 100/5 × 10 000/100 = 34 640(kW·h) 2) 窃电电量 = 已计收电量 × 更正率 = 34 640 × 1.74 = 60 274(kW·h) 3) 窃电电费 = 60 274 × 0.6709 = 40 437.83(元) 4) 城市建设附加费 = 60 274 × 0.014 = 843.84(元) 5) 违约使用电费 = 40 437.83 × 3 = 121 313.46(元) 6) 合计金额 = 40 437.83 + 843.84 + 121 313.46 = 162 595.13(元)
合计电费:162 595.13 元	大写金额:拾陆万贰仟伍佰玖拾伍圆壹角叁分

本次数据挖掘建模目标如下：

1）归纳出窃漏电用户的关键特征，构建窃漏电用户的识别模型；

2）利用实时监测数据，调用窃漏电用户识别模型实现实时诊断。

6.2　分析方法与过程

窃漏电用户在电力计量自动化系统的监控大用户中只占小部分，同时某些大用户也不可能存在窃漏电行为，如银行、税务、学校、工商等非居民类别，故在数据预处理时有必要将这些类别用户剔除。系统中的用电负荷不能直接体现出用户的窃漏电行为，终端报警存在很多误报和漏报的情况，故需要进行数据探索和预处理，总结窃漏电用户的行为规律，再从数据中提炼出描述窃漏电用户的特征指标。最后结合历史窃漏电用户信息，整理出识别模型的专家样本数据集，再进一步构建分类模型，实现窃漏电用户的自动识别。

窃漏电用户识别流程如图 6-1 所示，主要包括以下步骤：

1）从电力计量自动化系统、营销系统有选择性地抽取部分大用户用电负荷、终端报警及违约窃电处罚信息等原始数据；

2）对样本数据探索分析，剔除不可能存在窃漏电行为行业的用户，即白名单用户，初步审视正常用户和窃漏电用户的用电特征；

3）对样本数据进行预处理，包括数据清洗、缺失值处理和数据变换；

4）构建专家样本集；

5）构建窃漏电用户识别模型；

6）在线监测用户用电负荷及终端报警，调用模型实现实时诊断。

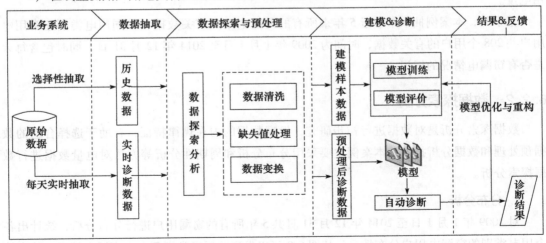

图 6-1　窃漏电用户识别流程

6.2.1 数据抽取

与窃漏电相关的原始数据主要有用电负荷数据、终端报警数据、违约窃电处罚信息以及用户档案资料等,故进行窃漏电诊断建模时需从营销系统和计量自动化系统中抽取如下数据。

1)从营销系统抽取的数据主要如下:

□ 用户基本信息:用户名称、用户编号、用电地址、用电类别、报装容量、计量方式、电流互感器变比、电压互感器变比;

□ 违约、窃电处理记录;

□ 计量方法及依据。

2)从计量自动化系统采集的数据属性主要如下:

□ 实时负荷:时间点、计量点、总有功功率、A/B/C 相有功功率、A/B/C 相电流、A/B/C 相电压、A/B/C 相功率因数;

□ 终端报警。

为了尽可能全面覆盖各种窃漏电方式,建模样本要包含不同用电类别的所有窃漏电用户及部分正常用户。窃漏电用户的窃漏电开始时间和结束时间是表征其窃漏电的关键时间节点,在这些时间节点上,用电负荷和终端报警等数据也会有一定的特征变化,故样本数据抽取时务必要包含关键时间节点前后一定范围的数据,并通过用户的负荷数据计算出当天的用电量,公式如下:

$$f_l = 0.25 \sum_{m_i \in l \neq} m_i \tag{6-1}$$

式中,f_l 为第 l 天的用电量;m_i 为第 l 天每隔 15 分钟的总有功功率,对其累加求和得到当天用电量。

基于此,本案例抽取某市近 5 年来所有的窃漏电用户有关数据和不同用电类别正常用电用户共 208 个用户的有关数据,时间为 2009 年 1 月 1 日至 2014 年 12 月 31 日,同时包含每天是否有窃漏电情况的标识。

6.2.2 数据探索分析

数据探索分析是对数据进行初步研究,发现数据的内在规律特征,有助于选择合适的数据预处理和数据分析技术。本案例主要采用分布分析和周期性分析等方法对电量数据进行数据探索分析。

1. 分布分析

对 2009 年 1 月 1 日至 2014 年 12 月 31 日共 5 年所有的窃漏用户进行分布分析,统计出各个用电类别的窃漏电用户分布情况,从图 6-2 可以发现非居民类别不存在窃漏电情况,故在接下的分析中不考虑非居民类别的用电数据。

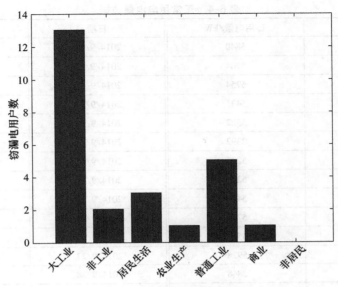

图 6-2　用电类别窃漏电情况图

2. 周期性分析

随机抽取一个正常用电用户和一个窃漏电用户，采用周期性分析对用电量进行探索。

（1）正常用电电量探索分析

正常用电量特征表现如图 6-3 和表 6-4 所示。总体来看该用户用量比较平稳，没有太大的波动，这就是用户正常用电的电量指标特征。

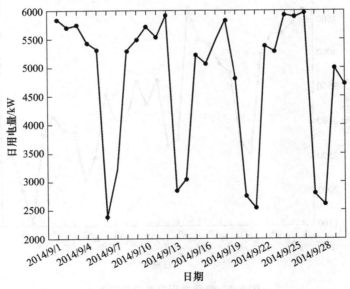

图 6-3　正常用电用户电量趋势图

表6-4 正常用电电量数据

日期	日用电量/kW	日期	日用电量/kW
2014/9/1	5840	2014/9/16	5072
2014/9/2	5704	2014/9/17	5480
2014/9/3	5754	2014/9/18	5832
2014/9/4	5431	2014/9/19	4816
2014/9/5	5322	2014/9/20	2748
2014/9/6	2392	2014/9/21	2536
2014/9/7	3225	2014/9/22	5384
2014/9/8	5296	2014/9/23	5288
2014/9/9	5488	2014/9/24	5928
2014/9/10	5713	2014/9/25	5896
2014/9/11	5542	2014/9/26	5952
2014/9/12	5928	2014/9/27	2792
2014/9/13	2848	2014/9/28	2600
2014/9/14	3048	2014/9/29	5000
2014/9/15	5216	2014/9/30	4704

（2）窃漏电用电电量探索分析

窃漏电用电量特征表现如图6-4和表6-5所示。这里可以明显看出该用户用电量出现明显下降的趋势，这就是用户异常用电的电量指标特征。

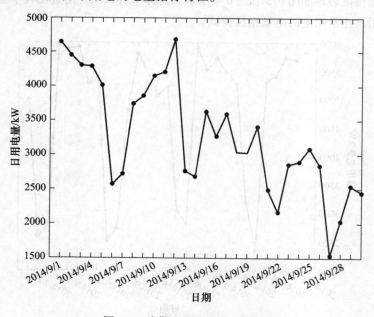

图6-4 窃漏电用户电量趋势图

表 6-5　窃漏电用电电量数据

日期	日用电量/kW	日期	日用电量/kW
2014/9/1	4640	2014/9/16	3260
2014/9/2	4450	2014/9/17	3590
2014/9/3	4300	2014/9/18	3040
2014/9/4	4290	2014/9/19	3030
2014/9/5	4010	2014/9/20	3410
2014/9/6	2560	2014/9/21	2490
2014/9/7	2720	2014/9/22	2160
2014/9/8	3740	2014/9/23	2850
2014/9/9	3850	2014/9/24	2900
2014/9/10	4150	2014/9/25	3090
2014/9/11	4210	2014/9/26	2840
2014/9/12	4680	2014/9/27	1530
2014/9/13	2760	2014/9/28	2020
2014/9/14	2680	2014/9/29	2540
2014/9/15	3630	2014/9/30	2440

分析结论：从图 6-4 可以看出正常用电到窃漏电过程是用电量持续下降的过程，该用户从 2014 年 9 月 1 开始用电量下降，并且持续下降，这就是用户开始窃漏电时所表现出来的重要特征。

6.2.3　数据预处理

本案例主要从数据清洗、缺失值处理、数据变换等方面对数据进行预处理。

1. 数据清洗

数据清洗的主要目的是从业务以及建模的相关需要方面考虑，筛选出需要的数据。由于原始数据中并不是所有的数据都需要进行分析，因此需要在数据处理时，将赘余的数据进行过滤。本案例主要进行如下操作：

1）通过数据的探索分析，发现在用电类别中，非居民用电类别不可能存在漏电窃电的现象，需要将非居民用电类别的用电数据过滤掉。

2）结合本案例的业务，节假日用电量与工作日相比，会明显偏低。为了尽可能地达到较好的数据效果，过滤节假日的用电数据。

2. 缺失值处理

在原始计量数据，特别是用户电量抽取过程中，发现存在缺失的现象。若将这些值抛弃掉，会严重影响供出电量的计算结果，最终导致日线损率数据误差很大。为了达到较好的建模效果，需要对缺失值处理。本案例采用拉格朗日插值法对缺失值进行插补。

选取数据中部分数据作为实例，如表 6-6 是三个用户一个月工作日的电量数据，对缺失值采用拉格朗日插值法进行插补。

表6-6　三个用户一个月工作日用电量数据

用电量/kW 日期	用户 A	用户 B	用户 C
2014/9/1	235.8333	324.0343	478.3231
2014/9/2	236.2708	325.6379	515.4564
2014/9/3	238.0521	328.0897	517.0909
2014/9/4	235.9063		514.89
2014/9/5	236.7604	268.8324	
2014/9/8		404.048	486.0912
2014/9/9	237.4167	391.2652	516.233
2014/9/10	238.6563	380.8241	
2014/9/11	237.6042	388.023	435.3508
2014/9/12	238.0313	206.4349	487.675
2014/9/15	235.0729		
2014/9/16	235.5313	400.0787	660.2347
2014/9/17		411.2069	621.2346
2014/9/18	234.4688	395.2343	611.3408
2014/9/19	235.5	344.8221	643.0863
2014/9/22	235.6354	385.6432	642.3482
2014/9/23	234.5521	401.6234	
2014/9/24	236	409.6489	602.9347
2014/9/25	235.2396	416.8795	589.3457
2014/9/26	235.4896		556.3452
2014/9/29	236.9688		538.347

*数据详见：示例程序/data/missing_data.xls

拉格朗日插值法补值，具体方法如下：

首先从原始数据集中确定因变量和自变量，取出缺失值前后5个数据（前后数据不足5个的，将仅有的数据组成一组），根据取出来的10个数据组成一组。然后采用拉格朗日多项式插值公式：

$$L_n(x) = \sum_{i=0}^{n} l_i(x) y_i \tag{6-2}$$

$$l_i(x) = \prod_{\substack{j=0 \\ j \neq i}}^{n} \frac{x - x_j}{x_i - x_j} \tag{6-3}$$

式中，x 为缺失值对应的下标序号；$L_n(x)$ 为缺失值的插值结果；x_i 为非缺失值 y_i 的下标序号。对全部缺失数据依次进行插补，直到不存在缺失值。补全的数据如表6-7所示，斜体加粗表示补全的数据。

表 6-7 用户电量补全数据

日期 用电量/kW	用户 A	用户 B	用户 C
2014/9/4	235.9063	*203.4621*	514.89
2014/9/5	236.7604	268.8324	*465.2697*
2014/9/8	*237.1512*	404.048	486.0912
2014/9/10	238.6563	380.8241	*516.233*
2014/9/15	235.0729	*237.3481*	*608.5369*
2014/9/17	*235.315*	411.2069	621.2346
2014/9/23	234.5521	401.6234	*618.1972*
2014/9/26	235.4896	*420.7486*	556.3452
2014/9/29	236.9688	*408.9632*	538.347

3. 数据变换

通过电力计量系统采集的电量、负荷虽然在一定程度上能反映用户窃漏电行为的某些规律，但要作为构建模型的专家样本，特征不明显，需要进行重新构造。基于数据变换，得到新的评价指标来表征窃漏电行为所具有的规律，其评价指标体系如图 6-5 所示。

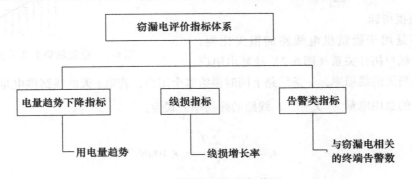

图 6-5 窃漏电评价指标体系

窃漏电评价指标如下：

（1）电量趋势下降指标

由 6.2.2 节的周期性分析可以发现，正常用户的用电量较为平稳，窃漏电用户的用电量呈现下降的趋势，然后趋于平缓，针对此可考虑前后几天作为统计窗口期，考虑期间的下降趋势，利用电量做直线拟合得到的斜率作为衡量，如果斜率随时间不断下降，那该用户的窃漏电可能性就很大，如图 6-6 所示，第一幅图展示了每天的用电量，其他图表示了随着时间推移在各自统计窗口期以用电量做直线拟合的斜率，可以看出斜率随着时间逐步下降。

对统计当天设定前后 5 天为统计窗口期，计算这 11 天内的电量趋势下降情况，首先计算这 11 天中每天的电量趋势，其中第 i 天的用电量趋势是考虑前后 5 天期间的用电量斜率，即

$$k_i = \frac{\sum_{l=i-5}^{i+5}(f_l - \bar{f})(l - \bar{l})}{\sum_{l=i-5}^{i+5}(l - \bar{l})^2} \qquad (6\text{-}4)$$

式中，$\bar{f} = \frac{1}{11}\sum_{l=i-5}^{i+5}f_l$，$\bar{l} = \frac{1}{11}\sum_{l=i-5}^{i+5}l$，$k_i$ 为第 i 天的电量趋势，f_l 为第 l 天的用电量。

若电量趋势为不断下降的，则认为具有一定的窃电嫌疑，故计算这 11 天内，当天比前一天用电量趋势为递减的天数，即设有：

$$D(i) = \begin{cases} 1, & k_i < k_{i-1} \\ 0, & k_i \geqslant k_{i-1} \end{cases} \qquad (6\text{-}5)$$

则这 11 天内的电量趋势下降指标为：

$$T = \sum_{n=i-4}^{i+5}D(n) \qquad (6\text{-}6)$$

（2）线损指标

线损率是用于衡量供电线路的损失比例，同时可结合线户拓扑关系（图 6-7）计算出用户

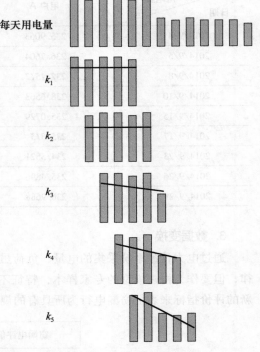

图 6-6 电量趋势下降示意图

所属线路在当天的线损率，一条线路上同时供给多个用户，若第 l 天的线路供电量为 s_l，线路上各个用户的总用电量为 $\sum_m f_l^{(m)}$，线路的线损率公式为：

$$t_l = \frac{s_l - \sum_m f_l^{(m)}}{s_l} \times 100\% \qquad (6\text{-}7)$$

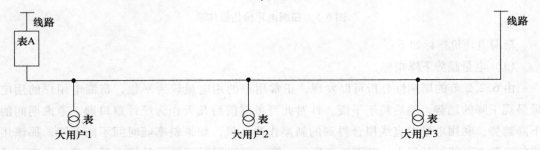

图 6-7 线路与大用户的拓扑关系示意图

线路的线损率可作为用户线损率的参考值，若用户发生窃漏电，则当天的线损率会上升，但由于用户每天的用电量存在波动，单纯以当天线损率上升了作为窃漏电特征则误差过大，

所以考虑前后几天的线损率平均值，判断其增长率是否大于 1%，若线损率的增长率大于 1% 则具有窃漏电的可能性。

对统计当天设定前后 5 天为统计窗口期，首先分别计算第 i 天与 $i+5$ 天之间共 6 天的线损率平均值 V_i^1 和第 i 天与第 $i-5$ 天之间共 6 天的线损率平均值 V_i^2，若 V_i^1 比 V_i^2 的增长率大于 1%，则认为具有一定的窃电嫌疑，故定义线损指标：

$$E(i) = \begin{cases} 1, & \dfrac{V_i^1 - V_i^2}{V_i^2} > 1\% \\[3mm] 0, & \dfrac{V_i^1 - V_i^2}{V_i^2} \leqslant 1\% \end{cases} \tag{6-8}$$

（3）告警类指标

与窃漏电相关的终端报警主要有电压缺相、电压断相、电流反极性等告警，计算发生与窃漏电相关的终端报警的次数总和，作为告警类指标。

6.2.4　构建专家样本

对 2009 年 1 月 1 日至 2014 年 12 月 31 日所有窃漏电用户及正常用户的电量、告警及线损数据和该用户在当天是否窃漏电的标识，按窃漏电评价指标进行处理并选取其中 291 个样本数据，得到专家样本库，部分数据如表 6-8 所示。

表 6-8　专家样本数据

日期	用户编号	电量趋势下降指标	线损指标	告警类指标	是否窃漏电
2014/9/6	9900667154	4	1	1	1
2014/9/20	9900639431	4	0	4	1
2014/9/17	9900585516	2	1	1	1
2014/9/14	9900531154	9	0	0	0
2014/9/17	9900491050	3	1	0	0
2014/9/13	9900461501	2	0	0	0
2014/9/22	9900412593	5	0	2	1
2014/9/20	9900366180	3	1	3	1
2014/9/19	9900322960	3	0	0	0
2014/9/9	9900254673	4	1	0	0
2014/9/18	9900196505	10	1	2	1
2014/9/16	9900145248	10	1	3	1
2014/9/6	9900137535	2	0	3	0
2014/9/7	9900064537	4	0	2	0
2014/9/9	9110103867	3	0	0	0
2014/9/23	9010100689	0	0	3	0
2014/9/21	8910101840	9	0	3	1

（续）

日期	用户编号	电量趋势下降指标	线损指标	告警类指标	是否窃漏电
2014/9/11	8910101209	0	0	2	0
2014/9/19	8910101132	8	1	4	1
2014/9/19	8910100309	2	0	4	0
2014/9/9	8810101463	3	0	1	0
2014/9/9	8710100857	7	0	0	0

* 数据详见：示例程序/data/model.csv

6.2.5 模型构建

1. 构建窃漏电用户识别模型

在专家样本准备完成后，需要划分测试样本和训练样本，随机选取 20% 作为测试样本，剩下的作为训练样本。窃漏电用户识别可通过构建分类预测模型来实现，比较常用的分类预测模型有神经网络和 CART 决策树，各个模型都有各自的优点，故采用这两种方法构建窃漏电用户识别，并从中选择最优的分类模型。构建神经网络和 CART 决策树模型时输入项包括电量趋势下降指标、线损指标和告警类指标，输出项为窃漏电标识。

（1）数据划分

对专家样本随机选取 20% 作为测试样本，剩下的 80% 作为训练样本。其代码如代码清单 6-1 所示。

代码清单 6-1 原始数据分为训练数据和测试数据

```
##数据划分
##设置工作空间
#把"数据及程序"文件夹复制到 F 盘下,再用 setwd 设置工作空间
setwd("F:/数据及程序/chapter6/示例程序")

##把数据分为两部分:训练数据、测试数据
#读入数据
Data = read.csv("./data/model.csv")
#数据命名
colnames(Data) <- c("time","userid","ele_ind","loss_ind","alarm_ind","class")
#数据分割
set.seed(1234)                    #设置随机种子
#定义序列 ind,随机抽取 1 和 2,1 的个数占 80%,2 的个数占 20%
ind <- sample(2, nrow(Data), replace=TRUE, prob=c(0.8, 0.2))
trainData <- Data[ind==1,]        #训练数据
testData <- Data[ind==2,]         #测试数据
#数据存储
write.csv(trainData,"./tmp/trainData.csv",row.names=FALSE)
write.csv(testData,"./tmp/testData.csv",row.names=FALSE)
```

* 代码详见：示例程序/code/split_data.R

（2）神经网络

设定神经网络的输入节点数为 3，输出节点数为 1，隐层节点数为 10，权值的衰减参数为

0.05。训练样本建模的混淆矩阵如表 6-9 所示，分类准确率为 94.17%，正常用户被误判为窃漏电用户占正常用户的 1.95%，窃漏电用户被误判为正常用户占正常窃漏电用户的 28.6%。构建神经网络模型的代码如代码清单 6-2 所示。

表6-9　利用训练样本构建神经网络的混淆矩阵

实际值 ＼ 预测值	0	1
0	201	4
1	10	25

代码清单6-2　构建神经网络模型代码

```
##神经网络模型构建
##设置工作空间
#把"数据及程序"文件夹复制到 F 盘下,再用 setwd 设置工作空间
setwd("F:/数据及程序/chapter6/示例程序")
#读取数据
trainData = read.csv("./data/trainData.csv")

#将 class 列转换为 factor 类型
trainData <- transform(trainData,class = as.factor(class))

##神经网络模型构建
library(nnet)#加载 nnet 包
#利用 nnet 建立神经网络
nnet.model <- nnet(class ~ ele_ind + loss_ind + alarm_ind, trainData,size =10,
    decay = 0.05)
summary(nnet.model)

#建立混淆矩阵
confusion = table(trainData$class,predict(nnet.model,trainData,type = "class"))
accuracy = sum(diag(confusion)) * 100/sum(confusion)

#保存输出结果
output_nnet.trainData = cbind(trainData,predict(nnet.model,trainData,
    type = "class"))
colnames(output_nnet.trainData) <- c(colnames(trainData),"OUTPUT")
write.csv(output_nnet.trainData,"./tmp/output_nnet.trainData.csv",row.
    names = FALSE)

#保存神经网络模型
save(nnet.model,file = "./tmp/nnet.model.RData")
```

* 代码详见：示例程序/code/ construct_nnet_model.R

（3）CART 决策树

利用训练样本构建 CART 决策树模型，得到的决策树模型如图 6-8 所示，得到混淆矩阵如

表6-10所示,分类准确率为91.67%,正常用户被误判为窃漏电用户占正常用户的5.85%,窃漏电用户被误判为正常用户占正常窃漏电用户的22.86%。构建决策树的代码如代码清单6-3所示。

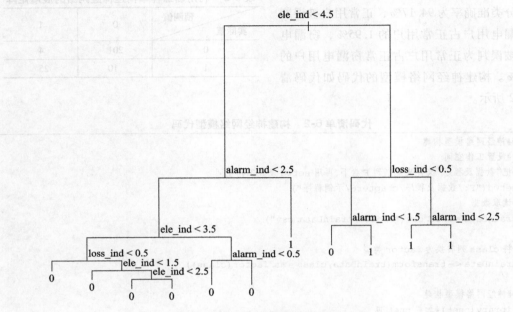

图 6-8   CART 决策树

表 6-10   利用训练样本构建 CART 决策树的混淆矩阵

实际值 \ 预测值	0	1
0	193	12
1	8	27

代码清单 6-3   构建 CART 决策树模型代码

```
##构建 CART 决策树模型
##设置工作空间
#把"数据及程序"文件夹复制到 F 盘下,再用 setwd 设置工作空间
setwd("F:/数据及程序/chapter6/示例程序")
#读取数据
trainData = read.csv("./data/trainData.csv")

#将 class 列转换为 factor 类型
trainData <- transform(trainData,class = as.factor(class))

##构建 CART 决策树模型
library(tree)   #加载 tree 包
#利用 tree 建立 CART 决策树
```

```
tree.model <- tree(class ~ ele_ind + loss_ind + alarm_ind,trainData)
summary(tree.model)

#画决策树图
plot(tree.model);text(tree.model)
#建立混淆矩阵
confusion = table(trainData $class,predict(tree.model,trainData,type = "class"))
accuracy = sum(diag(confusion)) * 100/sum(confusion)

#保存输出结果
output_tree.trainData = cbind(trainData,predict(tree.model,trainData,type = "class"))
colnames(output_tree.trainData) <- c(colnames(trainData),"OUTPUT")
write.csv(output_tree.trainData,"./tmp/output_tree.trainData.csv",row.names = FALSE)

#保存 CART 决策树模型
save(tree.model,file = "./tmp/tree.model.RData")
```

* 代码详见：示例程序/code/ construct_tree_model. R

2. 模型评价

对于训练样本，神经网络和 CART 决策树的分类准确率相差不大，均达到 90% 以上。为了进一步评估模型分类的性能，故利用测试样本对两个模型进行评价，评价方法采用 ROC 曲线进行评估，一个优秀分类器所对应的 ROC 曲线应该是尽量靠近左上角。分别画出神经网络和 CART 决策树在测试样本下的 ROC 曲线，如图 6-9 和图 6-10 所示。神经网络和 CART 决策树对测试数据集的测试代码如代码清单 6-4 所示。

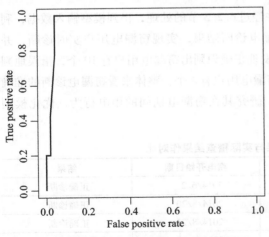

图 6-9　神经网络在测试样本下的 ROC 曲线

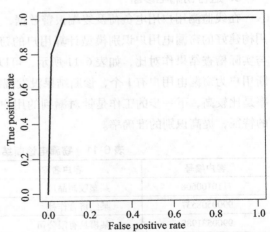

图 6-10　CART 决策树在测试样本下的 ROC 曲线

代码清单 6-4　神经网络和 CART 决策树测试代码

```
##ROC 曲线
##设置工作空间
#把"数据及程序"文件夹复制到 F 盘下,再用 setwd 设置工作空间
```

```
setwd("F:/数据及程序/chapter6/示例程序")
#读取数据
testData = read.csv("./data/testData.csv")
#读取模型
load("./tmp/tree.model.RData")
load("./tmp/nnet.model.RData")

##ROC 曲线
library(ROCR)#加载 ROCR 包

#画出神经网络模型的 ROC 曲线
nnet.pred <- prediction(predict(nnet.model,testData),testData$class)
nnet.perf <- performance(nnet.pred,"tpr","fpr")
plot(nnet.perf)

#画出 CART 决策的 ROC 曲线
tree.pred <- prediction(predict(tree.model,testData)[,2],testData$class)
tree.perf <- performance(tree.pred,"tpr","fpr")
plot(tree.perf)
```

* 代码详见：示例程序/code/ROC.R

经过对比发现神经网络的 ROC 曲线比 CART 决策树的 ROC 曲线更加靠近单位方形的左上角，神经网络 ROC 曲线下的面积更大，说明神经网络模型的分类性能较好，能应用于窃漏电用户识别。

3. 进行窃漏电诊断

在线监测用户用电负荷及终端报警数据，并经过 6.2.3 节的处理，得到模型输入数据，利用构建好的窃漏电用户识别模型计算用户的窃漏电诊断结果，实现窃漏电用户实时诊断，并与实际稽查结果作对比，如表 6-11 所示，可以发现正确识别出窃漏电用户有 10 个，错误地判断用户为窃漏电用户有 1 个，诊断结果没发现窃漏电用户有 4 个，整体来看窃漏电诊断的准确率是比较高，下一步的工作是针对漏判的用户，研究其在窃漏电期间的用电行为，优化模型的特征，提高识别的准确率。

表 6-11　窃漏电诊断结果与实际稽查结果作对比

客户编号	客户名称	窃电开始日期	结果
7110100608	某塑胶制品厂	2014/6/2	正确诊断
9900508537	某经济合作社	2014/8/20	正确诊断
9900531988	某模具有限公司	2014/8/21	正确诊断
8210101409	某科技有限公司	2014/8/10	正确诊断
8910100571	某股份经济合作社	2014/2/23	漏判
8210100795	某表壳加工厂	2014/6/1	正确诊断
9900287332	某电子有限公司	2014/5/15	漏判
6710100757	某镇某经济联合社	2014/2/21	漏判

（续）

客户编号	客户名称	窃电开始日期	结果
9900378363	某装饰材料有限公司	2014/7/6	误判
9900145275	某实业投资有限公司	2014/11/3	正确诊断
8410101508	某玩具厂有限公司	2014/9/1	正确诊断
9900150075	某镇某经济联合社	2014/4/14	漏判
8010106555	某电子有限公司	2014/5/19	正确诊断
7410101282	某投资有限公司	2014/2/8	正确诊断
8410101060	某电子有限公司	2014/5/4	正确诊断

6.3　上机实验

1. 实验目的

□ 掌握神经网络和 CART 决策树构建分类模型。

2. 实验内容

□ 对所有窃漏电用户及正常用户的电量、告警及线损数据和该用户在当天是否窃漏电的标识，按窃漏电评价指标进行处理并选取其中 291 个样本数据，得到专家样本，数据见"上机实验/data/model. csv"，分别使用神经网络和 CART 决策树实现分类预测模型，利用混淆矩阵和 ROC 曲线对模型进行评价。

注意：数据的 80% 作为训练样本，剩下的 20% 作为测试样本。

3. 实验方法与步骤

1）把经过预处理的专家样本数据"上机实验/data/model. csv"使用 read. csv 函数读入当前工作空间。

2）把工作空间的建模数据随机分为两部分，一部分用于训练，另一部分用于测试。

3）使用 tree 包里的 tree 函数以及训练数据构建 CART 决策树模型，使用 predict 函数和构建的 CART 决策树模型分别对训练数据和测试数据进行分类，使用 table 函数求出混淆矩阵，利用 ROCR 包下的 prediction 和 performance 函数画 ROC 曲线图。

4）使用 nnet 包里的 nnet 函数以及训练数据构建神经网络模型，使用 predict 函数和构建的神经网络模型分别对训练数据和测试数据进行分类，参考 3）得到模型分类正确率、混淆矩阵和 ROC 曲线图。

5）对比分析 CART 决策树模型和神经网络模型针对专家样本数据处理结果的好坏。

4. 思考与实验总结

1）如何求出 ROC 曲线以下的面积？

2）尝试采用 C4. 5 决策树模型进行分类，并与 CART 决策树的结果进行比较。

6.4　拓展思考

　　目前，企业偷漏税现象泛滥，严重影响国家的经济基础。为了维护国家的权力与利益，应该加大对企业偷漏税行为的防范工作。如何利用数据挖掘的思想，智能地识别企业偷漏税行为，有力地打击企业偷漏税的违法行为，维护国家的经济损失和社会秩序。

　　汽车销售行业，通常是指销售汽车整车的行业。汽车销售行业在税收上存在少开发票金额、少计收入、上牌、按揭、保险等一条龙服务未入账，不及时确认保修索赔款等多种情况，导致政府损失大量税收。汽车销售企业的部分经营指标能在一定程度上评估企业的偷漏税倾向，附件数据（见：拓展思考/拓展思考样本数据.xls）提供了汽车销售行业纳税人的各个属性和是否偷漏税标识，请结合汽车销售行业纳税人的各个属性，总结衡量纳税人的经营特征，建立偷漏税行为识别模型，识别偷漏税纳税人。

6.5　小结

　　本章结合窃漏电用户识别的案例，重点介绍了数据挖掘算法中神经网络和 CART 决策树算法在实际案例中的应用。研究窃漏电用户的行为特征，总结出窃漏电用户的特征指标，对比神经网络和 CART 决策树算法在窃漏电用户的识别效果，从中选取最优模型进行窃漏电诊断，并详细地描述了数据挖掘的整个过程，也对其相应的算法提供了 R 语言上机实验。

航空公司客户价值分析

7.1 背景与挖掘目标

信息时代的来临使得企业营销焦点从产品中心转变为客户中心，客户关系管理成为企业的核心问题。客户关系管理的关键问题是客户分类，通过客户分类，区分无价值客户、高价值客户，企业针对不同价值的客户制定优化的个性化服务方案，采取不同的营销策略，将有限营销资源集中于高价值客户，实现企业利润最大化目标。准确的客户分类结果是企业优化营销资源分配的重要依据，客户分类越来越成为客户关系管理中亟待解决的关键问题之一。

面对激烈的市场竞争，各个航空公司都推出了更优惠的营销方式来吸引更多的客户，国内某航空公司面临着常旅客流失、竞争力下降和航空资源未充分利用等经营危机。通过建立合理的客户价值评估模型，对客户进行分群，分析比较不同客户群的客户价值，并制定相应的营销策略，对不同的客户群提供个性化的客户服务是必须的和有效的。目前，该航空公司已积累了大量的会员档案信息和其乘坐航班记录，经加工后得到如表 7-1 所示的部分数据信息。

表 7-1　航空信息属性表

	属性名称	属性说明
客户基本信息	MEMBER_NO	会员卡号
	FFP_DATE	入会时间
	FIRST_FLIGHT_DATE	第一次飞行日期
	GENDER	性别
	FFP_TIER	会员卡级别
	WORK_CITY	工作地城市

（续）

	属性名称	属性说明
客户基本信息	WORK_PROVINCE	工作地所在省份
	WORK_COUNTRY	工作地所在国家
	AGE	年龄
乘机信息	FLIGHT_COUNT	观测窗口内的飞行次数
	LOAD_TIME	观测窗口的结束时间
	LAST_TO_END	最后一次乘机时间至观测窗口结束时长
	AVG_DISCOUNT	平均折扣率
	SUM_YR	观测窗口的票价收入
	SEG_KM_SUM	观测窗口的总飞行公里数
	LAST_FLIGHT_DATE	末次飞行日期
	AVG_INTERVAL	平均乘机时间间隔
	MAX_INTERVAL	最大乘机间隔
积分信息	EXCHANGE_COUNT	积分兑换次数
	EP_SUM	总精英积分
	PROMOPTIVE_SUM	促销积分
	PARTNER_SUM	合作伙伴积分
	POINTS_SUM	总累计积分
	POINT_NOTFLIGHT	非乘机的积分变动次数
	BP_SUM	总基本积分

*观测窗口：以过去某个时间点为结束时间，某一时间长度作为宽度，得到历史时间范围内的一个时间段

请根据这些数据（见表7-2）实现以下目标：

1）借助航空公司客户数据，对客户进行分类；

2）对不同的客户类别进行特征分析，比较不同类客户的客户价值；

3）对不同价值的客户类别提供个性化服务，制定相应的营销策略。

7.2 分析方法与过程

这个案例的目标是客户价值识别，即通过航空公司客户数据识别不同价值的客户。识别客户价值应用最广泛的模型是通过三个指标（最近消费时间间隔（Recency）、消费频率（Frequency）、消费金额（Monetary））进行客户细分，识别出高价值的客户，简称 RFM 模型[13]。

在 RFM 模型中，消费金额表示在一段时间内，客户购买该企业产品金额的总和。由于航空票价受到运输距离、舱位等级等多种因素影响，消费金额的不同，旅客对航空公司的价值是不同的，如一位购买长航线、低等级舱位票的旅客与一位购买短航线、高等级舱位票的旅客相比，后者对于航空公司而言价值可能更高。因此这个指标并不适合用于航空公司的客户价值分析[13]。我们选择客户在一定时间内累积的飞行里程 M 和客户在一定时间内乘坐舱位所

表 7-2　航空信息数据表

MEMBER_NO	FFP_DATE	FIRST_FLIGHT_DATE	GENDER	FFP_TIER	WORK_CITY	WORK_PROVINCE	WORK_COUNTRY	AGE	LOAD_TIME	FLIGHT_COUNT	BP_SUM
289047040	2013/03/16	2013/04/28	男	6		新疆	US	56	2014/03/31	14	147158
289053451	2012/06/26	2013/05/16	男	6	乌鲁木齐	新疆	CN	50	2014/03/31	65	112582
289022508	2009/12/08	2010/02/05	男	5	北京	北京	CN	34	2014/03/31	33	77475
289004181	2009/12/10	2010/10/19	男	4	S. P. S	CORTES	HN	45	2014/03/31	6	76027
289026513	2011/08/25	2011/08/25	男	6	乌鲁木齐	新疆	CN	47	2014/03/31	22	70142
289027500	2012/09/26	2013/06/01	男	5	北京	北京	CN	36	2014/03/31	26	63498
289058898	2010/12/27	2010/12/27	男	4	ARCADIA	CA	US	35	2014/03/31	5	62810
289037374	2009/10/21	2009/10/21	男	4	广州	广东	CN	34	2014/03/31	4	60484
289036013	2010/04/15	2013/06/02	女	6	广州	广东	CN	54	2014/03/31	25	59357
289046087	2007/01/26	2013/04/24	男	6	.	天津	CN	47	2014/03/31	36	55562
289062045	2006/12/26	2013/04/17	女	5	长春市	吉林省	CN	55	2014/03/31	49	54255
289061968	2011/08/15	2011/08/20	男	6	沈阳	辽宁	CN	41	2014/03/31	51	53926
289022276	2009/08/27	2013/04/18	男	5	深圳	广东	CN	41	2014/03/31	62	49224
289056049	2013/03/18	2013/07/28	男	4	Simi Valley		US	54	2014/03/31	12	49121
289000500	2013/03/12	2013/04/01	男	5	北京	北京	CN	41	2014/03/31	65	46618
289037025	2007/02/01	2011/08/22	男	6	昆明	云南	CN	57	2014/03/31	28	45531
289029053	2004/12/18	2005/05/06	男	4	NUMAZU		CN	46	2014/03/31	6	41872
289048589	2008/08/15	2008/08/15	男	5	南阳县	河南	CN	60	2014/03/31	15	41610
289005632	2011/08/09	2011/08/09	男	5	温州	浙江	CN	47	2014/03/31	6	40726
289041886	2011/11/23	2013/09/17	女	5	广州	广东	CN	42	2014/03/31	7	40589
289049670	2010/04/18	2010/04/18	男	5	广州	广东	CN	39	2014/03/31	35	39973
289020872	2008/06/22	2013/06/30	男	6	.	北京	CN	47	2014/03/31	33	39737
289021001	2008/03/09	2013/07/10	男	6			CN	47	2014/03/31	40	39584
289041371	2011/10/15	2013/09/04	男	6	武汉	湖北	CN	56	2014/03/31	30	38089
289062046	2007/10/19	2007/10/19	男	5	上海	上海	CN	39	2014/03/31	48	37188
289037246	2007/08/30	2013/04/18	男	6	贵阳	贵州	CN	47	2014/03/31	40	36471
289045852	2006/08/16	2006/11/08	男	4	ARCADIA	CA	US	69	2014/03/31	8	35707

* 数据详见：示例程序/data/air_data.csv

对应的折扣系数的平均值 C 两个指标代替消费金额。此外，考虑航空公司会员入会时间的长短在一定程度上能够影响客户价值，所以在模型中增加客户关系长度 L，作为区分客户的另一指标。

本案例将客户入会时长 L、消费时间间隔 R、消费频率 F、飞行里程 M 和折扣系数的平均值 C 五个指标作为航空公司识别客户价值指标（见表 7-3），记为 LRFMC 模型。

表 7-3   指标含义

模型	L	R	F	M	C
航空公司 LR-FMC 模型	会员入会时间距观测窗口结束的月数	客户最近一次乘坐公司飞机距观测窗口结束的月数	客户在观测窗口内乘坐公司飞机的次数	客户在观测窗口内累计的飞行里程	客户在观测窗口内乘坐舱位所对应的折扣系数的平均值

针对航空公司 LRFMC 模型，如果采用传统 RFM 模型分析的属性分箱方法，如图 7-1 所示[14]（它是依据属性的平均值进行划分，其中大于平均值的表示为↑，小于平均值的表示为↓），虽然也能够识别出最有价值的客户，但是细分的客户群太多，提高了针对性营销的成本。因此，本案例采用聚类的方法识别客户价值。通过对航空公司客户价值的 LRFMC 五个指标进行 K-Means 聚类，识别出最有价值客户。

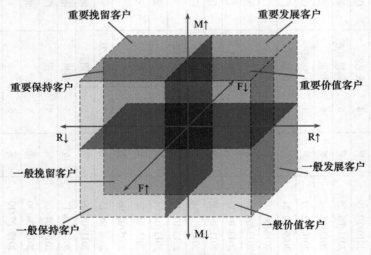

图 7-1   RFM 模型分析

本案例航空客户价值分析的总体流程如图 7-2 所示。

航空客运信息挖掘主要包括以下步骤：

1）从航空公司的数据源中进行选择性抽取与新增数据抽取分别形成历史数据和增量数据。

2）对 1）形成的两个数据集进行数据探索分析与预处理，包括数据缺失值与异常值的探索分析，数据的属性规约、清洗和变换。

3）利用2）形成的已完成数据预处理的建模数据，基于旅客价值 LRFMC 模型进行客户分群，对各个客户群进行特征分析，识别出有价值的客户。

4）针对模型结果得到不同价值的客户，采用不同的营销手段，提供定制化的服务。

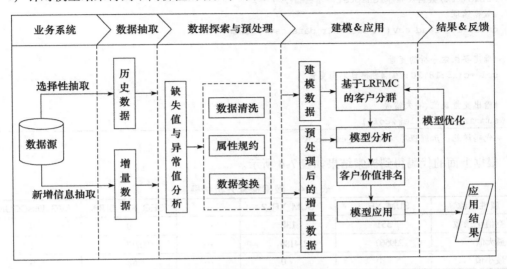

图 7-2　航空客运数据挖掘建模总体流程

7.2.1　数据抽取

以 2014 年 3 月 31 日为结束时间，选取宽度为两年的时间段作为分析观测窗口，抽取观测窗口内有乘机记录的所有客户的详细数据形成历史数据。对于后续新增的客户详细信息，以后续新增数据中最新的时间点作为结束时间，采用上述同样的方法进行抽取，形成增量数据。

从航空公司系统内的客户基本信息、乘机信息以及积分信息等详细数据中，根据末次飞行日期（LAST_FLIGHT_DATE），抽取 2012 年 4 月 1 日至 2014 年 3 月 31 日内所有乘客的详细数据，总共 62988 条记录。其中，包含了如会员卡号、入会时间、性别、年龄、会员卡级别、工作地城市、工作地所在省份、工作地所在国家、观测窗口的结束时间、观测窗口乘机积分、观测窗口的飞行公里数、观测窗口内的飞行次数、飞行时间、平均乘机时间间隔、平均折扣率等 44 个属性。

7.2.2　数据探索分析

本案例的探索分析是对数据进行缺失值分析与异常值分析，分析出数据的规律以及异常值。通过对数据观察，发现原始数据中存在票价为空值，票价最小值为 0、折扣率最小值为 0、总飞行公里数大于 0 的记录。票价为空值的数据可能是客户不存在乘机记录造成。其他的数据可能是客户乘坐 0 折机票或者积分兑换造成。

查找每列属性观测值中空值个数、最大值、最小值的 R 代码如代码清单 7-1 所示。

代码清单 7-1　数据探索分析代码

```
##设置工作空间
#把"数据及程序"文件夹复制到 F 盘下,再用 setwd 设置工作空间
setwd("F:/数据及程序/chapter7/示例程序")
#数据读取
datafile = read.csv('./data/air_data.csv',header = T)

#确定要探索分析的变量
col = c(15:18,20:29)#去掉日期型变量

#输出变量最值、缺失情况
summary(datafile[,col])
```

* 代码详见: 示例程序/code/data_explore.R

根据上面的代码得到探索结果如表 7-4 所示。

表 7-4　数据探索分析结果表

属性名称	SUM_YR_1	SUM_YR_2	...	SEG_KM_SUM	AVG_DISCOUNT
空值记录数	551	138	...	0	0
最大值	239560	234188	...	580717	1.5
最小值	0	0	...	368	0

7.2.3　数据预处理

本案例主要采用数据清洗、属性规约与数据变换的预处理方法。

1. 数据清洗

通过数据探索分析,发现数据中存在缺失值,票价最小值为 0、折扣率最小值为 0、总飞行公里数大于 0 的记录。由于原始数据量大,这类数据所占比例较小,对于问题影响不大,因此对其进行丢弃处理。具体处理方法如下:

❑ 丢弃票价为空的记录;

❑ 丢弃票价为 0、平均折扣率不为 0、总飞行公里数大于 0 的记录。

使用 R 对满足清洗条件的数据进行丢弃,处理方法为满足清洗条件的一行数据全部丢弃,其代码如代码清单 7-2 所示。

代码清单 7-2　数据清洗代码

```
##设置工作空间
#把"数据及程序"文件夹复制到 F 盘下,再用 setwd 设置工作空间
setwd("F:/数据及程序/chapter7/示例程序")
#数据读取 datafile = read.csv('./data/air_data.csv',he = T)

#丢弃票价为空的记录
delet_na = datafile[ -which(is.na(datafile$SUM_YR_1) |is.na(datafile$SUM_YR_2)),]

#丢弃票价为 0、平均折扣率不为 0、总飞行公里数大于 0 的记录
```

```
index = ((delet_na $SUM_YR_1 == 0 & delet_na $SUM_YR_2 == 0)
        * (delet_na $avg_discount ! = 0)
        * (delet_na $SEG_KM_SUM > 0))
deletdata = delet_na[ - which(index == 1),]

#保存清洗后的数据
cleanedfile = deletdata
```

* 代码详见：示例程序/code/data_clean. R

2. 属性规约

原始数据中属性太多，根据航空公司客户价值 LRFMC 模型，选择与 LRFMC 指标相关的 6 个属性：FFP_DATE、LOAD_TIME、FLIGHT_COUNT、AVG_DISCOUNT、SEG_KM_SUM、LAST_TO_END。删除与其不相关、弱相关或冗余的属性，如会员卡号、性别、工作地城市、工作地所在省份、工作地所在国家、年龄等属性。经过属性选择后的数据集，如表 7-5 所示。

表 7-5　属性选择后的数据集

LOAD_TIME	FFP_DATE	LAST_TO_END	FLIGHT_COUNT	SEG_KM_SUM	AVG_DISCOUNT
2014/3/31	2013/3/16	23	14	126850	1. 02
2014/3/31	2012/6/26	6	65	184730	0. 76
2014/3/31	2009/12/8	2	33	60387	1. 27
2014/3/31	2009/12/10	123	6	62259	1. 02
2014/3/31	2011/8/25	14	22	54730	1. 36
2014/3/31	2012/9/26	23	26	50024	1. 29
2014/3/31	2010/12/27	77	5	61160	0. 94
2014/3/31	2009/10/21	67	4	48928	1. 05
2014/3/31	2010/4/15	11	25	43499	1. 33
2014/3/31	2007/1/26	22	36	68760	0. 88
2014/3/31	2006/12/26	4	49	64070	0. 91
2014/3/31	2011/8/15	22	51	79538	0. 74
2014/3/31	2009/8/27	2	62	91011	0. 67
2014/3/31	2013/3/18	9	12	69857	0. 79
2014/3/31	2013/3/12	2	65	75026	0. 69
2014/3/31	2007/2/1	13	28	50884	0. 86
2014/3/31	2004/12/18	56	6	73392	0. 66
2014/3/31	2008/8/15	23	15	36132	1. 07
2014/3/31	2011/8/9	48	6	55242	0. 79
2014/3/31	2011/11/23	36	7	44175	0. 89

3. 数据变换

数据变换是将数据转换成"适当的"格式，以适应挖掘任务及算法的需要。本案例中主要采用的数据变换方式有属性构造和数据标准化。

由于原始数据中并没有直接给出 LRFMC 5 个指标，需要通过原始数据提取这 5 个指标，具体的计算方式如下：

$$L = LOAD\_TIME - FFP\_DATE$$

会员入会时间距观测窗口结束的月数 = 观测窗口的结束时间 – 入会时间（单位：月）

$$R = LAST\_TO\_END$$

客户最近一次乘坐公司飞机距观测窗口结束的月数 = 最后一次乘机时间至观察窗口末端时长（单位：月）

$$F = FLIGHT\_COUNT$$

客户在观测窗口内乘坐公司飞机的次数 = 观测窗口内的飞行次数（单位：次）

$$M = SEG\_KM\_SUM$$

客户在观测时间内在公司累计的飞行里程 = 观测窗口的总飞行公里数（单位：公里）

$$C = avg\_discount$$

客户在观测时间内乘坐舱位所对应的折扣系数的平均值 = 平均折扣率（单位：无）

5 个指标的数据提取后，对每个指标数据分布情况进行分析，其数据的取值范围如表 7-6 所示。从表中数据可以发现，5 个指标的取值范围数据差异较大，为了消除数量级数据带来的影响，需要对数据进行标准化处理。

表 7-6　LRFMC 指标取值范围

属性名称	L	R	F	M	C
最小值	c	1	2	368	0
最大值	112. 97	731	213	580 717	1. 5

标准差标准化处理的 R 代码如代码清单 7-3 所示，datafile 为输入数据文件，zscoredata 为标准差标准化后数据集。

代码清单 7-3　标准差标准化

```
##设置工作空间
#把"数据及程序"文件夹复制到 F 盘下，再用 setwd 设置工作空间
setwd("F:/数据及程序/chapter7/示例程序")
#数据读取
datafile = read. csv('. /data/zscoredata. csv', he = T)

#数据标准化
zscoredfile = scale(datafile)
colnames(zscoredfile) = c("ZL", "ZR", "ZF", "ZM", "ZC")

#数据写入
write. csv(zscoredfile, '. /tmp/zscoreddata. csv')
```

* 代码详见：示例程序/code/zscore_data. R

标准差标准化处理后，形成 ZL、ZR、ZF、ZM、ZC 5 个属性的数据，如表 7-7 所示。

表 7-7　标准化处理后的数据集

ZL	ZR	ZF	ZM	ZC
1. 436 278	− 0. 945	14. 034 51	26. 762 11	1. 294 939
1. 308 826	− 0. 911 95	9. 073 559	13. 127 37	2. 866 311
1. 329 649	− 0. 889 91	8. 719 206	12. 653 97	2. 879 075
0. 658 997	− 0. 416 16	0. 781 685	12. 541 11	1. 993 551
0. 385 782	− 0. 922 96	9. 924 008	13. 899 27	1. 343 695
0. 888 412	− 0. 515 32	5. 671 765	13. 170 45	1. 327 664
1. 700 158	− 0. 945	6. 309 601	12. 812 15	1. 314 982
− 0. 043 97	− 0. 933 98	4. 325 221	12. 821 08	1. 297 27
− 0. 544 44	− 0. 917 45	3. 120 419	14. 448 43	0. 575 081
− 0. 147	− 0. 867 88	3. 687 385	16. 993 79	− 0. 076 16
− 0. 305 69	− 0. 829 31	2. 199 1	11. 623 24	1. 441 002
2. 285 004	− 0. 917 45	9. 427 913	12. 070 94	1. 245 723
1. 411 865	− 0. 581 42	1. 206 909	14. 450 33	0. 416 41
1. 445 254	− 0. 933 98	7. 514 404	7. 704 426	3. 655 942
0. 037 173	− 0. 939 49	2. 695 195	12. 005 82	1. 080 571
0. 831 686	− 0. 592 44	0. 710 814	10. 326 83	1. 643 328
− 0. 158 49	− 0. 911 95	6. 309 601	7. 358 473	3. 591 844
− 0. 296 36	− 0. 702 61	1. 986 487	12. 675 25	0. 625 713
1. 682 925	− 0. 939 49	3. 687 385	7. 222 002	3. 673 319
− 0. 641 74	− 0. 818 3	1. 844 746	14. 990 28	− 0. 074 67

* 数据详见：示例程序/data/zscoreddata. csv

7.2.4　模型构建

客户价值分析模型构建主要由两个部分构成，第一部分根据航空公司客户五个指标的数据，对客户作聚类分群；第二部分结合业务对每个客户群进行特征分析，分析其客户价值，并对每个客户群进行排名。

1. 客户聚类

采用 K-Means 聚类算法对客户数据进行客户分群，聚成五类（需要结合业务的理解与分析来确定客户的类别数量）。

利用 K-Means 聚类算法进行客户分群的 R 代码如代码清单 7-4 所示，输入数据集为 input-file，聚类类别数为 $k = 5$，输出结果 type 为每个样本对应的类别号，centervec 为聚类中心向量。

代码清单 7-4　K-Means 聚类算法

```
##设置工作空间
#把"数据及程序"文件夹复制到 F 盘下，再用 setwd 设置工作空间
setwd("F:/数据及程序/chapter7/示例程序")
#数据读取
inputfile = read. csv('./data/zscoreddata. csv',he = T)
```

```
#聚类分析
result = kmeans(inputfile,5)

#结果输出
type = result $cluster
table(type)  #查看类别分布
centervec = result $center
```

*代码详见: 示例程序/code/kmeans_cluster.R

对数据进行聚类分群的结果如表 7-8 所示。

表 7-8 客户聚类结果

聚类类别	聚类个数	聚类中心				
		ZL	ZR	ZF	ZM	ZC
客户群 1	5337	0.483	−0.799	2.483	2.424	0.308
客户群 2	15735	1.160	−0.377	−0.087	−0.095	−0.158
客户群 3	12130	−0.314	1.686	−0.574	−0.537	−0.171
客户群 4	24644	−0.701	−0.415	−0.161	−0.165	−0.255
客户群 5	4198	0.057	−0.006	−0.227	−0.230	2.191

*由于 K-Means 聚类是随机选择类标号，因此上机实验得到结果中的类标号可能与此不同

2. 客户价值分析

针对聚类结果进行特征分析，如图 7-3 所示，其中客户群 1 在 F、M 属性上最大，在 R 属性上最小；客户群 2 在 L 属性上最大；客户群 3 在 R 属性上最大，在 F、M 属性上最小；客户群 4 在 L、C 属性上最小；客户群 5 在 C 属性上最大。结合业务分析，通过比较各个指标在群间的大小对某一个群的特征进行评价分析。例如，客户群 1 在 F、M 属性上最大，在 R 属性上最小，因此可以说 F、M、R 在客户群 1 上是优势特征；以此类推，F、M、R 在客户群 3 上是劣势特征。从而总结出每个群的优势和弱势特征，具体结果如表 7-9 所示。

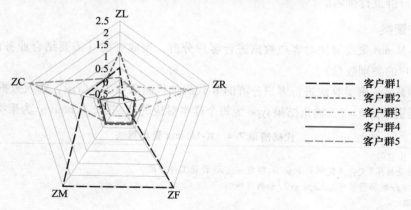

图 7-3 客户群特征分析图

表 7-9　客户群特征描述表

群类别	优势特征			弱势特征		
客户群 1	F	M	*R*			
客户群 2	L	**F**	**M**			
客户群 3				*F*	*M*	R
客户群 4				*L*		C
客户群 5	C		**R**	*F*		**M**

＊注：正常字体表示最大值，加粗字体表示次大值，斜体字体表示最小值，带下划线的字体表示次小值

由上述特征分析的图表说明每个客户群都有显著不同的表现特征，基于该特征描述，本案例定义五个等级的客户类别：重要保持客户、重要发展客户、重要挽留客户、一般客户、低价值客户。他们之间的区别如图 7-4 所示，其中每种客户类别的特征如下：

□ **重要保持客户**：这类客户的平均折扣率（C）较高（一般所乘航班的舱位等级较高），最近乘坐过本公司航班（R）低，乘坐的次数（F）或里程（M）较高。他们是航空公司的高价值客户，是最为理想的客户类型，对航空公司的贡献最大，所占比例却较小。航空公司应该优先将资源投放到他们身上，对他们进行差异化管理和一对一营销，提高这类客户的忠诚度与满意度，尽可能延长这类客户的高水平消费。

□ **重要发展客户**：这类客户的平均折扣率（C）较高，最近乘坐过本公司航班（R）低，但乘坐的次数（F）或里程（M）较低。这类客户入会时长（L）短，他们是航空公司的潜在价值客户。虽然这类客户的当前价值并不是很高，但却有很大的发展潜力。航空公司要努力促使这类客户增加在本公司的乘机消费和合作伙伴处的消费，也就是增加客户的钱包份额。通过客户价值的提升，加强这类客户的满意度，提高他们转向竞争对手的转移成本，使他们逐渐成为公司的忠诚客户。

□ **重要挽留客户**：这类客户过去所乘航班的平均折扣率（C）、乘坐的次数（F）或者里程（M）较高，但是较长时间已经没有乘坐过本公司航班（R）高或是乘坐频率变小。他们客户价值变化的不确定性很高。由于这些客户衰退的原因各不相同，所以掌握客户的最新信息、维持与客户的互动就显得尤为重要。航空公司应该根据这些客户的最近消费时间、消费次数的变化情况，推测客户消费的异动状况，并列出客户名单，对其重点联系，采取一定的营销手段，延长客户的生命周期。

□ **一般客户与低价值客户**：这类客户所乘航班的平均折扣率（C）很低，较长时间没有乘坐过本公司航班（R）高，乘坐的次数（F）或里程（M）较低，入会时长（L）短。他们是航空公司的一般客户与低价值客户，可能是在航空公司机票打折促销时，才会乘坐本公司航班。

其中，重要发展客户、重要保持客户、重要挽留客户这三类重要客户分别可以归入客户生命周期管理的发展期、稳定期、衰退期三个阶段。

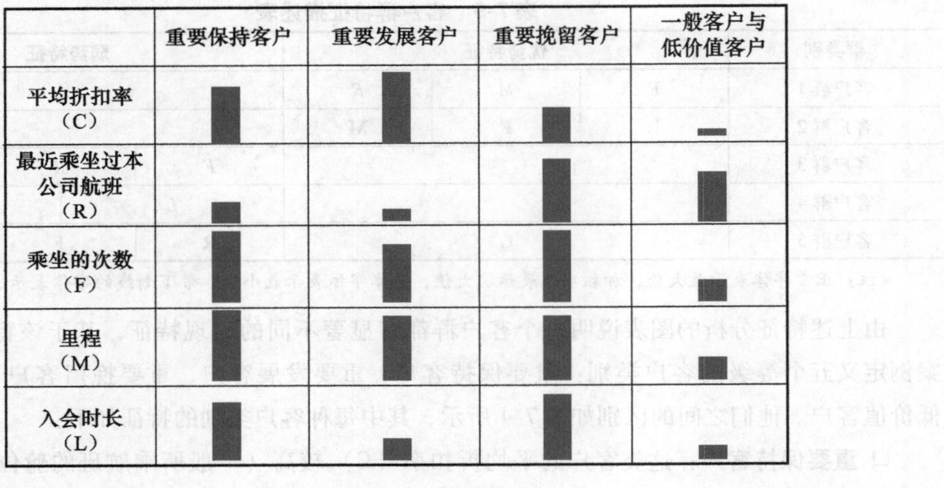

	重要保持客户	重要发展客户	重要挽留客户	一般客户与低价值客户
平均折扣率（C）		■	■	▪
最近乘坐过本公司航班（R）	▪		■	■
乘坐的次数（F）	■	■	■	▪
里程（M）	■	■	■	
入会时长（L）	■	▪	■	▪

图7-4　客户类别的特征分析

根据每种客户类型的特征，对各类客户群进行客户价值排名，其结果如表7-10所示。针对不同类型的客户群提供不同的产品和服务，提升重要发展客户的价值、稳定和延长重要保持客户的高水平消费、防范重要挽留客户的流失并积极进行关系恢复。

本模型采用历史数据进行建模，随着时间的变化，分析数据的观测窗口也在变换。因此，对于新增客户详细信息，考虑业务的实际情况，该模型建议每一个月运行一次，对其新增客户信息通过聚类中心进行判断，同

表7-10　客户群价值排名

客户群	排名	排名含义
客户群1	1	重要保持客户
客户群5	2	重要发展客户
客户群2	3	重要挽留用户
客户群4	4	一般客户
客户群3	5	低价值客户

时对本次新增客户的特征进行分析。如果增量数据的实际情况与判断结果差异大，需要业务部门重点关注，查看变化大的原因以及确认模型的稳定性。如果模型稳定性变化大，需要重新训练模型进行调整。目前，模型进行重新训练的时间没有统一标准，大部分情况都是根据经验来决定。根据经验建议：每隔半年训练一次模型比较合适。

3. 模型应用

根据对各个客户群进行特征分析，采取下面的一些营销手段和策略，为航空公司的价值客户群管理提供参考。

（1）会员的升级与保级

航空公司的会员可以分为白金卡会员、金卡会员、银卡会员、普通卡会员，其中非普通卡会员可以统称为航空公司的精英会员。虽然各个航空公司都有自己的特点和规定，但会员制的管理方法是大同小异的。成为精英会员一般都是要求在一定时间内（如一年）积累一定的飞行里程或航段，达到这种要求后就会在有效期内（通常为两年）成为精英会员，并享受相应的高级别服务。有效期快结束时，根据相关评价方法确定客户是否有资格继续作为精英

会员，然后对该客户进行相应地升级或降级。

然而，由于许多客户并没有意识到或根本不了解会员升级或保级的时间与要求（相关的文件说明往往复杂且不易理解），经常在评价期过后才发现自己其实只差一点就可以实现升级或保级，却错过了机会，使之前的里程积累白白损失。同时，这种认知还可能导致客户的不满，干脆放弃在本公司的消费。

因此，航空公司可以在对会员升级或保级进行评价的时间点之前，对那些接近但尚未达到要求的较高消费客户进行适当提醒甚至采取一些促销活动，刺激他们通过消费达到相应标准。这样既可以获得收益，同时也提高了客户的满意度，增加了公司的精英会员。

（2）首次兑换

航空公司常旅客计划中最能够吸引客户的内容就是客户可以通过消费积累的里程来兑换免票或免费升舱等。各个航空公司都有一个首次兑换标准，也就是当客户的里程或航段积累到一定程度时才可以实现第一次兑换，这个标准会高于正常的里程兑换标准。但是很多公司的里程积累随着时间会进行一定地削减，如有的公司会在年末对该年积累的里程进行折半处理。这样会导致许多不了解情况的会员白白损失自己好不容易积累的里程，甚至总是难以实现首次兑换。同样，这也会引起客户的不满或流失。可以采取的措施是从数据库中提取出接近但尚未达到首次兑换标准的会员，对他们进行提醒或促销，使他们通过消费达到标准。一旦实现了首次兑换，客户在本公司进行再次消费兑换就比在其他公司进行兑换要容易许多，在一定程度上等于提高了转移的成本。另外，在一些特殊的时间点（如里程折半的时间点）之前可以给客户一些提醒，这样可以增加客户的满意度。

（3）交叉销售

通过发行联名卡等与非航空类企业的合作，使客户在其他企业的消费过程中获得本公司的积分，增强与公司的联系，提高他们的忠诚度。例如，可以查看重要客户在非航空类合作伙伴处的里程积累情况，找出他们习惯的里程积累方式（是否经常在合作伙伴处消费、更喜欢消费哪些类型合作伙伴的产品），对他们进行相应促销。

客户识别期和发展期为客户关系打下基石，但是这两个时期带来的客户关系是短暂的、不稳定的。企业要获取长期的利润，必须具有稳定的、高质量的客户。保持客户对于企业是至关重要的，不仅因为争取一个新客户的成本远远高于维持老客户的成本，更重要的是客户流失会造成公司收益的直接损失。因此，在这一时期，航空公司应该努力维系客户关系水平，使之处于较高的水准，最大化生命周期内公司与客户的互动价值，并使这样的高水平尽可能延长。对于这一阶段的客户，主要应该通过提供优质的服务产品和提高服务水平来提高客户的满意度。通过对常旅客数据库的数据挖掘、进行客户细分，可以获得重要保持客户的名单。这类客户一般所乘航班的平均折扣率（C）较高，最近乘坐过本公司航班（R）低，乘坐的次数（F）或里程（M）也较高。他们是航空公司的价值客户，是最为理想的客户类型，对航空公司的贡献最大，所占比例却比较小。航空公司应该优先将资源投放到他们身上，对他们进行差异化管理和一对一营销，提高这类客户的忠诚度与满意度，尽可能延长这类客户的高水平消费。

7.3　上机实验

1. 实验目的

□ 了解 K-Means 聚类算法在客户价值分析实例中的应用。

□ 利用 R 实现数据 scale 标准化以及模型的 K-Means 聚类过程。

2. 实验内容

依据航空公司客户价值分析的 LRFMC 模型提取客户信息的 LRFMC 指标。对其进行标准差标准化并保存后，采用 K-Means 算法完成客户的聚类，分析每类的客户特征，从而获得每类的客户价值。

□ 利用 R 程序，读入 LRFMC 指标文件，分别计算各个指标的均值与其标准差，使用标准差标准化公式完成 LRFMC 指标的标准化，并将标准化后的数据进行保存。

□ 编写 R 程序，完成客户的 K-Means 聚类，获得聚类中心与类标号。输出聚类中心的特征图，并统计每个类别的客户数。

3. 实验方法与步骤

（1）实验一

对 L、R、F、M、C 五个指标进行 scale 标准化。

1）打开 R，使用 read. csv 函数将待标准差标准化的数据"上机实验/data/zscoredata. csv"读入到 R 中。

2）使用 mean 与 sd 函数，获得 L、R、F、M、C 5 个指标的平均值与标准差。

3）根据 scale 标准化公式 $z_{ij} = (x_{ij} - x_i)/s_i$，其中 z_{ij} 是标准化后的变量值；x_{ij} 是实际变量值，x_i 为变量的算术平均值，s_i 是变量的标准差，进行标准差标准化。

（2）实验二

1）使用 read. csv 函数将航空数据预处理后的数据读入 R 工作空间，截取最后 5 列数据作为 K-Means 算法的输入数据。

2）调用 kmeans 函数对 1）中的数据进行聚类，得到聚类标号和聚类中心点。

3）根据聚类标号统计计算得到每个类别的客户数，同时根据聚类中心点向量画出客户聚类中心向量图并保存。

4. 思考与实验总结

1）R 中有函数 scale() 可以直接进行标准差标准化，但封装后过于简单，不利于学习，首次进行标准差标准化时请按以上步骤自行完成，以熟悉算法。

2）R 中 kmeans 函数中的初始聚类中心可以使用什么算法得到？默认是什么算法？

3）使用不同的预处理对原始数据进行变换，再使用 K-Means 算法进行聚类，对比聚类结果，分析不同数据预处理对 K-Means 算法的影响。

7.4　拓展思考

本章主要针对客户价值进行分析，但客户流失并没有提出具体的分析。由于在航空客户关系管理中客户流失的问题未被重视，故对航空公司造成了巨大的损害。客户流失对利润增长造成的负面影响非常大，仅次于公司规模、市场占有率、单位成本等因素的影响。客户与航空公司之间的关系越长久，给公司带来的利润就会越高。因此，流失一个老客户比获得一个新客户对公司的损失更大。要获得新客户，需要在销售、市场、广告和人员工资上花费很多的费用，但大多数新客户产生的利润还不如那些流失的老客户多。

因此，在国内航空市场竞争日益激烈的背景下，航空公司在客户流失方面应该引起足够的重视。如何改善流失问题，继而提高客户满意度、忠诚度是航空公司维护自身市场并面对激烈竞争的一件大事，客户流失分析将成为帮助航空公司开展持续改进活动的指南。

客户流失分析可以针对目前老客户进行分类预测。针对航空公司客户信息数据（见表 7-2），可以进行老客户以及客户类型的定义（其中将飞行次数大于 6 次的客户定义为老客户，已流失客户定义为：第二年飞行次数与第一年飞行次数比例小于 50% 的客户；准流失客户定义为：第二年飞行次数与第一年飞行次数比例在 ［50%，90%］ 内的客户；未流失客户定义为：第二年飞行次数与第一年飞行次数比例大于 90% 的客户）。同时，需要选取客户信息中的关键属性，如会员卡级别、客户类型（已流失、准流失、未流失）、平均乘机时间间隔、平均折扣率、积分兑换次数等。随机选取数据的 80% 作为分类的训练样本，剩余的 20% 作为测试样本。构建客户的流失模型，运用模型预测未来客户的类别归属（未流失、准流失、已流失）。

7.5　小结

本章结合航空公司客户价值分析的案例，重点介绍了数据挖掘算法中 K-Means 聚类算法在实际案例中的应用。针对客户价值识别传统的 RFM 模型的不足，采用 K-Means 算法进行分析，并详细地描述了数据挖掘的整个过程，对其相应的算法提供了 R 语言上机实验。

Chapter 8 | 第 8 章

中医证型关联规则挖掘

8.1 背景与挖掘目标

恶性肿瘤俗称癌症，当前已成为危害我国居民生命健康的主要杀手。应用中医药治疗恶性肿瘤已成为公认的综合治疗的方法之一，且中医药治疗乳腺癌有着广泛的适应性和独特的优势。从整体出发，调整机体气血、阴阳、脏腑功能的平衡，根据不同的临床证候进行辨证论治。确定"先证而治"的方向：即后续证候尚未出现之前，需要截断恶化病情的哪些后续证候，发现中医症状间的关联关系和诸多症状间的规律性，并且依据规则分析病因、预测病情发展以及为未来临床诊治提供有效借鉴。这样一来，患者在治疗的过程中，医生可以有效地减少西医以及化疗治疗的毒副作用，为后续治疗打下基础。同时，还有利于乳腺癌患者术后体质的恢复、生存质量的改善，有利于提高患者的生存概率。

三阴乳腺癌患者的临床患病信息如表 8-1 所示，由信息整理而成的原始数据如表 8-2 所示，请根据这些数据实现以下目标：

1）借助三阴乳腺癌患者的病理信息，挖掘患者的症状与中医证型之间的关联关系；

2）对截断治疗提供依据，挖掘潜性证素。

表 8-1 原始属性表

序号	属性名称	属性描述
1	实际年龄	A1：≤30 岁；A2：31～40 岁；A3：41～50 岁；A4：51～60 岁；A5：61～70 岁；A6：≥71 岁
2	发病年龄	a1：≤30 岁；a2：31～40 岁；a3：41～50 岁；a4：51～60 岁；a5：61～70 岁；a6：≥71 岁

（续）

序号	属性名称	属性描述
3	初潮年龄	C1：≤12 岁；C2：13~15 岁；C3：≥16 岁
4	既往月经是否规律	D1：月经规律；D2：月经先期；D3：月经后期；D4：月经先后不定期
5	是否痛经	Y：是；N：否
6	是否绝经	Y：是；N：否
…	…	…
64	肝气郁结证得分	总分 40 分
65	热毒蕴结证得分	总分 44 分
66	冲任失调证得分	总分 41 分
67	气血两虚证得分	总分 43 分
68	脾胃虚弱证得分	总分 43 分
69	肝肾阴虚证得分	总分 38 分
70	TNM 分期	H1：Ⅰ；H2：Ⅱ；H3：Ⅲ；H4：Ⅳ
71	确诊后几年发现转移	1. 无转移：BU0；2. 小于等于 3 年：BU1；3. 大于 3 年小于等于 5 年：BU2；4. 大于 5 年：BU3
72	转移部位	R1：骨；R2：肺；R3：脑；R4：肝；R5：其他；R0：无转移
73	病程阶段	S1：围手术期；S2：围化疗期；S3：围放疗期；S4：巩固期

表 8-2 原始数据表

患者编号	实际年龄	发病年龄	初潮年龄	既往月经是否规律	是否痛经	是否绝经	是否有更年期症状	婚否	育几胎	产几胎	流几胎	生育年龄	是否哺乳	哺乳时间	乳汁量	肿块部位	肿块是否疼痛
20140002	A2	a2	B2	C1	N	Y	Y	Y	3	2	1	D3	Y	E3	F1	G1	N
20140003	A5	a5	B2	C1	Y	Y	Y	Y	2	1	1	D3	Y	E3	F1	G1	N
20140007	A4	a4	B2	C1	Y	Y	Y	Y	1	1	0	D2	Y	E3	F1	G1	N
20140010	A5	a5	B2	C1	Y	Y	Y	Y	2	1	1	D2	Y	E3	F1	G1	N
20140020	A1	a1	B2	C1	N	N	N	Y	2	1	1	D2	Y	E2	F1	G3	Y
20140027	A2	a2	B3	C1	N	N	N	Y	2	1	1	D1	Y	E1	F1	G2	N
20140028	A3	a3	B3	C2	Y	Y	Y	Y	5	2	3	D1	Y	E3	F1	G2	Y
20140004	A3	a3	B2	C1	N	Y	N	Y	1	1	0	D3	N	NULL	F2	G1	N
20140009	A3	a3	B2	C1	Y	Y	Y	Y	1	1	0	D2	N	NULL	F2	G3	N
20140012	A2	a2	B1	C4	N	Y	Y	Y	1	1	0	D2	Y	E1	F2	G4	N
20140016	A5	a4	B2	C3	Y	Y	Y	Y	3	1	2	D2	Y	E3	F2	G5	N
20140017	A3	a3	B2	C1	Y	Y	Y	Y	1	1	0	D2	N	NULL	F2	G1	Y
20140019	A1	a1	B2	C4	Y	N	N	Y	2	1	1	D1	Y	E1	F2	G3	N

（续）

患者编号	实际年龄	发病年龄	初潮年龄	既往月经是否规律	是否痛经	是否绝经	是否有更年期症状	婚否	育几胎	产几胎	流几胎	生育年龄	是否哺乳	哺乳时间	乳汁量	肿块部位	肿块是否疼痛
20140023	A2	a2	B2	C1	Y	N	N	Y	3	2	1	D1	Y	E3	F2	G1	Y
20140025	A2	a2	B3	C1	N	Y	Y	Y	3	1	2	D1	Y	E2	F2	G5	N
20140026	A3	a3	B2	C1	N	Y	Y	Y	2	1	1	D1	n	NULL	F2	G3	N
20140005	A4	a4	B2	C1	N	Y	Y	Y	1	1	0	D3	Y	E3	F3	G3	N
20140006	A4	a4	B3	C1	N	Y	Y	Y	1	1	0	D2	Y	E3	F3	G5	N
20140008	A5	a5	B2	C1	N	Y	Y	Y	3	1	2	D2	Y	E2	F3	G3	Y
20140011	A5	a4	B2	C1	N	Y	Y	Y	2	2	0	D2	Y	E3	F3	G1	N

8.2　分析方法与过程

由于患者在围手术期、围化疗期、围放疗期和内分泌治疗期等各个病程阶段，基本都会出现特定的临床症状，故而可以运用中医截断疗法进行治疗，在辨病的基础上围绕各个病程的特殊证候先证而治。截断扭转的主要观点是强调早期治疗，力图快速控制病情，截断病情邪变深入，扭转阻止疾病恶化[15]。

目前，医学上患者的临床病理信息大部分都存在纸张上，包含了患者的基本信息、具体患病信息等，很少会将患者的患病信息存放于系统中，因此进行数据分析时会面临数据缺乏的情况。针对这种状况，本章采用问卷调查的方式收集数据。运用数据挖掘技术对收集的数据进行数据探索与预处理，形成建模数据。采用关联规则算法，挖掘各中医证素与乳腺癌TNM分期之间的关系，其中乳腺癌TNM分期是乳腺癌分期基本原则，Ⅰ期较轻，Ⅳ期较严重。探索不同分期阶段的三阴乳腺癌患者的中医证素分布规律，以及截断病变发展、先期干预的治疗思路，指导三阴乳腺癌的中医临床治疗。

本次数据挖掘建模的总体流程如图8-1所示。

中医证型关联规则挖掘主要包括以下步骤：

1）以问卷调查的方式对数据进行收集，并将问卷信息整理成原始数据；

2）对原始数据集进行数据预处理，包括数据清洗、属性规约、数据变换；

3）利用2）形成的建模数据，采用关联规则算法，调整模型输入参数，获取各中医证素与乳腺癌TNM分期之间的关系；

4）结合实际业务，对模型结果进行分析，且将模型结果应用于实际业务中，最后输出关联规则结果。

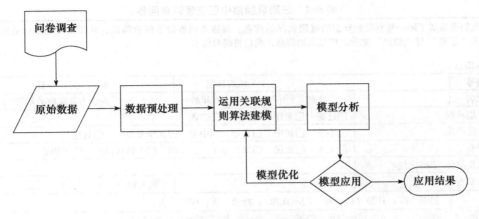

图 8-1　中医证型关联规则挖掘模型总体流程图

8.2.1　数据获取

本案例采用调查问卷的形式对数据进行搜集，数据获取的具体过程如下：

1）拟定调查问卷表并形成原始指标表；

2）定义纳入标准与排除标准；

3）将收集回来的问卷表整理成原始数据。

首先根据中华中医药学会制定的相关指南与标准，从乳腺癌六种分型的症状（表 8-3），提取相应证素拟定调查问卷表（表 8-4），并制定三阴乳腺癌中医证素诊断量表（表 8-5），从调查问卷中提炼信息形成原始属性表。然后依据标准定义表（表 8-6），将有效的问卷表整理成原始数据（表 8-2）。问卷调查需要满足两个条件：第一，问卷信息采集者均要求有中医诊断学基础，能准确识别病人的舌苔脉象，用通俗的语言解释医学术语，并确保患者信息填写准确；第二，问卷调查对象必须是三阴乳腺癌患者。本章的调查对象是某省中医院以及肿瘤医院等各大医院各病程阶段 1253 位三阴乳腺癌患者。

表 8-3　乳腺癌辨证分型

证型	主要症状
肝气郁结证	乳房肿块，时觉胀痛，情绪忧郁或急躁，心烦易怒，苔薄白或薄黄，脉弦滑
热毒蕴结证	乳房肿块，增大迅速，疼痛，间或红肿，甚则溃烂、恶臭，或发热，心烦口干，便秘，小便短赤，舌暗红，有瘀斑，苔黄腻，脉弦数
冲任失调证	乳房肿块，月经前胀痛明显，或月经不调，腰腿酸软，烦劳体倦，五心烦热，口干咽燥，舌淡，苔少，脉细无力
气血两虚证	乳房肿块，与胸壁粘连，推之不动，头晕目眩，气短乏力，面色苍白，消瘦纳呆，舌淡，脉沉细无力
脾胃虚弱证	纳呆或腹胀，便溏或便秘，舌淡，苔白腻，脉细弱
肝肾阴虚证	头晕目眩，腰膝酸软，目涩梦多，咽干口燥，大便干结，月经紊乱或停经，舌红，苔少脉细数

表 8-4　三阴乳腺癌中医证素调查问卷

我们很希望了解一些有关您及您的健康状况的信息。请独立回答以下所有问题，并圈出对您最合适的答案。答案无"正确"与"错误"之分。您提供的信息，我们将绝对保密。

[基本信息]

编号				填表日期		年　　月　　日	
姓名		性别		年龄		确诊为乳腺癌的年龄	
婚姻状况		□已婚　□未婚　□离异　□丧偶					
文化程度		□小学　□初中　□高中　□中专　□大学及以上　□其他					
职业		□工人　□农民　□知识分子　□干部　□个体经商户　□无职业					
工作单位/家庭住址							
联系方式					病人种类	□门诊　□住院	

月经史	初潮　岁；月经（□规律　□不规律）；持续　天；间隔　天；		
	痛经	□有　□无	末次月经时间
	闭经	□是　□否【若是，则：闭经于　岁；闭经症状（□有　□无）】	
婚育史	婚否	□未婚　□已婚【若已婚，则：结婚年龄为　岁】	
	生育状况	□未生育　□已生育【若已生育，则育　胎，生产　胎，流产　胎；首胎生于　岁，末胎生于　岁】	
哺乳史	是否哺乳	□是　□否【若是，则哺乳　个孩子；最长哺乳　年　月，最短哺乳　年　月】	
	乳汁量	□少　□一般　□多	哺乳部位　□双侧　□左侧　□右侧
乳腺肿块	部位	□外上　□内上　□外下　□内下　□乳头后	
	发生时间及经过		
乳腺疼痛	有无疼痛	□有　□无	性质　□刺痛　□胀痛　□隐痛　□灼痛
	与月经来潮关系	□有　□无	

乳头溢液	□有　□无	性质　□水样　□乳汁样　□血样　□脓性　□浆液性
皮肤水肿	□有　□无	腋下肿块　□有　□无
乳头乳晕糜烂	□有　□无	其他症状

曾经治疗	新辅助治疗	化疗：方案（剂量）　　　　　　　　已进行　　　　周期 内分泌治疗：方案（剂量）　　　　使用时间
	术前放疗	部位：□乳房　□内乳区　□锁骨区　剂量：　　　次数：
	辅助治疗	化疗：方案（剂量）　　　　　　　　已进行　　　　周期 内分泌治疗：方案（剂量）　　　　使用时间
	中医药治疗	治疗时间： 效果：

[术后病理及免疫组化资料]

原发肿瘤直径	区域淋巴结状态	TNM 分期	组织学类型	组织学分级

P – Gp	GSTπ	TOPO Ⅱ	Ki – 67	VEGF 表达	P53 表达

[病程阶段分期]

围手术期	围化疗期	围放疗期	巩固期

表 8-5　三阴乳腺癌中医证素诊断量表

Ⅰ. 肝气郁结证					
定义	肝失疏泄，气机郁滞，所表现的情志抑郁、胁胀、胁痛等证候				
必备证素	肝、气滞		或兼证素	心神［脑］、（胆）、胞宫	
常见证候及计量值					
3 分		2 分		1 分	
抑郁或忧虑//喜叹气	☐	情志有关	☐	排便不爽	☐
胁胀	☐	烦躁//急躁易怒	☐	嗳气	☐
乳房胀	☐	胸闷	☐	咽部异物感	☐
乳房痛	☐	腹胀//脘痞胀	☐	口苦	☐
胁痛//右上腹痛	☐	胀痛或窜痛	☐		
		大便时溏时结	☐		
		痛经	☐		
		月经错乱	☐		
		乳房结块	☐		
		肝大//胆囊肿大//脾大	☐		
		脉弦	☐		
小计（A）	×3 分 =　分	小计（B）	×2 分 =　分	小计（C）	×1 分 =　分
总分 41 分		总得分（A + B + C）			分

表 8-6　标准定义表

标　准	详细信息
纳入标准	☐ 病理诊断为乳腺癌 ☐ 病历完整，能提供既往接受检查、治疗等相关信息，包括发病年龄、月经状态、原发肿瘤大小、区域淋巴结状态、组织学类型、组织学分级、P53 表达、VEGF 表达等，作为临床病理及肿瘤生物学的特征指标 ☐ 没有精神类疾病，能自主回答问卷调查者
排除标准	☐ 本研究中临床、病理、肿瘤生物学指标不齐全者 ☐ 存在第二肿瘤（非乳腺癌转移） ☐ 精神病患者或不能自主回答问卷调查者 ☐ 不愿意参加本次调查者或中途退出本次调查者 ☐ 填写的资料无法根据诊疗标准进行分析者

8.2.2　数据预处理

本案例中数据预处理过程包括数据清洗、属性规约和数据变换。数据来源于问卷调查，因此数据预处理开始阶段，需要把纸质的问卷形成原始数据集。针对原始数据集，经过数据预处理，形成建模数据集。

1. 数据清洗

在收回的问卷中，存在无效的问卷，为了便于模型分析，需要对其进行处理。经过问卷有效性条件（见表 8-6）筛选后，数据量变化情况如图 8-2 所示。并将有效问卷整理成原始数据，共 930 条记录。

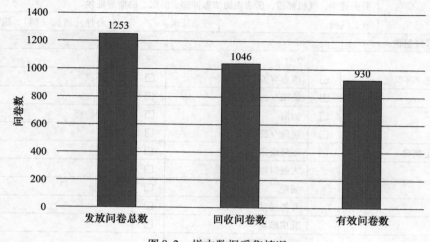

图 8-2　样本数据采集情况

2. 属性规约

本案例收集到的数据共有 73 个属性，为了更有效地对其进行挖掘，将其中的冗余属性与挖掘任务不相关属性剔除。因此，选取其中 6 种证型得分、TNM 分期的属性值构成数据集如表 8-7 所示。

表 8-7　属性选择后的数据集

患者编号	肝气郁结证得分	热毒蕴结证得分	冲任失调证得分	气血两虚证得分	脾胃虚弱证得分	肝肾阴虚证得分	TNM 分期
20140001	7	30	7	23	18	17	H4
20140179	12	34	12	16	19	5	H4
...	...	...	...	...	...	...	...
20140930	4	4	12	12	7	15	H4

3. 数据变换

本章数据变换主要采用属性构造和数据离散化两种方法对数据进行处理。首先通过属性构造，获得证型系数。然后通过聚类算法对数据进行离散化处理，形成建模数据。

（1）属性构造

为了更好地反映出中医证素分布的特征，采用证型系数代替具体单证型的证素得分，证型相关系数计算公式如下：证型系数 = 该证型得分/该证型总分。

针对各种证型得分进行属性构造后的数据集如表 8-8 所示。

表8-8　属性构造后的数据集

肝气郁结证型系数	热毒蕴结证型系数	冲任失调证型系数	气血两虚证型系数	脾胃虚弱证型系数	肝肾阴虚证型系数
0.056	0.460	0.281	0.352	0.119	0.350
0.488	0.099	0.283	0.333	0.116	0.293
...	...	...	...	...	...
0.169	0.214	0.125	0.153	0.142	0.217

* 数据详见：示例程序/data/data.xls

（2）数据离散化

由于 Apriori 关联规则算法无法处理连续型数值变量，为了将原始数据格式转换成适合建模的格式，需要对数据进行离散化。本章采用聚类算法对各个证型系数进行离散化处理，将每个属性聚成四类，其离散化后的数据格式如表8-9~表8-14所示。

表8-9　肝气郁结证型系数离散表

范围标识	肝气郁结证型系数范围	范围内元素的个数
A1	(0, 0.179]	244
A3	[0.354, 0.504]	53
A2	[0.18, 0.258]	355
A4	[0.259, 0.35]	278

表8-10　热毒蕴结证型系数离散表

范围标识	热毒蕴结证型系数范围	范围内元素的个数
B3	[0, 0.15]	342
B2	[0.297, 0.485]	179
B1	[0.494, 0.78]	29
B4	[0.151, 0.296]	380

表8-11　冲任失调证型系数离散表

范围标识	冲任失调证型系数范围	范围内元素的个数
C1	[0.438, 0.61]	35
C3	[0.289, 0.415]	206
C2	[0.067, 0.201]	296
C4	[0.202, 0.288]	393

表8-12　气血两虚证型系数离散表

范围标识	气血两虚证型系数范围	范围内元素的个数
D2	[0.177, 0.256]	367
D1	[0.366, 0.552]	44
D3	[0.257, 0.364]	221
D4	[0.059, 0.176]	298

表 8-13 脾胃虚弱证型系数离散表

范围标识	脾胃虚弱证型系数范围	范围内元素的个数
E2	[0.376, 0.526]	94
E1	[0.155, 0.256]	307
E3	[0.259, 0.375]	244
E4	[0.003, 0.154]	285

表 8-14 肝肾阴虚证型系数离散表

范围标识	肝肾阴虚证型系数范围	范围内元素的个数
F2	[0.016, 0.178]	200
F1	[0.18, 0.261]	237
F4	[0.263, 0.353]	265
F3	[0.355, 0.607]	228

数据离散化的代码如代码清单8-1所示。

代码清单 8-1 数据聚类离散化代码

```
##设置工作空间
#把"数据及程序"文件夹复制到F盘下,再用setwd设置工作空间
setwd("F:/数据及程序/chapter8/示例程序")
##读取数据
datafile = read.csv(". /data/data.csv", header = T)
#参数初始化
type = 4;                              #数据离散化的分组个数
index = 8;                             # TNM 分期数据所在列
typelabel = c("A","B","C","D","E","F");  #数据离散化后的标识前缀
set.seed(1234);                        #固定随机化种子
cols = ncol(datafile[,1:6])            #取六种证型列数
rows = nrow(datafile[,1:6])            #行数
disdata = matrix(NA, rows, cols + 1);  #初始化

##聚类离散化
for (i in 1:cols) {
    cl = kmeans(datafile[,i]], type, nstart = 20);  #对单个属性列进行聚类
    disdata[,i] = paste(typelabel[i], cl$cluster);
}

disdata[,cols + 1] = datafile[,index];
disdata[,cols + 1] = paste("H", disdata[,cols + 1], seq = "");

##导出数据
colnames(disdata) = c("肝气郁结证型系数","热毒蕴结证型系数","冲任失调证型系数","气血两虚证
型系数","脾胃虚弱证型系数","肝肾阴虚证型系数","TNM分期")
write.csv(disdata, file = ". /tmp/processedfile.csv", quote = F, row.names = F);
```

* 代码详见:示例程序/code/discretization.R

原始数据集经过数据预处理后，形成建模数据如表 8-15 所示。

表 8-15　建模数据集

肝气郁结 证型系数	热毒蕴结 证型系数	冲任失调 证型系数	气血两虚 证型系数	脾胃虚弱 证型系数	肝肾阴虚 证型系数	TNM 分期
A1	B2	C4	D3	E4	F4	H4
A3	B3	C4	D3	E4	F4	H4
…	…	…	…	…	…	…
A1	B4	C2	D4	E4	F1	H1

8.2.3　模型构建

本案例的目标是探索乳腺癌患者 TNM 分期与中医证型系数之间的关系，因此采用关联规则算法，挖掘它们之间的关联关系。

关联规则算法主要用于寻找数据集中项之间的关联关系。它揭示了数据项间的未知关系，基于样本的统计规律，进行关联规则挖掘。根据所挖掘的关联关系，可以从一个属性的信息来推断另一个属性的信息。当置信度达到某一阈值时，就可以认为规则成立。

1. 中医证型关联规则模型

本次中医证型关联规则建模的流程如图 8-3 所示。

由图 8-3 可知，模型主要由输入、算法处理、输出部分组成。输入部分包括：建模样本数据的输入；建模参数的输入。算法处理部分是 Apriori 关联规则算法。输出部分为关联规则的结果。

模型具体实现步骤如下：首先设置建模参数最小支持度、最小置信度，输入建模样本数据。然后采用 Apriori 关联规则算法对建模的样本数据进行分析，通过模型参数设置的最小支持度、最小置信度以及分析目标作为条件，如果所有的规则都不满足条件，则需要重新调整模型参数，否则输出关联规则结果。

目前，关于如何设置最小支持度与最小置信度，并没有统一的标准。大部分都是根据业务经验设置初始值，然后经过多次调整，获取与业务相符的关联规则结果。本章经过多次调整并结合实际业务分析，选取模型的

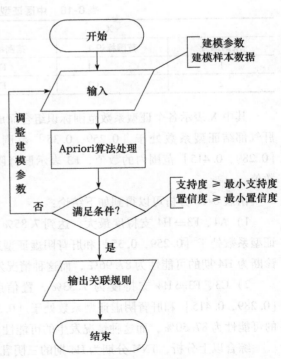

图 8-3　中医证型关联规则模型流程图

输入参数为：最小支持度 6%、最小置信度 75%。其关联规则代码如代码清单 8-2 所示。

代码清单 8-2　Apriori 关联规则代码

```
##设置工作空间
#把"数据及程序"文件夹复制到 F 盘下,再用 setwd 设置工作空间
setwd("F:/数据及程序/chapter8/示例程序")
library(arules)
#读入数据
a = read.csv("./tmp/processedfile.csv",header = T)      #读入数据
trans = as(a,"transactions")                            #将数据转换为 transactions 格式
inspect(trans[1:5])                                     #观测 trans 数据集中前 5 行数据 items
#调用 Apriori 算法
rules = apriori(trans,parameter = list(support = 0.06,confidence = 0.75))
                                                        #生成关联规则 rules
rules                                                   #显示 rules 中关联规则条数
inspect(rules)                                          #观测 rules 中关联规则
```

* 代码详见：示例程序/code/apriori_rules.R

2. 模型分析

用中医证型关联规则模型对建模数据进行挖掘，根据设定的最小支持度和最小置信度，得出中医证型系数与 TNM 分期 X⇒Y 的关联规则，模型结果如表 8-16 所示。

表 8-16　中医证型关联规则模型结果

	X		X⇒Y	
规则编号	范围标识 1	范围标识 2	支持度/%	置信度/%
1	A4	F3	7.85	87.96
2	C3	F3	7.53	87.50

其中 X 表示各个证型系数范围标识组合而成的规则，Y 表示 TNM 分期为 H4 期。A4 表示肝气郁结证型系数处于 [0.259, 0.35] 范围内的数值，C3 表示冲任失调证型系数处于 [0.289, 0.415] 范围内的数值，F3 表示肝肾阴虚证型系数处于 [0.355, 0.607] 范围内的数值。

由表 8-16 分析可以得到如下结论：

1）A4、F3⇒H4 支持度最大，达到 7.85%，置信度最大，达到 87.96%，说明肝气郁结证型系数处于 [0.259, 0.35] 和肝肾阴虚证型系数处于 [0.355, 0.607] 范围内，TNM 分期诊断为 H4 期的可能性为 87.96%，而这种情况发生的可能性为 7.85%。

2）C3、F3⇒H4 支持度为 7.53%，置信度为 87.50%，说明冲任失调证型系数处于 [0.289, 0.415] 和肝肾阴虚证型系数处于 [0.355, 0.607] 范围内，TNM 分期诊断为 H4 期的可能性为 87.50%，而这种情况发生的可能性为 7.53%。

综合以上分析，TNM 分期为 H4 期的三阴乳腺癌患者证型主要为肝肾阴虚证、热毒蕴结证和肝气郁结证，H4 期患者肝肾阴虚证和肝气郁结证的临床表现较为突出，其置信度最大达

到 87.96%。

对于模型结果，从医学角度进行分析：生理上，肝藏血，肾藏精，精血同源，肝肾同源，如《张氏医通》所言："气不耗，归精于肾而为精；精不泄，归精于肝而化清血。"；病理上，肝肾病变常相互影响，肾阴不足无以养肝阴，肝阳化火则燔灼肾阴。Ⅳ期三阴乳腺癌患者多病程迁延，癌毒久蕴，不论是化疗还是放疗，均会耗伤气血津液，故见肝肾阴虚之证。由于肝肾阴液是冲任二脉的物质基础，肝肾阴虚则精血不足，故冲任失调。且古今医家皆认为乳癌的形成与"肝气不舒郁积而成"有关系，心理学中抑郁内向的 C 型人格特征也被认为是肿瘤发生的高危因素之一，所以Ⅳ期三阴乳腺癌患者多有肝气郁结证的表现。

3. 模型应用

模型结果表明 TNM 分期为Ⅳ期的三阴乳腺癌患者证型主要为肝肾阴虚证、热毒蕴结证、肝气郁结证和冲任失调证。其中，Ⅳ期患者肝肾阴虚证和肝气郁结证的临床表现较为突出，其置信度最大达到 87.96%，且肝肾阴虚证临床表现都存在。故当Ⅳ期患者出现肝肾阴虚之表现时，应当选取滋补肝肾、清热解毒类抗癌中药，以滋养肝肾为补，清热解毒为攻，攻补兼施，截断热毒蕴结证的出现，为患者接受进一步治疗争取机会。由于患者多有肝气郁结证的表现，在进行治疗时须本着身心一体、综合治疗的精神，重视心理调适。一方面要在药方中注重疏肝解郁，另一方面需要及时疏导患者抑郁、焦虑的不良情绪，帮助患者建立合理的认知，树立继续治疗延长生存期的勇气。

8.3 上机实验

1. 实验目的
□ 掌握 R 语言实现 Apriori 关联算法的过程；
□ 了解 Apriori 关联算法的输入与输出的数据形式，且需要注意对输出数据进行相应的筛选。

2. 实验内容
□ 用 R 导入案例的事务集，每一行为是一个事务集。调用其中的关联算法函数，输入算法的最小支持度与最小置信度，获得中医症型系数与患者 TNM 分期的关联关系规则，并将规则进行保存。
□ 依据分析的目标，编写过滤函数代码，从输出结果中筛选与分析目标相关的规则，并按照特定的格式进行保存。

3. 实验方法与步骤
1）打开 R，使用 read. csv 函数将关联分析的原始数据"上机实验/tmp/processedfile. csv"读入到 R 中，然后使用 as 函数将数据转换为 transactions 格式，其中每个事务集为一行，每行事务集的分隔符默认为字符"，"。例如，"A1，B2，C4，D3，E4，F3，H4"这样的一行数据为一个事务集。

2）设定关联规则的支持度、置信度，将"示例程序/tmp/processedfile. csv"文档扫描一遍，对事物集中的各个符号进行编码，编码方式为一个映射（如"苹果"对应编码1，"梨"对应编码2这样的形式）。

3）根据支持度找出频繁集，直至找到最大频繁集后停止。

4）根据置信度得到大于等于置信度的规则，即为 Apriori 算法所求的关联规则。

5）对 Apriori 算法输出的规则，编写过滤函数。因为该实验中探究的是表8-15 中6 个症型系数与患者 TNM 分期的规则，所以只留下关联规则中后项有 H 的规则。输出为"Rule（Support，Confidence）A4，F3→H4(7. 8495%，87. 9518%)"格式，得到的相应结果展示。

4. 思考与实验总结

1）Apriori 算法的关键两步是找频繁集与根据置信度筛选规则，明白这两步过程后，才能清晰地编写相应程序，读者可按照自己的思路编写与优化关联规则程序。

2）本案例采用聚类的方法进行数据离散化，读者可以自己上机实验其他的离散化方法，如等距、等频、决策树、基于卡方检验等，试比较各个方法的优缺点。

8.4 拓展思考

利用本章案例中的原始数据，各属性说明如表 8-17 所示，采用 Apriori 关联规则算法，分析中医证型系数与病程阶段、转移部位和确诊后几年发现转移三个指标的关联分析。

表 8-17 关联规则模型输入变量

序号	变量名称	变量描述/取值范围
1	肝气郁结证型系数	0~1
2	热毒蕴结证型系数	0~1
3	冲任失调证型系数	0~1
4	气血两虚证型系数	0~1
5	脾胃虚弱证型系数	0~1
6	肝肾阴虚证型系数	0~1
7	病程阶段	S1：围手术期；S2：围化疗期；S3：围放疗期；S4：巩固期
8	转移部位	R1：骨；R2：肺；R3：脑；R4：肝；R5：其他；R0：无转移
9	确诊后几年发现转移	J0：未转移；J1：小于等于3年 J2：3年以上，小于等于5年；J3：5年以上

8.5 小结

本章结合中医证型关联规则的案例，重点介绍了数据挖掘算法中 Apriori 关联算法在实际案例中的应用，并详细的描述了数据获取、数据离散化以及模型构建的过程，最后对其相应的算法及过程提供了 R 语言上机实验。

基于水色图像的水质评价

9.1 背景与挖掘目标

有经验的渔业生产从业者可通过观察水色变化调控水质，以维持养殖水体生态系统中浮游植物、微生物类、浮游动物等合理的动态平衡。由于这些多是通过经验和肉眼观察进行判断，存在因主观性引起的观察性偏倚，使观察结果的可比性、可重复性降低，不易推广应用。当前，数字图像处理技术为计算机监控技术在水产养殖业的应用提供了更大的空间。在水质在线监测方面，数字图像处理技术是基于计算机视觉，以专家经验为基础，对池塘水色进行优劣分级，达到对池塘水色的准确快速判别。

附件在"上机实验/data/images/"目录下给出了某地区多个罗非鱼池塘水样的数据，包含水产专家按水色判断水质分类的数据以及用数码相机按照标准进行水色采集的数据（表9-1，图9-1），每个水质图片命名规则为"类别_编号. jpg"，如"1_1. jpg"说明当前图片属于第 1 类的样本。请根据这些数据，利用图像处理技术，通过水色图像实现水质的自动评价。

表 9-1 水色分类

水色	浅绿色（清水或浊水）	灰蓝色	黄褐色	茶褐色（姜黄、茶褐、红褐、褐中带绿等）	绿色（黄绿、油绿、蓝绿、墨绿、绿中带褐等）
水质类别	1	2	3	4	5

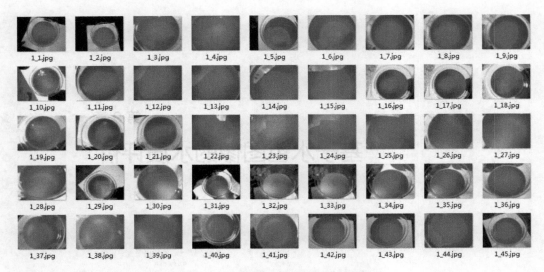

图 9-1   标准条件下拍摄的水样图像

＊数据详见：上机实验／data／images／

9.2   分析方法与过程

通过拍摄水样，采集得到水样图像，而图像数据的维度过大，不容易分析，需要从中提取水样图像的特征，提取反映图像本质的一些关键指标，以达到自动进行图像识别或分类的目的。显然，图像特征提取是图像识别或分类的关键步骤，图像特征提取的效果直接影响图像识别和分类的好坏。

图像特征主要包括颜色特征、纹理特征、形状特征、空间关系特征等。与几何特征相比，颜色特征更为稳健，对于物体的大小和方向均不敏感，表现出较强的鲁棒性。本案例中由于水色图像是均匀的，故主要关注颜色特征。颜色特征是一种全局特征，描述了图像或图像区域所对应景物的表面性质。一般颜色特征是基于像素点的特征，所有属于图像或图像区域的像素都有各自的贡献。在利用图像的颜色信息进行图像处理、识别、分类的研究中，在实现方法上已有大量的研究成果，主要采用颜色处理常用的直方图法和颜色矩方法等。

颜色直方图是最基本的颜色特征表示方法，它反映的是图像中颜色的组成分布，即出现了哪些颜色以及各种颜色出现的概率。其优点在于能简单描述一幅图像中颜色的全局分布，即不同色彩在整幅图像中所占的比例，特别适用于描述那些难以自动分割的图像和不需要考虑物体空间位置的图像。其缺点在于无法描述图像中颜色的局部分布及每种色彩所处的空间位置，即无法描述图像中某一具体的对象或物体。

基于颜色矩[16]提取图像特征的数学基础在于图像中任何的颜色分布均可以用它的矩来表示。根据概率论的理论，随机变量的概率分布可以由其各阶矩唯一地表示和描述。一幅图像的色彩分布也可认为是一种概率分布，那么图像可以由其各阶矩来描述。颜色矩包含各个颜色通道的一阶距、二阶矩和三阶矩，对于一幅 RGB 颜色空间的图像，具有 R、G 和 B 三个颜色通道，则有 9 个分量。

　　颜色直方图产生的特征维数一般大于颜色矩的特征维数，为了避免过多变量影响后续的分类效果，在本案例中选择采用颜色矩来提取水样图像的特征，即建立水样图像与反映该图像特征的数据信息关系，同时由有经验的专家对水样图像根据经验进行分类，建立水样数据信息与水质类别的专家样本库，进而构建分类模型，得到水样图像与水质类别的映射关系，并经过不断调整系数优化模型，最后利用训练好的分类模型，用户就能方便地通过水样图像，自动判别出该水样的水质类别。图 9-2 为基于水色图像特征提取的水质评价流程，主要包括以下步骤：

　　1）从采集到的原始水样图像中进行选择性抽取与实时抽取形成建模数据和增量数据；
　　2）对 1）形成的两个数据集进行数据预处理，包括图像切割和颜色矩特征提取；
　　3）利用 2）形成的已完成数据预处理的建模数据，由有经验的专家对水样图像根据经验进行分类，构建专家样本；
　　4）利用 3）的专家样本构建分类模型；
　　5）利用 4）的构建好的分类模型进行水质评价。

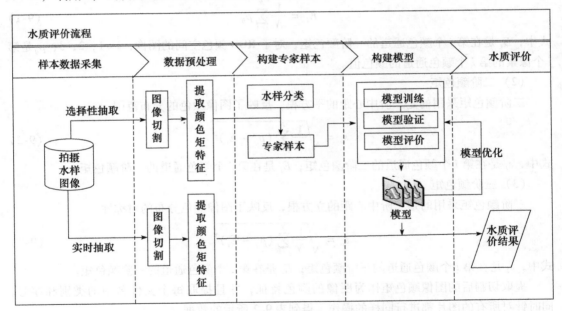

图 9-2　基于水色图像特征提取的水质评价流程

9.2.1　数据预处理

1. 图像切割

　　采集到的水样图像包含盛水容器，容器的颜色与水体颜色差异较大，同时水体位于图像中央，为了提取水色的特征，需要提取水样图像中央部分具有代表意义的图像，具体实施方式是提取水样图像中央 101×101 像素的图像。设原始图像 I 的大小是 $M \times N$，则截取宽为从第 $\mathrm{fix}\left(\dfrac{M}{2}\right) - 50$ 个像素点到第 $\mathrm{fix}\left(\dfrac{M}{2}\right) + 50$ 个像素点，长为从第 $\mathrm{fix}\left(\dfrac{N}{2}\right) - 50$ 个像素点到第 $\mathrm{fix}\left(\dfrac{N}{2}\right) + 50$ 个像素点的子图像。

使用其他编程软件进行编程，即可把图 9-3 中左边切割前的水样图像切割并保存为右边切割后的水样图像。

图 9-3　切割前水样图像（左）和切割后水样图像（右）

2. 特征提取

在本案例中选择采用颜色矩来提取水样图像的特征，下面给出各阶颜色矩的计算公式：

（1）一阶颜色矩

一阶颜色矩采用一阶原点矩，反映了图像的整体明暗程度。

$$E_i = \frac{1}{N} \sum_{j=1}^{N} p_{ij} \tag{9-1}$$

式中，E_i 是在第 i 个颜色通道的一阶颜色矩，对于 RGB 颜色空间的图像，$i = 1$，2，3；p_{ij} 是第 j 个像素的第 i 个颜色通道的颜色值。

（2）二阶颜色矩

二阶颜色矩采用的是二阶中心距的平方根，反映了图像颜色的分布范围。

$$s_i = \sqrt{\frac{1}{N} \sum_{j=1}^{N} (p_{ij} - E_i)^2} \tag{9-2}$$

式中，s_i 是在第 i 个颜色通道的二阶颜色矩；E_i 是在第 i 个颜色通道的一阶颜色矩。

（3）三阶颜色矩

三阶颜色矩采用的是三阶中心距的立方根，反映了图像颜色分布的对称性。

$$s_i = \sqrt[3]{\frac{1}{N} \sum_{j=1}^{N} (p_{ij} - E_i)^3} \tag{9-3}$$

式中，s_i 是在第 i 个颜色通道的三阶颜色矩；E_i 是在第 i 个颜色通道的一阶颜色矩。

提取切割后的图像颜色矩作为图像的颜色特征，并且提取每个文件名中的类别和序号，同时针对所有的图片都进行同样的操作，得到表 9-2 所示的数据。

表 9-2　水色图像特征与相应的水色类别的部分数据

水质类别	序号	R 通道一阶矩	G 通道一阶矩	B 通道一阶矩	R 通道二阶矩	G 通道二阶矩	B 通道二阶矩	R 通道三阶矩	G 通道三阶矩	B 通道三阶矩
1	1	0.582 823	0.543 774	0.252 829	0.014 192	0.016 144	0.041 075	- 0.012 64	- 0.016 09	- 0.041 54
2	1	0.495 169	0.539 358	0.416 124	0.011 314	0.009 811	0.014 751	0.015 367	0.016 01	0.019 748
3	1	0.510 911	0.489 695	0.186 255	0.012 417	0.010 816	0.011 644	- 0.007 47	- 0.007 68	- 0.005 09
4	1	0.420 351	0.436 173	0.167 221	0.011 22	0.007 195	0.010 565	- 0.006 28	0.003 173	- 0.007 29

（续）

水质类别	序号	R 通道一阶矩	G 通道一阶矩	B 通道一阶矩	R 通道二阶矩	G 通道二阶矩	B 通道二阶矩	R 通道三阶矩	G 通道三阶矩	B 通道三阶矩
5	1	0.211 567	0.335 537	0.111 969	0.012 056	0.013 296	0.008 38	0.007 305	0.007 503	0.003 65
1	2	0.563 773	0.534 851	0.271 672	0.009 723	0.007 856	0.011 873	-0.005 13	0.003 032	-0.005 47
2	2	0.465 186	0.508 643	0.361 016	0.013 753	0.012 709	0.019 557	0.022 785	0.022 329	0.031 616
3	2	0.533 052	0.506 734	0.185 972	0.011 104	0.007 902	0.012 65	0.004 797	-0.002 9	0.004 214
4	2	0.398 801	0.425 56	0.191 341	0.014 424	0.010 462	0.015 47	0.009 207	0.006 471	0.006 764
5	2	0.298 194	0.427 725	0.097 936	0.014 778	0.012 456	0.008 322	0.008 51	0.006 117	0.003 47
1	3	0.630 328	0.594 269	0.298 577	0.007 731	0.005 877	0.010 148	0.003 447	-0.003 45	-0.006 53
2	3	0.491 916	0.546 367	0.425 871	0.010 344	0.008 293	0.012 26	0.009 285	0.009 663	0.011 549
3	3	0.559 437	0.522 702	0.194 201	0.012 478	0.007 927	0.012 183	0.004 477	-0.003 41	-0.005 29
4	3	0.402 068	0.431 443	0.177 364	0.010 554	0.007 287	0.010 748	0.006 261	-0.003 41	0.006 419
5	3	0.408 963	0.486 953	0.178 113	0.012 662	0.009 752	0.014 497	-0.006 72	0.002 168	0.009 992
1	4	0.638 606	0.619 26	0.319 711	0.008 125	0.006 045	0.009 746	-0.004 87	0.003 083	-0.004 5

* 数据详见：示例程序/data/moment.csv

9.2.2 模型构建

1. 模型输入

对特征提取后的样本进行抽样，抽取 80% 作为训练样本，剩下的 20% 作为测试样本，用于水质评价检验。其数据抽样代码如代码清单 9-1 所示。

代码清单 9-1 数据抽样代码

```
##设置工作空间
#把"数据及程序"文件夹复制到 F 盘下,再用 setwd 设置工作空间
setwd("F:/数据及程序/chapter9/示例程序")

##把数据分为两部分:训练数据、测试数据
#读入数据
Data = read.csv("./data/moment.csv")
#数据命名
colnames(Data) <- c("class","id","R1","G1","B1","R2","G2","B2","R3","G3","B3")
#数据分割
set.seed(1234)                    #设置随机种子
#定义序列 ind,随机抽取 1 和 2,1 的个数占80% ,2 的个数占20%
ind <- sample(2, nrow(Data), replace = TRUE, prob = c(0.8, 0.2))
trainData <- Data[ind == 1,]       #训练数据
testData <- Data[ind == 2,]        #测试数据
#数据存储
write.csv(trainData,"./tmp/trainData.csv",row.names = FALSE)
write.csv(testData,"./tmp/testData.csv",row.names = FALSE)
```

* 代码详见：示例程序/code/split_data.R

本案例采用支持向量机作为水质评价分类模型，模型的输入包括两部分，一部分是训练样本的输入；另一部分是建模参数的输入。各参数说明如表9-3所示。

表9-3　预测模型输入变量

序号	变量名称	变量描述	取值范围
1	R通道一阶矩	水样图像在R颜色通道的一阶矩	0~1
2	G通道一阶矩	水样图像在G颜色通道的一阶矩	0~1
3	B通道一阶矩	水样图像在B颜色通道的一阶矩	0~1
4	R通道二阶矩	水样图像在R颜色通道的二阶矩	0~1
5	G通道二阶矩	水样图像在G颜色通道的二阶矩	0~1
6	B通道二阶矩	水样图像在B颜色通道的二阶矩	0~1
7	R通道三阶矩	水样图像在R颜色通道的三阶矩	-1~1
8	G通道三阶矩	水样图像在G颜色通道的三阶矩	-1~1
9	B通道三阶矩	水样图像在B颜色通道的三阶矩	-1~1
10	水质类别	不同类别能表征水中浮游植物的种类和多少	1, 2, 3, 4, 5

支持向量机模型代码如代码清单9-2所示。

代码清单9-2　构建支持向量机模型代码

```
##支持向量机模型构建
##设置工作空间
#把"数据及程序"文件夹复制到F盘下,再用setwd设置工作空间
setwd("F:/数据及程序/chapter9/示例程序")
#读取数据
trainData = read.csv("./data/trainData.csv")
testData = read.csv("./data/testData.csv")
#将class列转换为factor类型
trainData <- transform(trainData, class = as.factor(class))
testData <- transform(testData, class = as.factor(class))

##支持向量机分类模型构建
library(e1071)#加载e1071包
#利用svm建立支持向量机分类模型
svm.model <- svm(class ~ ., trainData[, -2])
summary(svm.model)

#建立混淆矩阵
confusion = table(trainData$class,predict(svm.model,trainData,type = "class"))
accuracy = sum(diag(confusion))*100/sum(confusion)

#保存输出结果
output_trainData = cbind(trainData,predict(svm.model,trainData,type = "class"))
colnames(output_trainData) <- c("class","id","R1","G1","B1","R2","G2","B2","R3",
    "G3","B3","OUTPUT")
write.csv(output_trainData,"./tmp/output_trainData.csv",row.names = FALSE)
```

```
#保存支持向量机模型
save(svm.model,file = "./tmp/svm.model.RData")
```

* 代码详见：示例程序/code/svm. R

2. 结果及分析

建立模型后利用训练样本进行回判，得到的混淆矩阵如表9-4所示，分类准确率为 96.3%，分类效果较好，可应用模型进行水质评价。

表9-4　模型混淆矩阵

预测值 实际值	1	2	3	4	5
1	41	0	2	0	0
2	0	37	0	0	0
3	1	0	61	0	0
4	0	0	2	15	0
5	1	0	0	0	4

9.2.3　水质评价

取所有测试样本为输入样本，代入已构建好的支持向量机模型，得到输出结果，即预测的水质类型。水质评价的混淆矩阵如表9-5所示，分类准确率为92.3%，说明水质评价模型对于新增水色图像的分类效果较好，可将模型应用到水质自动评价系统，实现水质评价。水质评价的代码如代码清单9-3所示。

表9-5　水质评价的混淆矩阵

预测值 实际值	1	2	3	4	5
1	8	0	0	0	0
2	0	7	0	0	0
3	0	0	16	0	0
4	0	1	2	4	0
5	0	0	0	0	1

代码清单9-3　支持向量机模型评价代码

```
##模型评价
##设置工作空间
#把"数据及程序"文件夹复制到 F 盘下,再用 setwd 设置工作空间
setwd("F:/数据及程序/chapter9/示例程序")
#读取数据
testData = read.csv("./data/testData.csv")
#读取模型
load("./tmp/svm.model.RData")
```

```
#建立混淆矩阵
confusion = table(testData$class,predict(svm.model,testData,type = "class"))
accuracy = sum(diag(confusion))*100/sum(confusion)

#保存输出结果
output_testData = cbind(testData,predict(svm.model,testData,type = "class"))
colnames(output_testData) <- c("class","id","R1","G1","B1","R2","G2","B2","R3",
    "G3","B3","OUTPUT")
write.csv(output_testData,"./tmp/output_testData.csv",row.names = FALSE)
```

*代码详见：示例程序/code/evaluation. R

9.3 上机实验

1. 实验目的
加深对支持向量机原理的理解及使用。

2. 实验内容
实验数据是截取后图像的颜色矩特征，包括一阶矩、二阶矩、三阶矩，同时由于图像具有 R、G 和 B 三个颜色通道，所以颜色矩特征具有 9 个分量。结合水质类别和颜色矩特征构成专家样本数据，以水质类别作为目标输出，构建支持向量机模型，并利用混淆矩阵评价模型优劣。

注意：数据的 80% 作为训练样本，剩下的 20% 作为测试样本。

3. 实验方法与步骤
1）把经过预处理的专家样本数据，即 "上机实验/data/moment. csv" 文件使用 read. csv 函数读入当前工作空间。

2）把工作空间的建模数据随机分为两部分，一部分用于训练，另一部分用于测试。

3）使用 e1071 包里的 svm 函数以及训练数据构建支持向量机模型，使用 predict 函数和构建的支持向量机模型分别对训练数据进行分类，使用 table 函数求出混淆矩阵。

4）使用 predict 函数和 3）构建好的支持向量机模型分别对测试数据进行分类，参考 3）得到模型分类正确率和混淆矩阵。

4. 思考与实验总结
1）如何在 R 环境下处理图像数据？

2）支持向量机模型的参数有哪些可以设置？如何针对数据特征进行参数择优选择？

9.4 拓展思考

我国环境质量评价工作是 20 世纪 70 年代后才逐步发展起来的。发展至今，在评价指标体系及评价理论探索等方面均有较大进展。但目前在我国环境评价实际工作中，所采用的方法通常是一些比较传统的评价方法，往往是从单个污染因子的角度对其进行简单评价。然而对某区域的环境质量，如水质、大气质量等的综合评价一般涉及较多的评价因素，且各因素与区域环境整体质量关系复杂，因而采用单项污染指数评价法无法客观准确地反映各污染因子之间相互作用对环境质量的影响。

　　基于上述原因，要客观评价一个区域的环境质量状况，需要综合考虑各种因素之间以及影响因素与环境质量之间错综复杂的关系，采用传统的方法存在着一定的局限性和不合理性。因此，从学术研究的角度对环境评价的技术方法及其理论进行探讨，对寻求能更全面、客观、准确反映环境质量的新的理论方法具有重要的现实意义。

　　有人根据空气中 SO_2、NO、NO_2、NO_x、PM10 和 PM2.5 的含量，建立分类预测模型，实现对空气质量进行评价。在某地实际监测的部分原始样本数据经预处理后如表 9-6 所示。请采用 C4.5 决策树进行模型构建，并评价模型效果。

表 9-6　建模样本数据

SO_2	NO	NO_2	NO_x	PM10	PM2.5	空气等级
0.031	0	0.046	0.047	0.085	0.058	I
0.022	0	0.053	0.053	0.07	0.048	II
0.017	0	0.029	0.029	0.057	0.04	I
0.026	0	0.026	0.026	0.049	0.034	I
0.018	0	0.027	0.027	0.051	0.035	I
0.019	0	0.052	0.053	0.06	0.04	II
0.022	0	0.059	0.06	0.064	0.042	II
0.023	0.01	0.085	0.099	0.07	0.044	II
0.022	0.012	0.066	0.084	0.073	0.042	II
0.017	0.007	0.037	0.048	0.069	0.04	I

＊数据详见：拓展思考/拓展思考样本数据.xls

9.5　小结

　　本章结合基于水色图像进行水质评价的案例，重点介绍了图像处理算法中的颜色矩提取和数据挖掘算法中支持向量机算法在实际案例中的应用。利用水色图像颜色矩的特征，采用支持向量机算法进行水质评价，并详细地描述了数据挖掘的整个过程，也对其相应的算法提供了 R 语言上机实验。

Chapter 10 | 第 10 章

家用电器用户行为分析与事件识别

10.1 背景与挖掘目标

居民在使用家用电器过程中，会因地区气候、区域不同、用户年龄性别差异，形成不同的使用习惯。家电企业若能深入了解其产品在不同用户群的使用习惯，开发新功能，就能开拓新市场。

要了解用户使用家用电器的习惯，必须采集用户使用电器的相关数据，下面则以热水器为例，分析用户的使用行为。在热水器用户行为分析过程中，用水事件识别是最为关键的环节。例如，国内某热水器生产厂商新研发的一种高端智能热水器，在状态发生改变或者有水流状态时，会采集各监控指标数据。该厂商欲根据其采集的用户用水数据，分析用户的用水行为特征，热水器采集到用户用水数据如表 10-1 所示。由于用户不仅仅使用热水器来洗浴，而且包括了洗手、洗脸、刷牙、洗菜、做饭等用水行为，所以热水器采集到的数据来自各种不同的用水事件。本案例基于热水器采集的时间序列数据，将顺序排列的离散的用水时间节点根据水流量和停顿时间间隔划分为不同大小的时间区间，每个区间是一个可理解的一次完整用水事件，并以热水器一次完整用水事件作为一个基本事件，将时间序列数据划分为独立的用水事件并识别出其中属于洗浴的事件。基于以上工作，该厂商可从热水器智能操作和节能运行等多方面对产品进行优化。

热水器厂商根据洗浴事件识别模型，对不同地区的用户的用水进行识别，根据识别结果比较不同客户群的客户使用习惯、加深对客户的理解等。从而，厂商可以对不同的客户群提供最适合的个性化产品、改进新产品的智能化的研发和制定相应的营销策略。

表 10-1　热水器用户用水数据

热水器编号	发生时间	开关机状态	加热中	保温中	有无水流	实际温度/℃	热水量/%	水流量/L	节能模式	加热剩余时间/min	当前设置温度/℃
R_00001	20141019160855	开	开	关	无	47	25	0	关	4	50
R_00001	20141019160954	开	开	关	无	47	25	0	关	2	50
R_00001	20141019161040	开	开	关	无	48	25	0	关	2	50
R_00001	20141019161042	开	开	关	无	48	25	0	关	1	50
R_00001	20141019161106	开	开	关	无	49	25	0	关	1	50
R_00001	20141019161147	开	开	关	无	49	25	0	关	0	50
R_00001	20141019161149	开	关	开	无	50	100	0	关	0	50
R_00001	20141019172319	开	关	开	无	50	50	0	关	0	50
R_00001	20141019172321	关	关	关	有	50	50	62	关	0	50
R_00001	20141019172323	关	关	关	有	50	50	63	关	0	50
R_00001	20141019172325	关	关	关	有	50	50	61	关	0	50
R_00001	20141019172331	关	关	关	有	50	50	62	关	0	50
R_00001	20141019172333	关	关	关	有	50	50	63	关	0	50
R_00001	20141019172337	关	关	关	有	50	50	62	关	0	50
R_00001	20141019172341	关	关	关	有	50	50	63	关	0	50
R_00001	20141019172456	关	关	关	无	50	50	0	关	0	50
R_00001	20141019172458	关	关	关	有	50	50	46	关	0	50
R_00001	20141019172500	关	关	关	有	50	50	50	关	0	50
R_00001	20141019172505	关	关	关	有	50	50	51	关	0	50
R_00001	20141019172506	关	关	关	有	50	50	50	关	0	50
R_00001	20141019172512	关	关	关	有	50	50	51	关	0	50

* 数据详见：示例程序/data/original_data.xls

请根据提供的数据实现以下目标：

1）根据热水器采集到的数据，划分一次完整用水事件；

2）在划分好的一次完整用水事件中，识别出洗浴事件。

10.2　分析方法与过程

本次数据挖掘建模的总体流程如图 10-1 所示。

热水器用户用水事件划分与识别主要包括以下步骤：

1）对热水器用户的历史用水数据进行选择性抽取，构建专家样本。

2）对 1）形成的数据集进行数据探索分析与预处理，包括探索用水事件时间间隔的分布、规约冗余属性、识别用水数据的缺失值，并对缺失值作处理，根据建模的需要进行属性构造等。根据以上处理，对用水样本数据建立用水事件时间间隔识别模型和划分一次完整的用水事件模型，再在一次完整用水事件划分结果的基础上，剔除短暂用水事件缩小识别范围等。

3）在2）得到的建模样本数据基础上，建立洗浴事件识别模型，对洗浴事件识别模型进行模型分析评价。

4）对3）形成的模型结果应用并对洗浴事件划分进行优化。

5）调用洗浴事件识别模型，对实时监控的热水器流水数据进行洗浴事件自动识别。

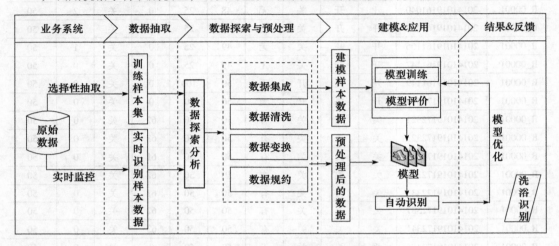

图 10-1　热水器用户用水识别建模总体流程

10.2.1　数据抽取

在热水器的使用过程中，热水器的状态会经常发生改变，如开机和关机、由加热转到保温、由无水流到有水流、水温由 50℃ 变为 49℃ 等。而智能热水器在状态发生改变或者水流量非零时，每两秒会采集一条状态数据。由于数据的采集频率较高，并且数据来自大量用户，数据总量非常大。本案例对原始数据采用无放回随机抽样法抽取 200 家热水器用户 2014 年 1 月 1 日至 2014 年 12 月 31 日的用水记录作为原始建模数据。

热水器采集的用水数据包含以下 12 个属性：热水器编码、发生时间、开关机状态、加热中、保温中、有无水流、实际温度、热水量、水流量、节能模式、加热剩余时间、当前设置温度。12 个属性的说明如表 10-2 所示，具体的数据如表 10-1 所示。

表 10-2　热水器属性说明

属性名称	属性说明
热水器编码	热水器出厂编号
发生时间	记录热水器处于某状态的时刻
开关机状态	热水器是否开机
加热中	热水器处于对水进行加热的状态

（续）

属性名称	属性说明
保温中	热水器处于对水进行保温的状态
有无水流	热水水流量大于等于 10 L/min 为有水，否则为无
实际温度	热水器中热水的实际温度
热水量	热水器热水的含量
水流量	热水器热水的水流速度，单位：10 L/min
节能模式	热水器的一种节能工作模式
加热剩余时间	加热到设定温度还需多长时间
当前设置温度	热水器加热时热水能够到达的最大温度

10.2.2　数据探索分析

用水停顿时间间隔定义为一条水流量不为 0 的流水记录同下一条水流量不为 0 的流水记录之间的时间间隔。根据现场实验统计，两次用水过程的用水停顿的间隔时长一般不大于 4 分钟。为了探究用户真实用水停顿时间间隔的分布情况，统计用水停顿的时间间隔并作频率分布直方图。通过频率分布直方图分析用户用水停顿时间间隔的规律性，从而探究划分一次完整用水事件的时间间隔阈值。具体的数据如表 10-3 所示。

表 10-3　用水停顿时间间隔频数分布表

间隔时长/min	0~0.1	0.1~0.2	0.2~0.3	0.3~0.5	0.5~1	1~2	2~3	3~4	4~5
停顿频率/%	78.71	9.55	2.52	1.49	1.46	1.29	0.74	0.48	0.26
间隔时长/min	5~6	6~7	7~8	8~9	9~10	10~11	11~12	12~13	13 以上
停顿频率/%	0.27	0.19	0.17	0.12	0.09	0.09	0.10	0.11	2.36

分析表 10-3 可知，停顿时间间隔为 0~0.3min 的频率很高，根据日常用水经验可以判断其为一次用水时间中的停顿；停顿时间间隔为 6~13min 的频率较低，分析其为两次用水事件之间的停顿间隔。两次用水事件的停顿时间间隔分布在 3~7min。根据现场实验统计用水停顿的时间间隔近似。

10.2.3　数据预处理

本案例中数据集的特点是数据量包含上万个用户而且每个用户每天的用水数据多达数万条、存在缺失值、与分析主题无关的属性或未直接反映用水事件的属性等。在数据预处理阶段，针对这些情况相应地应用了数据规约、数据变换和数据清洗等来解决这些问题。

1. 数据规约

由于热水器采集的用水数据属性较多，本案例对建模数据作以下数据规约：

❑ 属性规约：因为要对热水器用户洗浴行为的一般规律进行挖掘分析，所以"热水器编号"可以去除；因热水器采集的数据中，"有无水流"可以通过"水流量"反映出来、"节能模式"数据都只为"关"，对建模无作用，可以去除。最终用来建模的属性指标如表 10-4 所示。

❑ 数值规约：当热水器"开关机状态"为"关"且水流量为 0 时，说明热水器不处于工作状态，数据记录可以规约掉。

表 10-4 属性规约后部分数据列表

发生时间	开关机状态	加热中	保温中	实际温度/℃	热水量/%	水流量/L	加热剩余时间/min	当前设置温度/℃
20141019161042	开	开	关	48	25	0	1	50
20141019161106	开	开	关	49	25	0	1	50
20141019161147	开	开	关	49	25	0	0	50
20141019161149	开	关	开	50	100	0	0	50
20141019172319	开	关	开	50	50	0	0	50
20141019172321	关	关	关	50	50	62	0	50
20141019172323	关	关	关	50	50	63	0	50

*数据详见：示例程序/data/water_heater.xls

2. 数据变换

由于本案例的挖掘目标是对热水器用户的洗浴事件进行识别，这就需要从原始数据中识别出哪些状态记录是一个完整的用水事件（包括洗脸、洗手、刷牙、洗头、洗菜、洗浴等），从而再识别出用水事件中的洗浴事件；一次完整的用水事件是根据水流量和停顿时间间隔的阈值去划分的，所以本案例还建立了阈值寻优模型；为了提高在大量的一次完整用水事件中寻找洗浴事件的效率，本案例建立了筛选规则剔除可以明显判定不是洗浴的事件，得到建模数据样本集。数据变换流程如图 10-2 所示。

（1）一次完整用水事件的划分模型

用户的用水数据存储在数据库中，记录了各种各样的用水事件，包括洗浴、洗手、刷牙、洗脸、洗衣、洗菜等，而且一次用水事件由数条甚至数千条的状态记录组成。所以本案例首先需要在大量的状态记录中划分出哪些连续的数据是一次完整的用水事件。

用水状态记录中，水流量不为 0 表明用户正在使用热水；而水流量为 0 时用户用热水发生停顿或者用热水结束。对于任一个用水记录，如果它的向前时差超过阈值 T，则将它记为事件的开始编号；如果向后时差超过阈值 T，则将其记为事件的结束编号。划分模型的符号说明如表 10-5 所示。

图 10-2 数据变换流程图

表 10-5　一次完整用水事件模型构建符号说明表

符　　号	释　　义
$t1$	所有水流量不为 0 的用水行为的发生时间
时间间隔阈值	T

一次完整用水事件的划分步骤如下：

1）读取数据记录，识别到所有水流量不为 0 的状态记录，将它们的发生时间记为序列 $t1$。

2）对序列 $t1$ 构建其向前时差列和向后时差列，并分别与阈值进行比较。向前时差超过阈值 T，则将它记为新的用水事件的开始编号；如果向后时差超过阈值 T，则将其记为用水事件的结束编号。

3）循环执行 2）直到向前时差列和向后时差列与均值比较完毕，结束事件划分。

使用 R 对用户的用水数据进行一次完整用水事件的划分，阈值 T 暂时假设为 4min，详细代码如代码清单 10-1 所示。

代码清单 10-1　划分一次用水事件代码

```
##设置工作空间
#把"数据及程序"文件夹复制到 F 盘下,再用 setwd 设置工作空间
setwd("F:/数据及程序/chapter10/示例程序")

data = read.csv("./data/water_heater.csv", header = TRUE)
data$"发生时间" = strptime(data$"发生时间","%Y% m%d%H%M%S")
data$eventnum = as.numeric(row.names(data))

whdata = data[data$"水流量"! = 0,]
t1 = whdata$"发生时间"
m = length(t1)                                 #得到读取的表格的数据维数
Tm = 240                                       #阀值设置为 4 分钟(240 秒)
t2 = c(t1[1],t1[1:(m-1)])
t3 = c(t1[2:m],t1[m])
td1 = difftime(t1,t2,units = "secs")           #生成向前时差列(单位为秒)
td2 = difftime(t1,t3,units = "secs")           #生成向后时差列(单位为秒)

headornot = rep(0,m)
endornot = rep(0,m)
if (whdata$"水流量"[1]! = 0)headornot[1] = 1
if (whdata$"水流量"[m]! = 0)endornot[m] = 1
for ( i in 2:length(headornot)){               #寻找连续用水起点
    if (abs(td1[i]) > = Tm){
        headornot[i] = 1
        }else{
        headornot[i] = 0
    }
}
```

```
for ( i in 1:(length(endornot) -1)){                    #寻找连续用水终点
    if (abs(td2[i]) > = Tm){
        endornot[i] =1
        }else{
        endornot[i] =0
    }
}
dividsequence = data.frame(matrix(NA,sum(headornot = =1),3))
colnames(dividsequence) = c("事件序号","事件起始编号","事件终止编号")
dividsequence[,1] = c(1:sum(headornot = =1))
dividsequence[,2] = whdata$eventnum[which(headornot = =1)]
dividsequence[,3] = whdata$eventnum[which(endornot = =1)]
write.csv(file = "/tmp/dividsequence.csv",dividsequence,row.names = F)
```

* 代码详见：示例程序/code/divide_event. R

对用户的用水数据进行划分，划分结果如表 10-6 所示。在下一小节的用水事件阈值寻优模型中，进行阈值寻优时，要多次用到以上程序，将以上程序封装为 divide_event_for_optimization 函数，以供调用。

表 10-6　用水数据划分结果

事件序号	事件起始编号	事件终止编号
1	3	3
2	57	57
3	382	385
…	…	…
168	18466	18471

（2）用水事件阈值寻优模型

考虑到不同地区的人们用热水器的习惯不同，以及不同季节的时候使用热水器时停顿的时长也可能不同，固定的停顿时长阈值对于某些特殊情况的处理是不理想的，存在把一个事件划分为两个事件或者把两个事件合为一个事件的情况。所以考虑到在不同的时间段内要更新阈值，本案例建立了阈值寻优模型来更新寻找最优的阈值，这样可以解决因时间变化和地域不同导致阈值存在差异的问题。

对某热水器用户的数据进行了不同阈值划分，得到了相应的事件个数，阈值变化与划分得到事件个数如表 10-7 所示，阈值与划分事件个数关系如图 10-3 所示。

表 10-7　某热水器用户家庭某时间段不同用水时间间隔阈值事件划分个数

阈值/min	2. 25	2. 5	2. 75	3	3. 25	3. 5	3. 75	4	4. 25	4. 5	4. 75	5
事件个数	650	644	626	602	588	565	533	530	530	530	522	520
阈值/min	5. 25	5. 5	5. 75	6	6. 25	6. 5	6. 75	7	7. 25	7. 5	7. 75	8
事件个数	510	506	503	500	480	472	466	462	460	460	460	460

图 10-3 为阈值与划分事件个数的散点图，图中某段阈值范围内，下降趋势明显，说明在该段阈值范围内，用户的停顿习惯比较集中。如果趋势比较平缓，则说明用户的停顿热水的习惯趋于稳定，所以取该段时间开始的作为阈值，既不会将短的用水事件合并，又不会将长的用水事件拆开。在图 10-3 中，用户停顿热水的习惯在方框的位置趋于稳定，说明热水器用户的用水的停顿习惯用方框开始的时间点作为划分阈值会有一个好的效果。

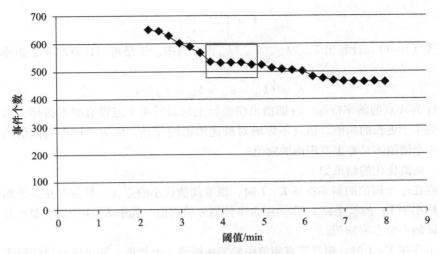

图 10-3　阈值与划分事件个数关系

曲线在图 10-3 中方框趋于稳定时，其方框开始的点的斜率趋于一个较小的值。为了用程序识别这一特征，将这一特征提取为规则。其方框中的起始时间可以通过图 10-4 中的 A 点到其他各点的斜率进行识别。

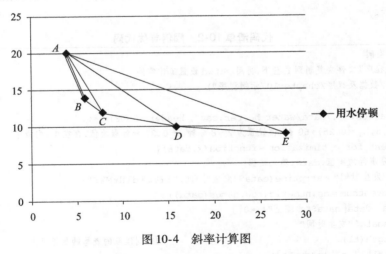

图 10-4　斜率计算图

每个阈值对应一个点，对每个阈值进行计算得到一个斜率指标。如图 10-4 中所示，A 点是要计算斜率指标的点，则计算 A 点的斜率指标。为了直观地展示，用下面的符号来进行说明，如表 10-8 所示。

表 10-8　阈值寻优模型符号说明

k_{Ai}	A 与 i 点的斜率的绝对值 $i \in \{B, C, D, E\}$	K	5 个点的斜率之和的平均值
k	任意两点 (x_1, y_1)，(x_2, y_2) 的斜率的绝对值	(x_i, y_i)	i 点的坐标 $i \in \{A, B, C, D, E\}$

$$k = \left| \frac{y_1 - y_2}{x_1 - x_2} \right| \tag{10-1}$$

根据式（10-1），计算出 k_{AB}、k_{AC}、k_{AD}、k_{AE} 四个斜率。于是可以计算出 4 个斜率的和的平均值 K：

$$K = (k_{AB} + k_{AC} + k_{AD} + k_{AE})/4 \tag{10-2}$$

将 K 作为 A 点的斜率指标，特别指出横坐标上的最后 4 个点没有斜率指标，因为找不出在它以后的 4 个更长的阈值。但这不影响对最优阈值的寻找，因为可以提高阈值的上限，以使最后的 4 个阈值不是考虑范围内的阈值。

于是，阈值优化的结果如下：

☐ 当存在一个阈值的斜率指标 $K<1$ 时，则取阈值最小的点 A（可能存在多个阈值的斜率指标小于 1）的横坐标 x_A 作为用水事件划分的阈值，其中 $K<1$ 中的 1 是经过实际数据验证的一个专家阈值。

☐ 当不存在 $K<1$ 时，则找所有阈值中斜率指标最小的阈值；如果该阈值的斜率指标小于 5，则取该阈值作为用水事件划分的阈值；如果该阈值的斜率指标不小于 5，则阈值取默认值的阈值 4min。其中，斜率指标小于 5 中的 5 是经过实际数据验证的一个专家阈值。

使用 R 对用户的用水数据划分阈值进行寻优，寻优区间在 2 ~ 8min，详细代码如代码清单 10-2 所示。

代码清单 10-2 阈值寻优代码

```
##设置工作空间
#把"数据及程序"文件夹复制到 F 盘下,再用 setwd 设置工作空间
setwd("F:/数据及程序/chapter10/示例程序")

data = read.csv("./data/water_heater.csv", header = TRUE)
Tm = seq(2,8,by = 0.25)*60 #阈值设置为 2 ~ 8 分钟,每 0.25 分钟取次值,存在 Tm 向量中
divide_event_for_optimization = function(x,data){
    #x:划分事件的阈值;data:输入数据
    data$"发生时间" = strptime(data$"发生时间","%Y%m%d%H%M%S")
    data$eventnum = as.numeric(row.names(data))
    whdata = data[data$"水流量"! = 0,]
    t1 = whdata$"发生时间"
    m = length(t1)                          #得到读取的表格的数据维数
    t2 = c(t1[1],t1[1:(m-1)])
    t3 = c(t1[2:m],t1[m])
    td1 = difftime(t1,t2,units = "secs")    #生成向前时差列
    td2 = difftime(t1,t3,units = "secs")    #生成向后时差列

    headornot = rep(0,m)
    endornot = rep(0,m)
    if (whdata$"水流量"[1]! = 0 )headornot[1] = 1
    if (whdata$"水流量"[m]! = 0 )endornot[m] = 1
```

```
    for ( i in 2:length(headornot)){            #寻找连续用水起点
        if (abs(td1[i]) > = x){
            headornot[i] =1
        }else{
            headornot[i] =0
        }
    }
    return(sum(headornot))
}

div = data.frame(matrix(0,length(Tm),2))
div[,1] = Tm
for ( i in 1:length(Tm)){                       #分别求各阈值对应的事件数,并存于 div 中
    div[i,2] = divide_event_for_optimization(Tm[i],data)
}
#求最优阈值
k = rep(0,length(Tm))
for (i in 1 : (length(Tm) -4)){
    k[i] = (abs((div[i +1,2] - div[i,2])/0.25) + abs((div[i +2,2] - div[i,2])/0.5)
                + abs((div[i +3,2] - div[i,2])/0.75) + abs((div[i +4,2] - div[i,2])/1))/4
    }                                           #k[i]记录每个阈值对应的平均斜率
kl = length(k)
if (any(k[ -c((kl-3):kl)] < =1) = = TRUE){
    Tm_best = k[ -c((kl-3):kl)][k[ -c((kl-3):kl)] < =1][1]
    }else{
    Tm_best = Tm[which(k = = min(k[ -c((kl-3):kl)]))][1]/60
    if (Tm_best > =5)Tm_best =4
    }
Tm_best
```

* 代码详见：示例程序/code/threshold_optimization. R

根据读入的数据文件，进行阈值寻优，得到该段时间用水事件划分最优阈值为 4min。

（3）属性构造

本案例研究的是用水行为，可构造四类指标：时长指标、频率指标、用水量化指标以及用水波动指标。具体请如表 10-9 所示。

表 10-9　四类属性指标的构建表

时长指标	用水开始时间、用水结束时间、总用水时长、停顿时长、总停顿时长、用水时长、平均停顿时长、用水时长/总用水时长
频率指标	停顿次数
用水量化指标	总用水量、平均水流量
用水波动指标	水流量波动、停顿时长波动

对一次用水事件中，抽取主要的用水数据，具体如表 10-10 所示。

表 10-10　一次用水事件的用水数据表

发生时间	开关机状态	加热中	保温中	实际温度/℃	热水量/%	水流量/L	加热剩余时间/min	当前设置温度/℃
20141021200010	开	关	开	50	100	0	0	50
20141021200012	开	关	开	50	50	80	0	50
20141021200120	开	关	开	49	50	70	0	50
20141021200330	开	开	关	46	50	78	5	50
20141021200350	开	开	关	46	50	70	4	50
20141021200352	开	开	关	46	50	0	4	50
20141021200720	开	关	开	50	100	0	0	50
20141021200820	开	关	开	50	100	0	0	50
20141021200822	开	关	开	50	100	78	0	50
20141021201010	开	开	关	45	25	90	5	50
20141021201116	开	开	关	46	25	80	4	50
20141021201118	开	开	关	46	25	0	4	50
20141021201200	开	关	开	50	100	80	0	50

根据用水数据，得到用水事件的属性构造说明图，如图 10-5 所示。

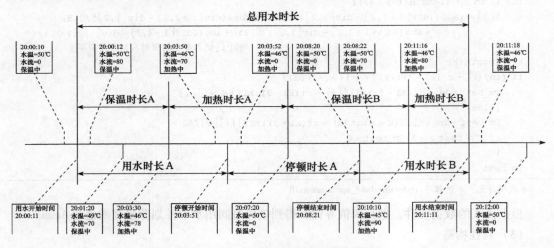

图 10-5　一次用水事件及相关属性说明

下面将四类指标的构建方法做详细说明。

☐ 时长指标：由图 10-5 及表 10-10 可知，在 20∶00∶10 时热水器记录到的数据还没有用水，而在 20∶00∶12 时热水器记录的有用水行为。所以用水开始时间在 20∶00∶10 ~ 20∶00∶12，考虑到网络不稳定导致网络数据传输延时数分钟或数小时之久等因素，取平均值会导致很大的偏差，综合分析构建"用水开始时间"为起始数据的时间减去"发送阈值"的一半，发送阈值是指热水器传输数据的频率的大小；同理构造用水结束时间、停顿开始时间、停顿结束时间等。图 10-5 中"用水时长 A"是"用水开始时间"到"停顿开始时间"的间隔时长，构建一次用水事件中"用水时长"为各段用水时长之和；同理构造总用水时长、停顿时长等。详细信息如表 10-11 所示。

表 10-11　主要时长指标构建说明

指　标	构建方法	说　明
用水开始时间	用水开始时间 = 起始数据的时间 − 发送阈值/2	热水事件开始发生的时间
用水结束时间	用水结束时间 = 结束数据的时间 + 发送阈值/2	热水事件结束发生的时间
用水时长	一次完整用水事件中，对水流量不为 0 的数据做计算 用水时长 = 每条用水数据时长的和 = (和下条数据的间隔时间/2 + 和上条数据的间隔时间/2) 的和	一次用水过程中有热水流出的时长
总用水时长	从划分出的用水事件，起始数据的时间到终止数据的时间间隔 + 发送阈值	记录整个用水阶段的时长
用水时长/ 总用水时长	用水时长与总用水时长的比值	判断用水时长占总用水时长的比重
停顿时长	一次完整用水事件中，对水流量为 0 的数据做计算 停顿时长 = 每条用水停顿数据时长的和 = (和下条数据的间隔时间/2 + 和上条数据的间隔时间/2) 的和	标记一次完整用水事件中的每次用水停顿的时长
总停顿时长	一次完整用水事件中的所有停顿时长之和	标记一次完整用水事件中的总停顿时长
平均停顿时长	一次完整用水事件中的所有停顿时长的平均值	标记一次完整用水事件中的停顿的平均时长

❑ 频率指标：统计一次用水事件中各种用水操作的频率。详细信息如表 10-12 所示。

表 10-12　频数指标构建说明

指　标	构建方法	说　明
停顿次数	一次完整用水事件中关掉热水的次数之和	帮助识别洗浴及连续洗浴事件

❑ 用水量化指标：总用水量定义为在水流量不为 0 时，一次用水事件如表 10-10 中每条状态记录的水流量与下一条状态记录的时间间隔的乘积；平均水流量定义为总用水量与用水时长的商。详细信息如表 10-13 所示。

表 10-13　用水量化指标构建说明

指　标	构建方法	说　明
总用水量	总用水量 = 每条有水流数据的用水量 = 持续时间 × 水流大小	一次用水过程中使用的总的水量，单位为 L
平均水流量	平均水流量 = 总用水量/有水流时间	一次用水过程中，开花洒时平均水流量大小（为热水），单位为 L/min

❑ 用水波动指标："水流量波动"指标定义为当前水流的值与平均水流量差的平方乘以持续时间的总和除以总的有水流量的时间。同理构造温度波动、热水量波动、停顿时长波动等指标。详细信息如表 10-14 所示。

表 10-14　用水波动指标构建说明

指　标	构建方法	说　明
水流量波动	水流量波动 = $\sum$((单次水流的值 − 平均水流量)^2 × 持续时间)/总的有水流量的时间	一次用水过程中，开花洒时水流量的波动大小
停顿时长波动	停顿时长波动 = $\sum$((单次停顿时长 − 平均停顿时长)^2 × 持续时间)/总停顿时长	一次用水过程中，用水停顿时长的波动情况

（4）筛选得"候选洗浴事件"

洗浴事件的识别是建立在一次用水事件识别的基础上，也就是从已经划分好的一次用水事件中识别出哪些一次用水事件是洗浴事件。

首先，用 3 个比较宽松的条件筛选掉那些非常短暂的用水事件，剩余的洗浴事件称为"候选洗浴事件"。这 3 个条件是"或"的关系，也就是说，只要一次完整的用水事件满足任意一个条件，就被判定为短暂用水事件，即会被筛选掉。3 个筛选条件如下：

1）一次用水事件中总用水量（纯热水）小于 y；

2）用水时长小于 100s；

3）总用水时长小于 120s。

下面对 y 的合理取值进行探究。洗澡的水温一般为 37~41℃。因为花洒喷头出水的温度变化也在 37~41℃，所以热水器设定温度越高，热水器水的实际温度越高，热水器热水的使用量就越少。

经过实验分析，热水器设定温度为 50℃ 时，一次普通的洗浴时长为 15min，总用水时长10min 左右，热水的使用量为 10~15L。

为不影响特殊的、短暂的洗浴事件，以及考虑到夏天用的热水较少，放宽范围假定热水器在设定温度为 50℃ 时，一次洗浴的总热水使用量为 5L，同时取洗浴温度的均值为 39℃，来计算热水器不同设定温度下的热水使用量阈值。

热水使用量模型变量符号说明如表 10-15 所示

表 10-15　标准热水量换算模型符号说明

洗浴用水温度	$T(39℃)$	设定温度	$X(℃)$
自来水水温	$C(℃)$	设定温度为 X 时的用水量	$Y(L)$
自来水注入量	$M(L)$	50℃时的用水量	$V(5L)$

假定每次洗浴习惯变化不大且热水器热水水温恒定，则每次洗浴使用的热水的热量应该趋近于一个定值。如果热水器设定温度 X 调高使热水器水温变高，则一次洗浴使用的热水量就减少；相反，则使用的热水量就增多。

假设两次洗浴事件热水和冷水混合后的花洒出水水温度恒为 T，总用水量不变且为$(M + V)$，根据热量守恒建立方程组：

$$\begin{cases} (50 - T) \times V + (C - T) \times M = 0 & (1) \\ (X - T) \times Y + (C - T) \times (M + V - Y) = 0 & (2) \end{cases} \quad (10\text{-}3)$$

式中，上式中的（1）是 50℃ 的热水 V 与 MC 自来水混合得到 $(M + V)T$ 的洗浴用水的热守恒公式。上式中的（2）是 X 的热水 Y 与 $(M + V - Y)C$ 自来水混合得到 $(M + V)T$ 的洗浴用水的热守恒公式。从而得出 Y 与 X、C、V 之间的关系：

$$Y = \frac{(50 - C) \times V}{X - C} \quad (10\text{-}4)$$

式中，V 是热水器的水恒为 50℃ 洗浴时的最低用水量。根据式（10-4）可以计算用水事件在不同实际用水温度下的标准热水使用量。其中，自来水每月平均温度取平均室温。

3. 数据清洗

本案例中存在用水数据状态记录缺失的情况，需要对缺失的数据状态记录进行添加。在热水器工作状态改变或处于用水阶段时，热水器每 2s（发送阈值）传输一条状态记录，而划分一次完整用水事件时，需要一个开始用水的状态记录和结束用水的状态记录。但是在划分一次完整用水事件时，发现数据中存在没有结束用水的状态记录情况，该类缺失值问题如表 10-16 所示：热水器状态发生改变，第 5 条状态记录和第 7 条状态记录的时间间隔应该为 2s，而表中两条记录间隔为 1 小时 27 分 28 秒。

表 10-16　状态记录中的缺失值

序号	发生时间	开关机状态	加热中	保温中	实际温度/℃	热水量/%	水流量/L	加热剩余时间/min	当前设置温度/℃
1	20141019094636	关	关	关	29	0	0	0	50
2	20141019094638	关	关	关	29	0	16	0	50
3	20141019094640	关	关	关	29	0	13	0	50
4	20141019094658	关	关	关	29	0	0	0	50
5	20141019094715	关	关	关	29	0	20	0	50
7	20141019111443	关	关	关	29	0	0	0	50

这可能是由于存在网络故障等原因导致状态记录时间间隔为几十分钟甚至几小时的情况，该类问题若用均值去填充会造成用水时间也为几十分钟甚至几小时较大误差。对于上述特殊情况，本案例数据进行如下处理：在存在用水状态记录缺失的情况下，填充一条状态记录使水流量为 0，发生时间加 2s，其余属性状态不变。即在表 10-16 的第 5 条状态记录和第 7 条状态记录之间加一条记录，即第 6 条状态记录，如表 10-17 所示。

表 10-17　状态记录中缺失值的处理

序号	发生时间	开关机状态	加热中	保温中	实际温度/℃	热水量/%	水流量/L	加热剩余时间/min	当前设置温度/℃
1	20141019094636	关	关	关	29	0	0	0	50
2	20141019094638	关	关	关	29	0	16	0	50
3	20141019094640	关	关	关	29	0	13	0	50
4	20141019094658	关	关	关	29	0	0	0	50
5	20141019094715	关	关	关	29	0	20	0	50
6	**20141019094717**	**关**	**关**	**关**	**29**	**0**	**0**	**0**	**50**
7	20141019111443	关	关	关	29	0	0	0	50

10.2.4　模型构建

经过数据预处理后，得到的建模样本数据如表 10-18 所示。

表 10-18　部分建模样本数据示例列表

热水事件	起始数据编号	终止数据编号	开始时间	是否为洗浴(1表示是,-1表示否)	总用水时长/s	总停顿时长/s	平均停顿时长/s	停顿次数	用水时长	用水总时长/s	总用水量/L	平均水流量/L/min	水流量波动	停顿时长波动
1	218	344	2014-10-19 08:51:30	-1	592	304	51	6	288	0.5	13.0	2.7	0.9	650.1
2	569	965	2014-10-19 15:55:23	1	1008	46	46	1	962	1.0	50.6	3.2	0.2	0
3	1077	1128	2014-10-19 18:21:40	-1	468	269	54	5	199	0.4	7.1	2.1	0.4	531.4
4	1973	2236	2014-10-20 16:42:41	1	661	23	23	1	638	1.0	32.2	3.0	0.3	0
5	2320	2435	2014-10-20 18:05:28	1	550	165	33	5	385	0.7	13.5	2.1	0.4	180.4
6	2438	2606	2014-10-20 18:25:24	1	649	201	201	1	448	0.7	22.6	3.0	0.6	0
7	2693	2810	2014-10-20 20:00:42	1	298	8	2	4	290	1.0	15.1	3.1	1.1	0
8	2835	3033	2014-10-20 20:15:13	-1	624	5	5	1	619	1.0	41.0	4.0	0.2	0

根据建模样本数据和用户记录的包含用水的用途、用水开始时间、用水结束时间等属性的用水日志，建立 BP 神经网络模型识别洗浴事件。由于洗浴事件与普通用水事件在特征上存在不同，而且这些不同的特征在属性上被体现出来。于是，根据用户提供的用水日志，将其中洗浴事件的数据状态记录作为训练样本训练 BP 神经网络。然后根据训练好的网络来检验新采集到的数据，具体过程如图 10-6 所示。

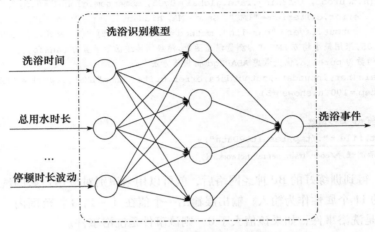

图 10-6　BP 神经模型识别洗浴事件

在训练神经网络的时候，选取了"候选洗浴事件"的 11 个属性作为网络的输入，分别为：洗浴时间点、总用水时长、总停顿时长、平均停顿时长、停顿次数、用水时长、用水时长/总用水时长、总用水量、平均水流量、水流量波动、停顿时长波动。训练 BP 网络时给定的输出（教师信号）为 1 与 −1，其中 1 代表该次事件为洗浴事件，−1 表示该次事件不是洗浴事件。其中，是否为洗浴事件的确定，根据用户提供的用水记录日志得到。

在训练 BP 神经网络时，对神经网络的参数进行了寻优，发现含两个隐层的神经网络训练效果较好，其中两个隐层的隐节点数分别为 17、10 时训练的效果较好。

使用 R 来训练 BP 神经网络，训练样本为根据用户记录的日志标记好的用水事件，详细代码如代码清单 10-3 所示。

代码清单 10-3　训练 BP 神经网络代码

```
##设置工作空间
#把"数据及程序"文件夹复制到 F 盘下,再用 setwd 设置工作空间
setwd("F:/数据及程序/chapter10/示例程序")

#训练 BP 神经网络
#install.packages("AMORE")
library(AMORE)
data = read.csv("./data/train_neural_network_data.csv",head = T)       #读入训练数据
for (i in 5:16) {
```

```
            data[,i] <- as.numeric(as.vector(data)[,i])
        }                                        #将数据处理为可用的 numeric 类型

inputdata = data[,6:16]                          #记录被选择用来作为输入的属性
outputdata = data[,5]                            #记录教师信号所在列
n.neurons = c(11,17,10,1)                        #11 个输入,2 个隐层,分别为 17、10 个节点,1 个输出
net = newff(n.neurons, learning.rate.global = 0.05, momentum.global = 0.5,
            error.criterium = "LMS", Stao = NA, hidden.layer = "tansig",
            output.layer = "purelin", method = "ADAPTgdwm") #创建神经网络,其中:
#学习率为 0.05,采用最小均方 LMS 作为测量误差函数,隐层间传递函数设置为 tansig,
#输出层传递函数为 purelin,优先考虑 ADAPTgdwm 训练方法
result = train(net,inputdata,outputdata,error.criterium = "LMS",report = TRUE,
    show.step = 100,n.shows = 5)

#保存训练好的 BP 神经网络
save(result,file = "./tmp/result.RData")
```

* 代码详见:示例程序/code/train_neural_network. R

根据样本,得到训练好的 BP 神经网络后,就可以用来识别对应用户家的洗浴事件,其中待检测的样本的 11 个属性作为输入,输出层输出一个值在 [-1,1] 范围内,如果该值小于 0,则该事件不是洗浴事件,如果该值大于 0,则该事件是洗浴事件。

10.2.5 模型检验

某热水器用户记录了两周的热水器用水日志,将前一周的数据作为训练数据,后一周的数据作为测试数据。使用 R 来训练 BP 神经网络,代码如代码清单 10-3 所示,训练好 BP 神经网络模型后,用 R 读入后一周的数据,使用代码清单 10-4 的代码来测试训练好的 BP 神经网络模型。

代码清单 10-4 BP 神经网络测试代码

```
##设置工作空间
#把"数据及程序"文件夹复制到 F 盘下,再用 setwd 设置工作空间
setwd("F:/数据及程序/chapter10/示例程序")
library(AMORE)
#BP 神经网络模型测试
#参数初始化
netfile = "./tmp/result.RData";                  #神经网络模型存储路径
testdatafile = "./data/test_neural_network_data.csv";    #待验证数据存储路径
testoutputfile = "./tmp/test_output_data.csv";   #测试数据模型输出文件
data = read.csv(testdatafile,header = T);         #读入验证数据
for (i in 5:16) {
    data[,i] <- as.numeric(as.vector(data)[,i])
}  #将数据处理为可用的 numeric 类型

targetoutput = data[,5]                           #记录教师信号所在列
```

```
##神经网络仿真
testdata = data[,6:16];              #神经网络输入形式
load(netfile);                       #载入训练好的神经网络模型
output = sim(result$net,testdata);   #仿真得到输出结果

output[which(output <= 0)] = -1
output[which(output > 0)] = 1

#计算正确率
sum = 0
for(i in 1:nrow(data)){
  if(output[i] == targetoutput[i]){
    sum = sum+1
    }
}
cat("正确率", sum/nrow(data))

#导出数据
temp = data.frame(matrix(NA,nrow(data),6))
temp[,1:5] = data[1:5]
temp[,6] = output
colnames(temp) = c("热水事件","起始数据编号","终止数据编号","开始时间",
                   "根据日志判断是否为洗浴(1 表示是, -1 表示否)",
                   "神经网络判断是否为洗浴")
write.csv(temp, file = testoutputfile, quote = F, row.names = F)
```

* 代码详见: 示例程序/code/test_neural_network. R

　　根据该热水器用户提供的用水日志判断事件是否为洗浴与 BP 神经网络模型识别结果的比较如表 10-19 所示, 总共 21 条检测数据, 准确识别了 17 条数据, 模型对洗浴事件的识别准确率为 80.95% 。

表 10-19　用户用水日志判断结果与模型输出判断结果比较

热水事件	起始数据编号	终止数据编号	开始时间	根据日志判断是否为洗浴（1 表示是，−1 表示否）	神经网络判断是否为洗浴
1	73	336	2015-01-05 9：42：41	1	1
2	420	535	2015-01-05 18：05：28	1	1
3	538	706	2015-01-05 18：25：24	1	1
4	793	910	2015-01-05 20：00：42	1	1
5	935	1133	2015-01-05 20：15：13	1	1
6	1172	1274	2015-01-05 20：42：41	1	1
7	1641	1770	2015-01-06 08：08：26	−1	1
8	2105	2280	2015-01-06 11：31：13	1	1
9	2290	2506	2015-01-06 17：08：35	1	1
10	2562	2708	2015-01-06 17：43：48	1	1
11	3141	3284	2015-01-07 10：01：57	−1	1

（续）

热水事件	起始数据编号	终止数据编号	开始时间	根据日志判断是否为洗浴（1 表示是，−1 表示否）	神经网络判断是否为洗浴
12	3524	3655	2015-01-07 13：32：43	−1	1
13	3659	3863	2015-01-07 17：48：22	1	1
14	3937	4125	2015-01-07 18：26：49	1	1
15	4145	4373	2015-01-07 18：46：07	1	1
16	4411	4538	2015-01-07 19：18：08	1	1
17	5700	5894	2015-01-08 7：08：43	−1	1
18	5913	6178	2015-01-08 13：23：42	1	1
19	6238	6443	2015-01-08 18：06：47	1	1
20	6629	6696	2015-01-08 20：18：58	1	1
21	6713	6879	2015-01-08 20：32：16	1	1

由于训练数据为一周数据，训练样本过少，可能会造成模型训练不准确，但长期让用户记录用水日志存在一定的操作困难，这里模型检验用了两周的用户用水日志。

10.3 上机实验

1. 实验目的
□ 使用 R 对数据进行预处理，掌握使用 R 进行数据预处理的方法；
□ 掌握数据转换，属性提取过程。

2. 实验内容
□ 对采集到的热水器用户数据根据水流量和停顿时间间隔的阈值进行用水事件划分。

3. 实验方法与步骤
1）打开 R，使用 read. csv 函数将"上机实验/data/water_heater. csv"数据读入到 R 中，数据为热水器用户一个月左右的用水数据，数据量为 2 万行左右。

2）遍历元胞数组，得到用水事件的序号、事件起始数据编号、事件终止数据编号，其中用水事件的序号为一个连续编号（1，2，3…）。根据水流量的值是否为 0，明确地确定用户是否在用热水。再根据各条数据的发生时间，如果停顿时间超过阈值 4 分钟，则认为是 2 次用水事件。算法具体步骤可参考 10.2.3 节的数据变换中一次完整用水事件的划分模型，也可根据自己的理解编写。

3）使用 write. csv 函数将得到用水事件序号、事件起始数据编号、事件终止数据编号等划分结果保存到 CSV 文件中。

4. 思考与实验总结
1）在划分用水事件中采用的阈值为 4min，而案例中有阈值寻优的模型，可用阈值寻优模型对每家热水器用户每个时间段寻找最优的阈值。

2）每家用户一个月左右的数据有 2 万行，怎么优化算法与模型，使划分事件速度较快且划分结果较好？

10.4　拓展思考

根据模型划分的结果，发现有时候会将两次（或多次）洗浴划分为一次洗浴，因为在实际情况中，存在着一个人洗完澡后，另一个人马上洗的情况，这中间过渡期间的停顿间隔小于阈值。针对两次（或多次）洗浴事件被合并为一次洗浴事件的情况，需要进行优化，对连续洗浴事件作识别，提高模型识别精确度。

本案例给出的连续洗浴识别法如下：

对每次用水事件，建立一个连续洗浴判别指标。连续洗浴判别指标初始值为 0，每当有一个属性超过设定的阈值，就给该指标加上相应的值，最后判别连续洗浴指标是否超过给定的阈值，如果超过给定的阈值，认为该次用水事件为连续洗浴事件。

选取 5 个前面章节提取得到的属性，作为判别连续洗浴事件的特征属性，5 个属性分别为总用水时长、停顿次数、用水时长/总用水时长、总用水量、停顿时长波动。详细的说明如下：

- □ 总用水时长的阈值为 900s，如果超过 900s，就认为可能是连续洗浴，对于每超出的 1 秒，在该事件的连续洗浴判别指标上加上 0.005，详情见表 10-20。
- □ 停顿次数的阈值为 10 次，如果超过 10 次，就认为可能是连续洗浴，对于每超出的 1 次，在该事件的连续洗浴判别指标上加上 0.5，详情见表 10-20。
- □ 用水时长/总用水时长的阈值为 0.5，如果小于 0.5，就认为可能是连续洗浴，对于每小 1，在该事件的连续洗浴判别指标上加上 2，详情见表 10-20。
- □ 总用水量的阈值为 30L，如果超过 30L，就认为可能是连续洗浴，对于每超出的 1L，在该事件的连续洗浴判别指标上加上 0.2，详情见表 10-20。
- □ 停顿时长波动的阈值为 1000，如果超过 1000，就认为可能是连续洗浴，对于每超出一个单位，在该事件的连续洗浴判别指标上加上 0.002，详情见表 10-20。

表 10-20　连续洗浴事件划分模型符号说明

属性名称	符号	阈值	单位	权重
停顿次数	P	10	每超 1s	0.5
总用水量	A	30	每超 1L	0.2
用水时长/总用水时长	D	0.5	每少 1s	2
总用水时长	T	900	每超 1s	0.005
停顿时长波动	W	1000	每超 1	0.002

根据以上信息建立优化模型，其中 S 是连续洗浴判别指标。

$$P = \begin{cases} 0.5 \times (p - 10), & p > 10 \\ 0, & p \in [0,10] \end{cases} \tag{10-5}$$

$$A = \begin{cases} 0.2 \times (a - 30), & a > 30 \\ 0, & a \in [0,30] \end{cases} \tag{10-6}$$

$$D = \begin{cases} 0.2 \times (0.5 - d), & d < 0.5 \\ 0, & d \in [0.5,1] \end{cases} \tag{10-7}$$

$$T = \begin{cases} 0.005 \times (t - 900), & t > 900 \\ 0, & t \in [0,900] \end{cases} \tag{10-8}$$

$$W = \begin{cases} 0.002 \times (t - 1000), & w > 1000 \\ 0, & w \in [0,1000] \end{cases} \tag{10-9}$$

$$S = P + A + D + T + W \tag{10-10}$$

所以，连续洗浴事件的划分模型如下：

❑ 当用水事件的连续洗浴判别指标 S 大于 5 时，确定为连续洗浴事件或一次洗浴事件加一次短暂用水事件，取中间停顿时间最长的停顿，划分为两次事件。

❑ 如果 S 不大于 5，确定为一次洗浴事件。

10.5 小结

本案例以基于实时监控的智能热水器的用户使用数据，重点介绍了数据挖掘中的数据预处理的数据清洗、数据规约、数据变换等方法以及数据预处理在实际案例中的应用，建立了热水器的洗浴事件识别的神经网络模型，并针对数据变换部分提供了 R 语言上机实验。

应用系统负载分析与磁盘容量预测

11.1 背景与挖掘目标

某大型企业为了信息化发展的需要，建设了办公自动化系统、人力资源管理系统、财务管理系统、企业信息门户系统等几大企业级应用系统。因应用系统在日常运行时，会对底层软硬件造成负荷。根据图 11-1 所示，显著影响应用系统性能的因素包括：服务器、数据库、中间件、存储设备。任何一种资源负载过大，都可能会引起应用系统性能下降甚至瘫痪。因此需要关注服务器、数据库、中间件、存储设备的运行状态，及时了解当前应用系统的负载情况，以便提前预防，确保系统安全稳定运行。

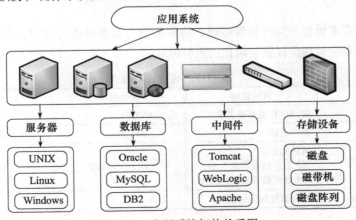

图 11-1 应用系统拓扑关系图

应用系统的负载率可以通过对一段时间内软硬件性能的运行状况进行综合评分而获得。通过系统的当前负载率与历史平均负载率进行比较，获得负载率的当前趋势。通过负载率以及负载趋势可对系统进行负载分析，如图 11-2 所示。当出现应用系统的负载高或者负载趋势大的现象，代表系统目前处于高危工作环境中。如果系统管理员不及时进行相应的处理，系统很容易出现故障，从而导致用户无法访问系统，严重影响企业的利益。本章重点分析存储设备中磁盘容量预测，通过对磁盘容量进行预测，可预测磁盘未来的负载情况。避免应用系统出现存储容量耗尽的情况，从而导致应用系统负载率过高，最终引发系统故障。

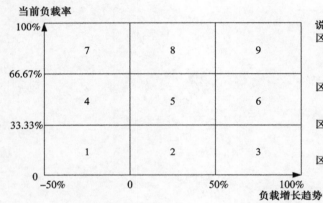

说明：
区域9：
　　当前负载率高，并且有持续升高的趋势，处于该区域的应用系统需要重点关注
区域3，6：
　　当前负载率低，且有增长的趋势，该区域内的应用系统需要关注
区域7，8：
　　当前负载率高，且有增长或降低的趋势，该区域的应用系统需要关注
区域1，2，4，5：
　　当前负载低，增长趋势低。该区域的应用系统可暂时不予关注

图 11-2　应用系统负载分析

目前，监控采集的性能数据主要包含 CPU 使用信息、内存使用信息、磁盘使用信息等，性能表的说明如表 11-1 所示。通过分析磁盘容量相关数据（见表 11-2），预测应用系统服务器磁盘空间是否满足系统健康运行的要求。请根据这些数据实现以下目标：

☐ 针对历史磁盘数据，采用时间序列分析方法，预测应用系统服务器磁盘已使用空间大小。

☐ 根据用户需求设置不同的预警等级，将预测值与容量值进行比较，对其结果进行预警判断，为系统管理员提供定制化的预警提示。

表 11-1　性能说明表

属性名称	属性说明	属性名称	属性说明
SYS_NAME	资产所在的系统名称	ENTITY	具体的属性
NAME	资产名称	VALUE	采集到的值
TARGET_ID	属性的标识号 183 表示磁盘容量大小 184 表示磁盘已使用大小	COLLECTTIME	采集的时间
DESCRIPTION	针对属性标识的说明		

表 11-2 磁盘原始数据集

SYS NAME	NAME	TARGET ID	DESCRIPTION	ENTITY	VALUE	COLLECTTIME
财务管理系统	CWXT_DB	184	磁盘已使用大小	C:\	34270787.33	2014/10/1
财务管理系统	CWXT_DB	184	磁盘已使用大小	D:\	80262592.65	2014/10/1
财务管理系统	CWXT_DB	183	磁盘容量	C:\	52323324	2014/10/1
财务管理系统	CWXT_DB	183	磁盘容量	D:\	157283328	2014/10/1
财务管理系统	CWXT_DB	184	磁盘已使用大小	C:\	34328899.02	2014/10/2
财务管理系统	CWXT_DB	184	磁盘已使用大小	D:\	83200151.65	2014/10/2
财务管理系统	CWXT_DB	183	磁盘容量	C:\	52323324	2014/10/2
财务管理系统	CWXT_DB	183	磁盘容量	D:\	157283328	2014/10/2
财务管理系统	CWXT_DB	184	磁盘已使用大小	C:\	34327553.5	2014/10/3
财务管理系统	CWXT_DB	184	磁盘已使用大小	D:\	83208320	2014/10/3
财务管理系统	CWXT_DB	183	磁盘容量	C:\	52323324	2014/10/3
财务管理系统	CWXT_DB	183	磁盘容量	D:\	157283328	2014/10/3
财务管理系统	CWXT_DB	184	磁盘已使用大小	C:\	34288672.21	2014/10/4
财务管理系统	CWXT_DB	184	磁盘已使用大小	D:\	83099271.65	2014/10/4
财务管理系统	CWXT_DB	183	磁盘容量	C:\	52323324	2014/10/4
财务管理系统	CWXT_DB	183	磁盘容量	D:\	157283328	2014/10/4
财务管理系统	CWXT_DB	184	磁盘已使用大小	C:\	34190978.41	2014/10/5
财务管理系统	CWXT_DB	184	磁盘已使用大小	D:\	82765171.65	2014/10/5
财务管理系统	CWXT_DB	183	磁盘容量	C:\	52323324	2014/10/5
财务管理系统	CWXT_DB	183	磁盘容量	D:\	157283328	2014/10/5
财务管理系统	CWXT_DB	184	磁盘已使用大小	C:\	34187614.43	2014/10/6
财务管理系统	CWXT_DB	184	磁盘已使用大小	D:\	82522895	2014/10/6
财务管理系统	CWXT_DB	183	磁盘容量	C:\	52323324	2014/10/6
财务管理系统	CWXT_DB	183	磁盘容量	D:\	157283328	2014/10/6

* 数据详见：示例程序/data/discdata.xls

11.2 分析方法与过程

应用系统出现故障通常不是突然瘫痪造成的（除非对服务器直接断电），而是一个渐变的过程[17]。例如，系统长时间运行，数据会持续写入存储，存储空间逐渐变少，最终磁盘被写满而导致系统故障。因此可知，在不考虑人为因素的影响时，存储空间随时间变化存在很强的关联性，且历史数据对未来的发展存在一定的影响，故本案例可采用时间序列分析法对磁盘已使用空间进行预测分析。

采用时间序列分析法分析磁盘性能数据，预测未来的磁盘使用空间情况。其挖掘建模的总体流程如图 11-3 所示。

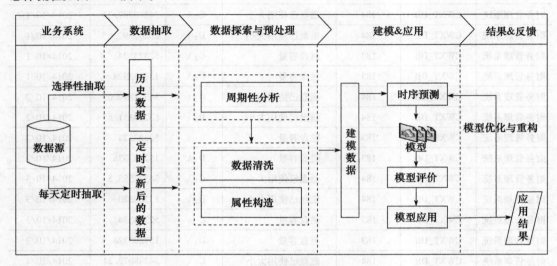

图 11-3 建模流程图

应用系统容量预测建模过程主要包含以下步骤：

1）从数据源中选择性抽取历史数据与每天定时抽取数据；

2）对抽取的数据进行周期性分析以及数据清洗、数据变换等操作后，形成建模数据；

3）采用时间序列分析法对建模数据进行模型的构建，利用模型预测服务器磁盘已使用情况；

4）应用模型预测服务器磁盘将要使用情况，通过预测到的磁盘使用大小与磁盘容量大小按照定制化标准进行判断，将结果反馈给系统管理员，提示管理员需要注意磁盘的使用情况。

11.2.1 数据抽取

磁盘使用情况的数据都存放在性能数据中，而监控采集的性能数据中存在大量的其他属性数据。为了抽取出磁盘数据，以属性的标识号（TARGET_ID）与采集指标的时间（COLLECTTIME）为条件，对性能数据进行抽取。抽取 2014 年 10 月 1 日至 2014 年 11 月 16 日财务管理系统中某一台数据库服务器的磁盘的相关数据。

11.2.2 数据探索分析

由于本例是采用时序分析法进行建模，为了建模的需要，需要探索数据的平稳性。通过时序图可以初步发现数据的平稳性。针对服务器磁盘已使用大小，以天为单位，进行周期性分析，其时序图如图 11-4 和图 11-5 所示。

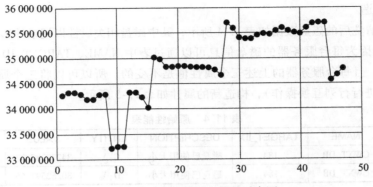

图 11-4　C 盘已使用空间的时序图

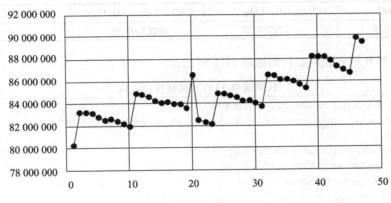

图 11-5　D 盘已使用空间的时序图

由图 11-4 和图 11-5 可以得知，磁盘的使用情况都不具备周期性，它们表现出缓慢性增长，呈现趋势性。因此，可以初步确认数据是非平稳的。

11.2.3　数据预处理

1. 数据清洗

在实际的业务中，监控系统会每天定时对磁盘的信息进行收集，但是磁盘容量属性一般情况下都是一个定值（不考虑中途扩容的情况），因此磁盘原始数据中会存在磁盘容量的重复数据。在数据清洗过程中，剔除磁盘容量的重复数据，并且将所有服务器的磁盘容量作为一个固定值，方便模型预警时需要如表 11-3 所示。

表 11-3　磁盘容量表

SYS_NAME	NAME	TARGET_ID	DESCRIPTION	ENTITY	VALUE
财务管理系统	CWXT_DB	183	磁盘容量	C：\	52323324
财务管理系统	CWXT_DB	183	磁盘容量	D：\	157283328

2. 属性构造

经过数据清洗后的磁盘数据如表 11-4 所示，其中磁盘相关属性以记录的形式存在数据中，其单位为 KB。因为每台服务器的磁盘信息可以通过表中 NAME、TARGET_ID、ENTITY 三个属性进行区分，且每台服务器的上述三个属性值是不变的，所以可以将三个属性的值进行合并（本质上是进行行列互换操作），构造新的属性如表 11-5 所示。

表 11-4　原始性能表

SYS_NAME	NAME	TARGET_ID	DESCRIPTION	ENTITY	VALUE	COLLECTTIME
财务管理系统	CWXT_DB	184	磁盘已使用大小	C：\	34270787.33	2014/10/1
财务管理系统	CWXT_DB	184	磁盘已使用大小	D：\	80262592.65	2014/10/1

表 11-5　属性变换后的性能表

SYS_NAME	CWXT_DB：184：C：\	CWXT_DB：184：D：\	COLLECTTIME
财务管理系统	34270787.33	80262592.65	2014/10/1

属性变换其 R 语言代码如代码清单 11-1 所示。

代码清单 11-1　属性变换代码

```
setwd("F:/数据及程序/chapter11/示例程序")
Data = read.csv("./data/discdata.csv", header = T, encoding = 'utf-8')
#删除重复项
index1 = which(Data$VALUE = = 52323324)
index2 = which(Data$VALUE = = 157283328)
index = sort(c(index1, index2))
Data = Data[-index, ]
#数据变换
x = matrix(Data$VALUE, nrow = 47, ncol = 2, byrow = T)
index3 <- duplicated(Data$COLLECTTIME)
y = Data[! index3, ]$COLLECTTIME
Data = data.frame(Data[1:47, 1], x, y)
colnames(Data) = c("SYS_NAME", "CWX-C", "CWX-D", "COLLECTTIME")
#保存数据
write.csv(Data, "./tmp/chuliData.csv", row.names = T)
```

＊代码详见：示例程序/code/attribute_transform. R

11.2.4　模型构建

为了方便对模型进行评价，将经过数据预处理后的建模数据划分两部分：一部分为建模样本数据；另一部分为模型验证数据。选取建模数据的最后 5 条记录作为验证数据，其他数据作为建模样本数据。

1. 容量预测模型

本章容量预测模型的建模流程如图 11-6 所示。

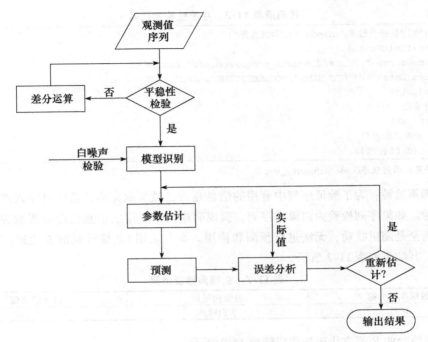

图 11-6 容量预测建模图

首先需要对观测值序列进行平稳性检验，如果不平稳，需对其进行差分处理直到差分后的数据平稳。当数据平稳后，需要对其进行白噪声检验。如果没有通过白噪声检验，就进行模型识别，识别其模型属于 AR、MA 和 ARMA 中的哪一种模型。并且通过 BIC 信息准则对模型进行定阶，确定 ARIMA 模型的 p、q 参数。模型识别后需进行模型检验，检测模型残差序列是否为白噪声序列。如果模型没有通过检测，需要对其进行重新识别。对已通过检验的模型采用极大似然估计方法进行模型参数估计。最后应用模型进行预测，将实际值与预测值进行误差分析。如果误差比较小（误差阈值需通过业务分析进行设定），表明模型拟合效果较好，则模型可以结束。反之需要重新估计参数。

模型构建的过程中需要用到以下方法：

❑ **平稳性检验**：为了确定原始数据序列中没有随机趋势或确定趋势，需要对数据进行平稳性检验，否则将会产生"伪回归"的现象。本章采用单位根检验（ADF）的方法或者时序图的方法进行平稳性检验，其检验的结果如表 11-6 所示，时序图的方法见 11.2.2 节。

表 11-6 平稳性检验结果

数据序列名称	平稳性	对应的 p 值	n 阶差分后平稳
D 盘使用大小	非平稳	0.9112	1

平稳性检验的 R 语言代码如代码清单 11-2 所示。

代码清单 11-2 平稳性检验代码

```
setwd("F:/数据及程序/chapter11/示例程序")
library(fUnitRoots)
Data = read.csv("./data/discdata_processed.csv",header = T)
colnames(Data) = c("SYS_NAME","COLLECTTIME","CWC","CWD")
attach(Data)
#单位根检验
adfTest(CWD)
#一阶差分单位根检验
adfTest(diff(CWD))
```

* 代码详见：示例程序/code/stationarity_test. R

- **白噪声检验**：为了验证序列中有用的信息是否已被提取完毕，需要对序列进行白噪声检验。如果序列检验为白噪声序列，就说明序列中有用的信息已经被提取完毕了，剩下的全是随机扰动，无法进行预测和使用。本章采用 LB 统计量的方法进行白噪声检验，其结果如表 11-7 所示。

表 11-7 白噪声检验结果

数据序列名称	是否白噪声	对应的 p 值
D 盘	非白噪声	-4.584×10^{-7}

白噪声检验的 R 语言代码如代码清单 11-3 所示。

代码清单 11-3 白噪声检验代码

```
setwd("F:/数据及程序/chapter11/示例程序")
Data = read.csv("./data/discdata_processed.csv",header = T)
colnames(Data) = c("SYS_NAME","COLLECTTIME","CWC","CWD")
attach(Data)
#白噪声检验
Box.test(CWD, type = "Ljung - Box")
```

* 代码详见：示例程序/code/whitenoise_test. R

- **模型识别**：采用极大似然比方法进行模型的参数估计，估计各个参数的值。然后针对各个不同模型，采用 BIC 信息准则对模型进行定阶，确定 p、q 参数，从而选择出最优模型。根据此方法选择的模型，BIC 值图如图 11-7 所示，其结果如表 11-8 所示。

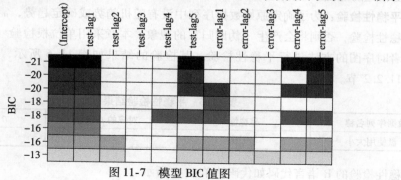

图 11-7 模型 BIC 值图

表 11-8　模型结果

数据序列	模型类型	最小 BIC 值
D 盘使用大小	ARIMA(0, 1, 1)	1396.95

模型识别的 R 语言代码如代码清单 11-4 所示。

代码清单 11-4　模型识别代码

```
setwd("F:/数据及程序/chapter11/示例程序")
library(TSA)
Data = read.csv("./data/discdata_processed.csv",header = T)
colnames(Data) = c("SYS_NAME","COLLECTTIME","CWC","CWD")
attach(Data)
#BIC 图
res = armasubsets(y = CWD,nar = 5,nma = 5,y.name = 'test',ar.method = 'ols')
plot(res)
#选择拥有最小 bic 值得 p、q 值
auto.arima(CWD,,ic = "bic")
```
* 代码详见：示例程序/code/find_optimal_pq. R

□ **模型检验**：模型确定后，检验其残差序列是否为白噪声。如果不是白噪声，说明残差中还存在有用的信息，需要修改模型或者进一步提取。本案例由于初始模型没有通过检验，所以对其进一步修改 p、q 参数，重复用模型识别的方法确认模型，直到模型通过检验才停止。通过模型检验的模型结果如表 11-9 所示。

表 11-9　符合残差检验模型结果

数据序列	模型类型	平稳性检验 p 值	随机性检验 p 值
D 盘使用大小	ARIMA(0, 1, 2)	0.01	0.7399

模型检验的 R 语言代码如代码清单 11-5 所示。

代码清单 11-5　模型检验代码

```
setwd("F:/数据及程序/chapter11/示例程序")
library(forecast)
Data = read.csv("./data/discdata_processed.csv",header = T)
colnames(Data) = c("SYS_NAME","COLLECTTIME","CWC","CWD")
attach(Data)
m1 = arima(CWD, order = c(0,1,1))
r1 = m1$residuals
#对残差进行平稳性检验
adfTest(r1)
#对残差进行随机性检验
Box.test(r1, type = "Ljung - Box")
m2 = arima(CWD, order = c(0,1,2))
r2 = m1$residuals
#对残差进行平稳性检验
```

```
adfTest(r2)
#对残差进行纯随机性检验
Box.test(r2,type = "Ljung - Box")
```

* 代码详见: 示例程序/code/arima_model_check. R

□ **模型预测**: 应用通过检验的模型进行预测, 获取未来 5 天的预测值。为了方便比较, 将单位换算成 GB, 其结果如表 11-10 所示。

表 11-10　预测结果

未来天数	预测值	实际值
1	83. 506 51	83. 207 45
2	83. 482 15	82. 956 45
3	83. 482 15	82. 662 81
4	83. 482 15	85. 6081
5	83. 482 15	85. 237 05

2. 模型评价

为了评价时序预测模型效果的好坏, 本章采用三个衡量模型预测精度的统计量指标: 平均绝对误差、均方根误差、平均绝对百分误差。这三个指标从不同侧面反映了算法的预测精度[18]。

选择建模数据的后 5 条记录作为实际值, 将预测值与实际值进行误差分析, 模型的各个评价指标值如表 11-11 所示。

表 11-11　模型评价表

平均绝对误差	均方根误差	平均绝对百分误差
0. 9669	1. 2112	1. 1417

模型评价 R 语言代码如代码清单 11-6 所示。

代码清单 11-6　模型评价代码

```
setwd("F:/数据及程序/chapter11/示例程序")
Data = read.csv("./data/predictdata.csv",header = T)
colnames(Data) = c("num","pre","real")
attach(Data)
#mae
mae = mean(abs(pre - real))
#rmse
rmse = mean((pre - real)^2)
#mape
mape = mean(abs(pre - real)/real)
```

* 代码详见: 示例程序/code/cal_errors. R

结合实际业务分析, 将误差阈值设定为 1.5。表 11-11 中实际值与预测值之间的误差全都小于误差阈值。因此, 模型的预测效果在实际业务可接受的范围内, 可以采用此模型进行预测。

3. 模型应用

在上述模型构建完成后, 就可以对模型进行应用, 实现对应用系统容量预测, 其模型应用过程如下:

1）从系统中每日定时抽取服务器磁盘数据；

2）对定时抽取的数据进行数据清洗、数据变换预处理操作；

3）将预处理后的定时数据存放到模型的初始数据中，获得模型的输入数据，调用模型对服务器磁盘已使用空间进行预测，预测后 5 天的磁盘已使用空间大小；

4）将预测值与磁盘的总容量比较，获得预测的磁盘使用率。如果某一天预测的使用率达到业务设置的预警级别，就会以预警的方式提醒系统管理员。

模型应用的预警流程图如图 11-8 所示。

其中，预警等级的设定需要结合实际应用，根据业务的应用一般设置的阈值如表 11-12 所示，也可以根据管理员要求进行相应的调整，调整使用率

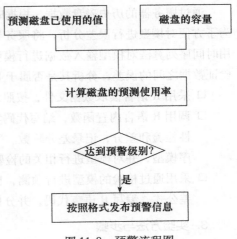

图 11-8　预警流程图

的阈值即可。如果预测值达到预警等级以上，可以发布预警信息，其示例如表 11-13 所示，提示管理员注意，需要清理磁盘或者准备扩容，以保证应用系统的健康运行。

表 11-12　阈值设置表

预测已使用空间率	预警等级
85%	Ⅰ
90%	Ⅱ
95%	Ⅲ

表 11-13　预警信息格式

属性名称	预警时间	信息	预警等级
D:	2014/11/12	该服务器磁盘 D 盘使用率预计在 2014 年 11 月 12 日将达到 85% 以上	Ⅰ

因为模型采用历史数据进行建模，随着时间的变化，每天会定时地将新增数据加入初始建模数据中。正常的情况下，模型需要重新调整。但考虑到建模的复杂性高，且磁盘的已使用大小每天的变化量相对很小，对于整个模型的预测影响较小。因此，结合实际业务情况，模型每半个月进行一次调整。

11.3　上机实验

1. 实验目的

❑ 了解时间序列算法的用法以及利用时间序列算法构建预测模型的流程。

❑ 掌握 R 语言实现时间序列算法的检验和预测的过程，以及模型的误差分析。

2. 实验内容

通过服务器的历史磁盘数据，根据时间序列算法模型的流程，预测未来磁盘的使用情况。为了方便对模型进行误差分析，将服务器的磁盘数据划分模型输入数据与模型验证数据。采用时间序列算法对模型输入数据进行模型拟合、检验与预测。依据误差公式，计算预测值与验证数据之间的误差，分析其是否属于业务接受的范围内。

- 采用 R 语言读取数据文件，按照划分规则将数据划分为两个部分，并将其进行保存。
- 调用 R 语言内置函数，编写代码实现本例模型构建的流程。对模型输入数据进行平稳性检验和差分，记录差分阶数。采用 BIC 准则确定模型的参数，依据各个参数构建时序模型，并对模型进行相关的检验。
- 采用通过检验的模型进行预测，比较预测值与验证数据的大小，计算其误差。利用误差公式，编写 R 语言代码，并分析误差是否处于业务接受的范围内。

3. 实验方法与步骤

1）打开 R 语言，使用 xlsread 函数将数据文件读入 R 语言工作空间中，选择要进行时序预测的磁盘数据，截取最后 5 条数据为验证数据，其他数据为模型输入数据。

2）确定 ARIMA 模型的 d 参数，即差分阶数。使用 adfTest 函数确定输入数据是否平稳化，如果不平稳，则使用 diff 函数进行差分，记录差分的阶数；否则 d 值为 0，并直接进行下一步。

3）确定 ARIMA 模型的 p、q 参数。p、q 参数的取值范围为 $[0，N/10]$，选择不同的 p、q 值，计算输入数据的 BIC 值。当 BIC 值取最小值时的 p、q 值即是所求。

4）使用 arima 函数以及前面得到的 p、d、q 构建 ARIMA 模型，确定模型的其他参数，使用 adfTest、Box. text 函数计算模型残差白噪声。检验其是否通过白噪声检验，如果不通过则返回 3）去掉上一步的 p、q 组合重新进行计算；如果通过则进行下一步。

5）使用 forecast 函数进行时序预测，并把实际值和预测值进行对比，计算其误差。

4. 思考与实验总结

1）用其他的方法进行平稳性检验，如游程检验、自相关系数分析等。

2）采用其他的方法进行模型定阶，确定 p 与 q 的参数值。

11.4 拓展思考

监控不仅能够获取软硬件的性能数据，同时也能检测到软硬件的日志事件，并通过告警的方式提示用户。在监控的告警表中存在很多类别的告警，其中服务器类的告警包含：CPU告警、内存告警、磁盘告警；数据库类的告警包含：日志告警、表空间告警；网络类型的告警包含：PING 告警、TELNET 告警，以及应用系统类别的告警。一旦应用系统发生故障，则会影响整个公司的利润。因此，管理员在维护系统的过程中，特别关注应用系统类别的告警。但是在监控收集性能以及事件的过程中，有时会存在信息收集有误的情况，因此各类型告警会出现误告（应用系统发生误告时系统实际处于正常阶段）。

　　根据历史每天的各种类型的告警数，通过相关性进行检验判断哪些类型告警与应用系统真正故障有关，其原始数据如表 11-14 所示。通过相关类型的告警，预测明后两天的告警数。针对历史的告警数与应用系统的关系，判断系统未来是否发生故障。首先通过时序算法预测未来相关类型的告警数，然后采用分类预测算法对预测值进行判断，判断系统未来是否发生故障（针对原始数据可以选择一部分数据进行时序预测）。

表 11-14　系统告警原始数据

日期	CPU 告警	内存告警	磁盘告警	日志告警	表空间告警	PING 告警	TELNET 告警	故障类别
2013/01/01	4	1	0	0	0	2	4	0
2013/01/02	0	2	0	0	0	0	0	0
2013/01/03	1	0	0	0	0	0	2	0
2013/01/04	0	0	0	0	0	1	2	1
2013/01/05	1	0	0	2	0	4	0	1
2013/01/06	1	1	0	0	0	3	4	0
2013/01/07	1	0	0	0	0	0	0	0
2013/01/08	1	2	0	0	0	0	0	0
2013/01/09	0	0	0	0	0	1	0	0
2013/01/10	3	0	0	2	0	4	0	1
2013/01/11	0	1	0	0	0	3	4	0
2013/01/12	3	1	0	0	0	0	0	0
2013/01/13	0	0	0	0	0	0	2	0
2013/01/14	5	1	0	0	0	1	0	0
2013/01/15	0	0	0	0	0	4	0	0
2013/01/16	1	0	0	1	0	2	4	1
2013/01/17	0	2	0	0	0	0	0	0
2013/01/18	2	2	0	0	0	0	2	0
2013/01/19	0	0	0	0	0	0	0	0
2013/01/20	0	1	0	0	0	0	0	0
2013/01/21	0	0	0	0	0	3	3	0
2013/01/22	1	0	0	0	0	0	0	0
2013/01/23	0	0	0	0	0	0	2	0
2013/01/24	0	3	0	0	0	0	0	0

　*数据详见：拓展思考/拓展思考样本数据.xls

11.5　小结

　　本章结合应用系统磁盘容易预测的案例，重点介绍了数据挖掘算法中时间序列分析法在实际案例中的应用，并详细地描述了系统磁盘容量预测数据挖掘以及时间序列分析建模的整个过程。同时，对其相应的算法以及整个数据挖掘流程提供了 R 语言上机实验。

Chapter 12　第 12 章

电子商务智能推荐服务

12.1　背景与挖掘目标

随着互联网和信息技术快速发展，电子商务、网上服务与交易等网络业务越来越普及，大量的信息聚集起来形成海量信息。用户想要从海量信息中快速准确地寻找到自己感兴趣的信息已经变得越来越困难，在电子商务领域这点显得更加突出。因此，信息过载的问题已经成为互联网技术中的一个重要难题。为了解决这个问题，搜索引擎就诞生了，如 Google、百度等。搜索引擎在一定程度上缓解了信息过载问题，用户通过输入关键词，搜索引擎就会返回给用户与输入的关键词相关的信息。但是无法解决用户的很多其他需求，如用户无法找到准确描述自己需求的关键词时，搜索引擎就无能为力了。

与搜索引擎不同，推荐系统并不需要用户提供明确的需求，而是通过分析用户的历史行为从而使用户主动推荐能够满足他们兴趣和需求的信息。因此，对于用户而言推荐系统和搜索引擎是两个互补的工具。搜索引擎满足有明确目的的用户需求，而推荐系统能够帮助用户发现其感兴趣的内容。因此，在电子商务领域中推荐技术可以起到以下作用：第一，帮助用户发现其感兴趣的物品，节省用户时间、提升用户体验；第二，提高用户对电子商务网站的忠诚度，如果推荐系统能够准确地发现用户的兴趣点，并将合适的资源推荐给用户，用户就会对该电子商务网站产生依赖，从而建立稳定的企业忠实顾客群，提高用户满意度。

本例主要研究的对象是北京某家法律网站，它是一家电子商务类的大型法律资讯网站，其致力于为用户提供丰富的法律信息与专业咨询服务，并为律师与律师事务所提供卓有成效的互联网整合营销解决方案。随着其网站访问量增大，其数据信息量也在大幅增长。用户在面对大量信息时无法及时从中获得自己需要的信息，对信息的使用效率越来越低。这种浏览大量无关信息的过程，造成了用户需要花费大量的时间才能找到自己需要的信息，从而使得用户不断流失，对企业造成巨大的损失。为了能够更好地满足用户需求，依据其网站海量的数据，研究用户的兴趣偏好，分析用户的需求和行为，发现用户的兴趣点。从而引导用户发现自己的信息需求，将长尾网页准确地推荐给所需用户，帮助用户发现他们感兴趣但很难发现的网页信息。为用户提供个性化的服务，并且建立网站与用户之间的密切关系，让用户对推荐系统产生依赖，从而建立稳定的企业忠实顾客群，实现客户链式反应增值，提高消费者满意度。通过提高服务效率帮助消费者节约交易成本等，制定有针对性的营销战略方针，促进企业长期稳定高速发展。

目前，网站上已经存在部分推荐，如当访问主页时可以在婚姻栏目发现如下热点推荐，如图 12-1 所示。当访问具体的知识页面时，可以在页面的右边以及下面发现也存在一些热点推荐和基于内容的关键字推荐，如图 12-2 所示。

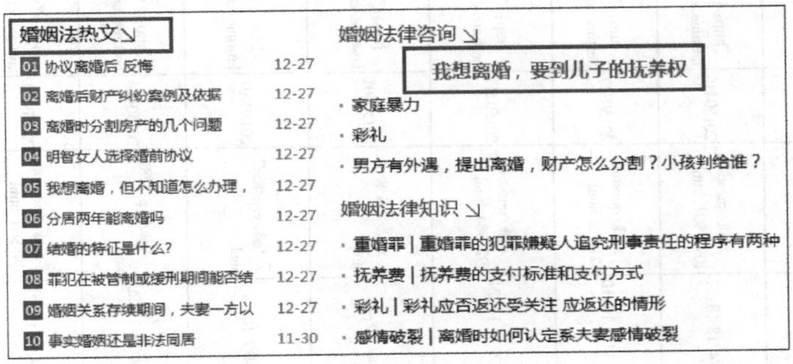

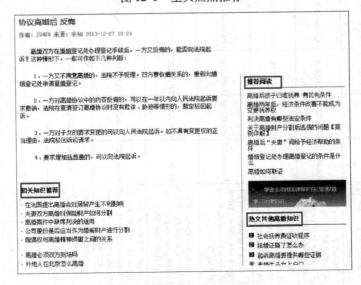

图 12-1　主页热点推荐

图 12-2　婚姻知识目前的推荐

当用户访问网站页面时，系统会记录用户访问网站的日志，其访问的数据记录如表 12-1 所示。

表 12-1 用户访问记录表

realIP	real-Areacode	userAgent	userOS	userID	clientID	timestamp	timestamp_format	ymd	fullURL	pagePath	fullURLId	host-name	pageTitle	pageTitleCategoryId	pageCategoryId	TitleCategoryName
1531222030	140100	UCWEB/2.0(MIDP-2.0;U; zh-CN; HTC 9060) U2/1.0.0 UCBrowser/10.1.3.546 U2/1.0.0 Mobile	Other	499670012.1	499670012.1	1428041479371	2015/4/3 14;11	20150403	http://www.lawtime.cn	/ask/question_8399551.html	/ask/question_8399551.html	101003	www.lawtime.cn	做住房公积金的担保人有什么风险-法律咨询车法律咨询	69	房产买卖纠纷
1531222030	140100	UCWEB/2.0(MIDP-2.0;U; zh-CN; HTC 9060) U2/1.0.0 UCBrowser/10.1.3.546 U2/1.0.0 Mobile	Other	499670012.1	499670012.1	1428041479536	2015/4/3 14;11	20150403	http://www.lawtime.cn	/ask/question_8399551.html	/ask/question_8399551.html	101003	www.lawtime.cn	做住房公积金的担保人有什么风险-法律咨询车法律咨询	69	房产买卖纠纷
1706656375	140100	Mozilla/5.0(Windows NT 6.1) AppleWebKit/537.36 (KHTML, like Gecko) Chrome/31.0.1650.63 Safari/537.36	Windows 7	1259341818	1259341818	1429353422107	2015/4/18 18;37	20150418	http://www.lawtime.cn	/ask/question_10937991.html	/ask/question_10937991.html	101003	www.lawtime.cn	做企业金监管后业主主要约赔偿问题-法律快车法律咨询	37	立案他查
4223238775	140100	Mozilla/5.0(Windows NT 6.1) AppleWebKit/537.36 (KHTML, like Gecko) Chrome/31.0.1650.63 Safari/537.36	Windows 7	908370090.1	908370090.1	1426579834667	2015/3/17 16;10	20150317	http://www.lawtime.cn	/ask/question_421092.html	/ask/question_421092.html	101003	www.lawtime.cn	做正墓博会判什么罪-法律快车法律咨询	26	定罪量刑
1110054106	140100	Mozilla/5.0(Windows NT 5.1) AppleWebKit/537.36 (KHTML, like Gecko) Chrome/31.0.1650.63 Safari/537.36	Windows XP	2068832749	2068832749	1423635850415	2015/2/11 14;24	20150211	http://www.lawtime.cn	/ask/question_6925984.html	/ask/question_6925984.html	101003	www.lawtime.cn	做重的伤残鉴定,有没有时间限制规定-法律咨询	68	工伤赔偿
1046706190	140100	Mozilla/5.0(Windows NT 6.1; WOW64) AppleWebKit/537.36 (KHTML, like Gecko) Chrome/31.0.1650.63 Safari/537.36	Windows 7	847612256.1	847612256.1	1427852615867	2015/4/1 9;43	20150401	http://www.lawtime.cn	/ask/exp/8587.html	/ask/exp/8587.html	1999001	www.lawtime.cn	做钟点工要签劳动合同吗? -法律快车法律经验	62	劳动合同纠纷
465868558	140100	Mozilla/5.0(Windows NT 5.1) AppleWebKit/537.36 (KHTML, like Gecko) Chrome/31.0.1650.48 Safari/537.36 QQBrowser/7.7.26110.400	Windows XP	1610868312	1610868312	1428394886464	2015/4/7 16;21	20150407	http://www.lawtime.cn	/ask/exp/8587.html	/ask/exp/8587.html	1999001	www.lawtime.cn	做钟点工要签劳动合同吗? -法律快车法律经验	62	劳动合同纠纷
1571227319	140100	Mozilla/5.0(Windows NT 5.1) AppleWebKit/537.36 (KHTML, like Gecko) Chrome/31.0.1650.63 Safari/537.36	Windows XP	3716906939.1	3716906939.1	1429849254956	2015/4/24 12;20	20150424	http://www.lawtime.cn	/ask/exp/8587.html	/ask/exp/8587.html	1999001	www.lawtime.cn	做钟点工要签劳动合同吗? -法律快车法律经验	62	劳动合同纠纷
2092450417	140100	Mozilla/4.0(compatible; MSIE 8.0; Windows NT 5.1; Trident/4.0;.NET CLR 2.0.50727;.NET CLR 3.0.4506.2152;.NET CLR 3.5.30729; qihu theworld)	Windows 7	1632334036	1632334036	1427170907797	2015/3/24 12;21	20150324	http://www.lawtime.cn	/ask/question_5598369.html	/ask/question_5598369.html	101003	www.lawtime.cn	做直销产品甲方应该给开发票吗? -法律快车法律咨询	51	违约赔偿
1121454201	140100		Windows XP	2136917696	2136917696	1428039745607	2015/4/3 13;42	20150403	http://www.lawtime.cn	/ask/question_3432948.html	/ask/question_3432948.html	101003	www.lawtime.cn	做侄子的法定监护人-法律咨询	17	儿童监护
2561650547	140100	Mozilla/5.0(Macintosh;Intel Mac OS X 10.9_5) AppleWebKit/537.78.2 (KHTML, like Gecko) Version/7.0.6 Safari/537.78.2	Mac OS X	1316725305	1316725305	1425978540658	2015/3/10 17;09	20150310	http://www.lawtime.cn	/info/yiliao/zrsh/201007214319.html	/info/yiliao/zrsh/201007214319.html	107001	www.lawtime.cn	做整形手术做毁容如何索赔/咨询-法律咨询车医疗事故	64	医疗事故赔偿

ID	140100	浏览器/操作系统	数值1	数值2	访问时间	页面	日期	域名	页面	101003	网站	标题	类别码	类别
409120636	140100	Mozilla/5.0(Windows NT 5.1) AppleWebKit/537.36 (KHTML, like Gecko) Chrome/31.0.1650.63 Safari/537.36 Windows XP	362380012.1	362380012.1	2015/4/20 1:15	/ask/question_3764976.html	20150420	http://www.lawtime.cn	/ask/question_3764976.html	101003	www.lawtime.cn	做杂志,使用网上找来的图片作为背景算不算侵权? - 法律快车法律咨询	26	定罪量刑
1699823729	140100	Mozilla/5.0(Windows NT 6.1; rv:37.0) Gecko/20100101 Firefox/37.0 Windows 7	38549427.14	38549427.14	2015/4/24 18:23	/ask/question_3764976.html	20150424	http://www.lawtime.cn	/ask/question_3764976.html	101003	www.lawtime.cn	做杂志,使用网上找来的图片作为背景算不算侵权? - 法律快车法律咨询	26	定罪量刑
1257332336	140100	Mozilla/5.0(Windows NT 6.1; WOW64) AppleWebKit/537.36 (KHTML, like Gecko) Chrome/38.0.2125.122 Safari/537.36 Windows 7	1242996761	1242996761	2015/4/29 15:27	/ask/question_3764976.html	20150429	http://www.lawtime.cn	/ask/question_3764976.html	101003	www.lawtime.cn	做杂志,使用网上找来的图片作为背景算不算侵权? - 法律快车法律咨询	26	定罪量刑
2586839161	140100	Mozilla/5.0(Windows NT 6.1) AppleWebKit/537.36 (KHTML, like Gecko) Chrome/31.0.1650.63 Safari/537.36 Windows 7	1283840943	1283840943	2015/2/9 21:51	/ask/question_3173773.html	20150209	http://www.lawtime.cn	/ask/question_3173773.html	101003	www.lawtime.cn	做有限责任公司的股东条件 - 法律快车法律咨询	41	股权纠纷
2828223345	140100	Mozilla/5.0(Macintosh; Intel Mac OS X 10_9_5) AppleWebKit/537.78.2 (KHTML, like Gecko) Version/7.0.6 Safari/537.78.2 Mac OS X	9807744139.1	9807744139.1	2015/2/28 11:46	/ask/question_3173773.html	20150228	http://www.lawtime.cn	/ask/question_3173773.html	101003	www.lawtime.cn	做有限责任公司的股东条件 - 法律快车法律咨询	41	股权纠纷
1018329870	140100	Mozilla/5.0(Windows NT 6.1; WOW64) AppleWebKit/537.36 (KHTML, like Gecko) Chrome/31.0.1650.63 Safari/537.36 SE 2.X MetaSr 1.0 Windows 7	9670840001.1	9670840001.1	2015/4/7 11:41	/ask/question_3173773.html	20150407	http://www.lawtime.cn	/ask/question_3173773.html	101003	www.lawtime.cn	做有限责任公司的股东条件 - 法律快车法律咨询	41	股权纠纷
2119376756	140100	Mozilla/5.0(Windows NT 6.1; Trident/7.0; rv:11.0) like Gecko Windows 7	1599121760	1599121760	2015/4/8 17:44	/ask/question_3173773.html	20150408	http://www.lawtime.cn	/ask/question_3173773.html	101003	www.lawtime.cn	做有限责任公司的股东条件 - 法律快车法律咨询	41	股权纠纷
2249626126	140100	Mozilla/5.0(Windows NT 6.1) AppleWebKit/537.36 (KHTML, like Gecko) Chrome/38.0.2125.122 Safari/537.36 Windows 7	1796985316	1796985316	2015/2/13 11:31	/ask/question_6617278.html	20150213	http://www.lawtime.cn	/ask/question_6617278.html	101003	www.lawtime.cn	做有限责任公司监事人要负什么责任 - 法律快车法律咨询	41	股权纠纷
3020128887	140100	Mozilla/5.0(Windows NT 6.1; WOW64) AppleWebKit/537.36 (KHTML, like Gecko) Chrome/31.0.1650.63 Safari/537.36 Windows 7	1188934890	1188934890	2015/4/22 18:07	/ask/question_6617278.html	20150422	http://www.lawtime.cn	/ask/question_6617278.html	101003	www.lawtime.cn	做有限责任公司监事人要负什么责任 - 法律快车法律咨询	41	股权纠纷
3423224433	140100	Mozilla/5.0 (compatible; MSIE 10.0; Windows NT 6.1; WOW64; Trident/6.0;2345Explorer 5.0.0.14136) Windows 7	1150849692	1150849692	2015/4/29 15:12	/ask/question_6617278.html	20150429	http://www.lawtime.cn	/ask/question_6617278.html	101003	www.lawtime.cn	做有限责任公司监事人要负什么责任 - 法律快车法律咨询	41	股权纠纷
3423224433	140100	Mozilla/5.0 (compatible; MSIE 10.0; Windows NT 6.1; WOW64; Trident/6.0;2345Explorer 5.0.0.14136) Windows 7	1150849692	1150849692	2015/4/29 15:14	/ask/question_6617278.html	20150429	http://www.lawtime.cn	/ask/question_6617278.html	101003	www.lawtime.cn	做有限责任公司监事人要负什么责任 - 法律快车法律咨询	41	股权纠纷

realIP	real-Areacode	userAgent	userOS	userID	clientID	timestamp	timestamp_format	pagePath	ymd	fullURL	fullURLId	hostname	pageTitle	pageTitle-CategoryId	page	Title-CategoryName
1859491598	140100	Mozilla/5.0 (Windows NT 6.1; WOW64) AppleWebKit/537.36 (KHTML, like Gecko) Chrome/31.0.1650.63 Safari/537.36	Windows 7	1102973681	1102973681	1422725918555	2015/2/1 1:38	/ask/question_914636.html	20150201	http://www.lawtime.cn	/ask/question_914636.html	101003	www.lawtime.cn	做游戏外挂会被判刑吗 – 法律快车法律咨询	26	定罪量刑
1242119863	140100	Mozilla/5.0 (Windows NT 6.1; WOW64; Trident/7.0; rv:11.0) like Gecko	Windows 7	984584705.1	984584705.1	1423536816616	2015/2/10 10:53	/ask/question_3402035.html	20150210	http://www.lawtime.cn	/ask/question_3402035.html	101003	www.lawtime.cn	做引产犯法么 – 法律快车法律咨询	26	定罪量刑
3609131066	140100	Mozilla/4.0 (Windows; U; Windows NT 5.1; zh-TW; rv:1.9.0.11) like Gecko	Windows XP	1221287319	1221287319	1429685946200	2015/4/22 14:59	/ask/question_6548781.html	20150422	http://www.lawtime.cn	/ask/question_6548781.html	101003	www.lawtime.cn	做银行黑户贷款中介别人贷款还不上 银行可以找我吗 – 法律快车法律咨询	78	信用卡恶意透支和套现
2731637774	140100	Mozilla/5.0 (Windows NT 5.1) AppleWebKit/537.36 (KHTML, like Gecko) Chrome/31.0.1650.63 Safari/537.36	Windows XP	1204438324	1204438324	1427360738669	2015/3/26 17:05	/ask/question_7658765.html	20150326	http://www.lawtime.cn	/ask/question_7658765.html	101003	www.lawtime.cn	做银行黑户贷款不用还吗? – 法律快车法律咨询	78	信用卡恶意透支和套现
2731637774	140100	Mozilla/5.0 (Windows NT 5.1) AppleWebKit/537.36 (KHTML, like Gecko) Chrome/31.0.1650.63 Safari/537.36	Windows XP	1204438324	1204438324	1427369024680	2015/3/26 19:23	/ask/question_7658765.html	20150326	http://www.lawtime.cn	/ask/question_7658765.html	101003	www.lawtime.cn	做银行黑户贷款不用还吗? – 法律快车法律咨询	78	信用卡恶意透支和套现
2601561724	140100	Mozilla/5.0 (iPad; U; CPU OS 7 like Mac OS X; zh-CN; iPad4,1) AppleWebKit/534.46 (KHTML, like Gecko) UCBrowser/2.8.3.529 U3/Mobile/10A403 Safari/7543.48.3	Other	118385063.1	118385063.1	1423150087176	2015/2/5 23:28	/ask/question_1152117.html	20150205	http://www.lawtime.cn	/ask/question_1152117.html	101003	www.lawtime.cn	做银行贷款担保人有息什么要求?有息什么要求要什么证件? – 法律快车法律咨询	52	金融债务
3787742832	140100	Mozilla/5.0 (Windows NT 6.1) AppleWebKit/537.36 (KHTML, like Gecko) Chrome/31.0.1650.63 Safari/537.36	Windows 7	1342347607	1342347607	1425099001584	2015/2/28 12:50	/ask/question_10382308.html	20150228	http://www.lawtime.cn	/ask/question_10382308.html	101003	www.lawtime.cn	做银保工作,保险公司业务员离职不给小账会处罚吗?因为给银行的回扣和小账是从我们佣金走下账,然后后再私下给现金的,我不想被公司剥削,不想给回扣 – 法律快车法律咨询	26	定罪量刑
1296711793	140100	Mozilla/5.0 (Windows NT 6.1; WOW64) AppleWebKit/537.36 (KHTML, like Gecko) Chrome/31.0.1650.63 Safari/537.36	Windows 7	1546761287	1546761287	1422889805462	2015/2/2 23:10	/ask/question_3653924.html	20150202	http://www.lawtime.cn	/ask/question_3653924.html	101003	www.lawtime.cn	做遗产继承公证怎么收费 – 法律快车法律咨询	21	医患纠纷
2059693169	140100	Mozilla/5.0 (Windows NT 5.1) AppleWebKit/537.36 (KHTML, like Gecko) Chrome/31.0.1650.63 Safari/537.36	Windows XP	202229259.1	202229259.1	1423645371761	2015/2/11 17:02	/ask/question_3653924.html	20150211	http://www.lawtime.cn	/ask/question_3653924.html	101003	www.lawtime.cn	做遗产继承公证怎么收费 – 法律快车法律咨询	21	医患纠纷

ID	代码	User Agent	操作系统	编号1	编号2	时间戳	日期时间	页面1	日期	网址	页面2	101003	域名	标题	21/31	分类
364932977	140100	Mozilla/5.0(Windows NT 6.3; WOW64) AppleWebKit/537.36 (KHTML, like Gecko)Chrome/40.0.2214.94 Safari/537.36	Windows 8.1	1911420797	1911420797	1424879011165	2015/2/25 23:43	/ask/question_3653924.html	20150225	http://www.lawtime.cn	/ask/question_3653924.html	101003	www.lawtime.cn	公证怎么收费 做遗产继承 - 法律快车法律咨询	21	医患纠纷
698003068	140100	Mozilla/5.0(Windows NT 6.1) AppleWebKit/537.36 (KHTML, like Gecko)Chrome/38.0.2125.122 Safari/537.36	Windows 7	601074264.1	601074264.1	1425913507611	2015/3/9 23:05	/ask/question_3653924.html	20150309	http://www.lawtime.cn	/ask/question_3653924.html	101003	www.lawtime.cn	公证怎么收费 做遗产继承 - 法律快车法律咨询	21	医患纠纷
460808305	140100	Mozilla/5.0(Windows NT 6.1) AppleWebKit/537.36 (KHTML, like Gecko)Chrome/31.0.1650.63 Safari/537.36	Windows 7	8121254454.1	8121254454.1	1426514986691	2015/3/16 22:09	/ask/question_3653924.html	20150316	http://www.lawtime.cn	/ask/question_3653924.html	101003	www.lawtime.cn	公证怎么收费 做遗产继承 - 法律快车法律咨询	21	医患纠纷
3080340593	140100	Mozilla/4.0 (compatible; MSIE 8.0; Windows NT 5.1; Trident/4.0; Mozilla/4.0 (compatible; MSIE 6.0; Windows NT 5.1; SV1); .NET CLR 1.1.4322; .NET CLR 2.0.50727; CIBA)	Windows XP	919277708.1	919277708.1	1427280973102	2015/3/25 18:56	/ask/question_3653924.html	20150325	http://www.lawtime.cn	/ask/question_3653924.html	101003	www.lawtime.cn	公证怎么收费 做遗产继承 - 法律快车法律咨询	21	医患纠纷
221596127	140100	Mozilla/5.0(Windows NT 6.1; WOW64) AppleWebKit/537.36 (KHTML, like Gecko)Chrome/31.0.1650.48 Safari/537.36 QQBrowser/8.0.3345.400	Windows 7	372903090.1	372903090.1	1428393837055	2015/4/7 17:27	/ask/question_3653924.html	20150407	http://www.lawtime.cn	/ask/question_3653924.html	101003	www.lawtime.cn	公证怎么收费 做遗产继承 - 法律快车法律咨询	21	医患纠纷
705385592	140100	Mozilla/5.0(Windows NT 6.1; WOW64; Trident/7.0; rv:11.0) like Gecko	Windows 7	690991433.1	690991433.1	1428475106146	2015/4/8 14:38	/ask/question_3653924.html	20150408	http://www.lawtime.cn	/ask/question_3653924.html	101003	www.lawtime.cn	公证怎么收费 做遗产继承 - 法律快车法律咨询	21	医患纠纷
3827394762	140100	Mozilla/5.0(Windows NT 5.1) AppleWebKit/537.36 (KHTML, like Gecko)Chrome/30.0.1599.101 Safari/537.36	Windows XP	730261919.1	730261919.1	1428567244656	2015/4/9 16:14	/ask/question_3653924.html	20150409	http://www.lawtime.cn	/ask/question_3653924.html	101003	www.lawtime.cn	公证怎么收费 做遗产继承 - 法律快车法律咨询	21	医患纠纷
1011128334	140100	Mozilla/5.0 (Linux; U; Android 4.2.2; zh-CN; Hol-T00 Build/HUAWEIHol-T00) AppleWebKit/534.30 (KHTML, like Gecko)Version/4.0 UCBrowser/10.1.3.546 U3/0.8.0 Mobile Safari/534.30	Android	1963560652	1963560652	1424964174446	2015/2/9 23:40	/ask/question_100745.html	20150209	http://www.lawtime.cn	/ask/question_100745.html	101003	www.lawtime.cn	做医疗事故 司法鉴定程序 - 法律快车法律咨询	31	故意伤害
2228186993	140100	Mozilla/5.0(Windows NT 6.1; WOW64) AppleWebKit/537.36 (KHTML, like Gecko)Chrome/35.0.1916.153 Safari/537.36 SE 2.X MetaSr 1.0	Windows 7	1328923830	1328923830	1426219851133	2015/3/13 12:10	/ask/question_100745.html	20150313	http://www.lawtime.cn	/ask/question_100745.html	101003	www.lawtime.cn	做医疗事故 司法鉴定程序 - 法律快车法律咨询	31	故意伤害

表 12-1 记录了用户 IP（已做数据脱敏处理）、用户访问的时间、访问内容等多项属性的记录，并针对其中的各个属性进行说明，如表 12-2 所示。

表 12-2　访问记录属性表

属性名称	属性说明	属性名称	属性说明
realIP	真实 IP	fullURLId	网址类型
realAreacode	地区编号	hostname	源地址名
userAgent	浏览器代理	pageTitle	网页标题
userOS	用户浏览器类型	pageTitleCategoryId	标题类型 ID
userID	用户 ID	pageTitleCategoryName	标题类型名称
clientID	客户端 ID	pageTitleKw	标题类型关键字
timestamp	时间戳	fullReferrer	入口源
timestamp_format	标准化时间	fullReferrerURL	入口网址
pagePath	路径	organicKeyword	搜索关键字
ymd	年月日	source	搜索源
fullURL	网址		

依据上述所提供的原始数据，试着分析如下目标：

☐ 按地域研究用户访问时间、访问内容、访问次数等分析主题，深入了解用户对访问网站的行为和目的及关心的内容；

☐ 借助大量用户的访问记录，发现用户的访问行为习惯，对不同需求的用户进行相关服务页面的推荐。

12.2　分析方法与过程

这个案例的目标是需要对用户进行推荐，即以一定的方式将用户与物品（本书指网页）建立联系[19]。为了更好地帮助用户从海量的数据中快速发现感兴趣的网页，在目前相对单一的推荐系统上进行补充，采用协同过滤算法进行推荐，其推荐原理如图 12-3 所示。

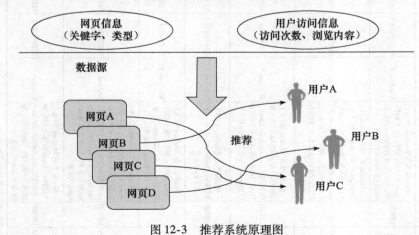

图 12-3　推荐系统原理图

　　由于用户访问网站的数据记录很大，如果对数据不进行分类处理，对所有记录直接采用推荐系统进行推荐，这样会存在以下问题：第一，数据量太大意味着物品数与用户数很多，在模型构建用户与物品的稀疏矩阵时，出现设备内存空间不够的情况，并且模型计算需要消耗大量的时间。第二，用户区别很大，不同的用户关注信息不一样，因此即使能够得到推荐结果，其推荐效果也会不好。为了避免出现上述问题，需要对其进行分类处理与分析，如图 12-4 所示。正常的情况下，需要对用户的兴趣爱好以及需求进行分类。因用户访问记录中，没有记录用户访问网页时间的长短，因此不容易判断用户兴趣爱好。因此，本书根据用户浏览的网页信息进行分类处理，主要采用以下方法处理：以用户浏览网页的类型进行分类，然后对每个类型中的内容进行推荐。

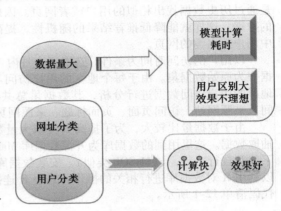

图 12-4　数据处理分析图

　　采用上述的分析方法与思路，结合本例的原始数据以及分析目标，可获得整个分析的流程图，如图 12-5 所示。其分析过程主要包含以下内容：

- □ 从系统中获取用户访问网站的原始记录。
- □ 对数据进行多维度分析，用户访问内容、流失用户以及用户分类等。
- □ 对数据进行预处理，包含数据去重、数据变换、数据分类等处理过程。
- □ 以用户访问 html 后缀的网页为关键条件，对数据进行处理。
- □ 对比多种推荐算法进行推荐，通过模型评价，得到比较好的智能推荐模型。通过模型对样本数据进行预测，获得推荐结果。

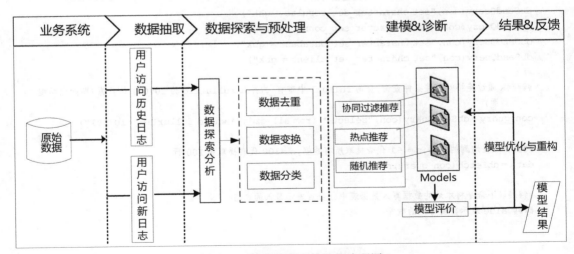

图 12-5　智能推荐系统整理流程图

12.2.1 数据抽取

因为本例是采用协同过滤算法为主导，其他的推荐算法为辅，而协同过滤算法的特性就是通过历史数据找出相似的用户或者网页。因此，在数据抽取的过程中，尽可能地选择大量的数据，这样就能降低推荐结果的随机性，提高推荐结果的准确性，能更好地发掘长尾网页中用户感兴趣的网页。

以用户的访问时间为条件，选取三个月内（2015 年 2 月 1 日至 4 月 29 日）用户的访问数据作为原始数据集。由于每个地区的用户访问习惯以及兴趣爱好存在差异性，因此抽取广州地区的用户访问数据进行分析，其数据量总共有 837 450 条记录，其中包括用户号、访问时间、来源网站、访问页面、页面标题、来源网页、标签、网页类别、关键词等。

由于数据量比较大，为了提高 R 读取大量数据的效率，本例采用 R 读取数据库形式进行抽取数据。这里用到的数据库为开源数据库 MariaDB 10.0.17（网站 https://mariadb.org/en/可下载并自行安装，与 MySQL 类似）。安装数据库后导入本章的数据原始文件 7law.sql，然后可以利用 R 对数据库进行相关的操作，其中 R 连接 MariaDB 数据库以及对其进行操作的代码如代码清单 12-1 所示。

代码清单 12-1　R 访问 MariaDB（MySQL）数据库示例程序

```
setwd("F:/数据及程序/chapter12/示例程序")
##访问 MySQL 数据库示例程序
#####加载 RMySQL 包
require(RMySQL)

####建立 R 与数据库的连接
con <- dbConnect(MySQL(),host = "127.0.0.1",port = 3306,dbname = "new",user = "root",
    password = "root")
######修改成自己数据库名称、用户名、密码、端口等

###修改此连接的编码为中文,只针对此连接有效
dbSendQuery(con,"set character_set_results = gbk")
dbSendQuery(con,"set character_set_connection = gbk")
dbSendQuery(con,"set character_set_database = gbk")
dbSendQuery(con,"set character_set_client = gbk")

#####R 通过连接对表按条件查询,查询 fullurl 中带有_的并且 fullurlid 为 107001 的数据(即知识类型
    页面)
con_query = dbSendQuery(con,"select * from all_gzdata where fullurlid = 107001")

####提取查询到的数据,n = -1 代表提取所有数据,n = 100 代表提取前 100 行
data = dbFetch(con_query,n = -1)

#####以下命令将本地的数据写入数据表中,name 表示写入的表名
####value 表示需要写入的数据
```

```
#####dbWriteTable(con, name = "info", value = info_d, append = T, row.names = T)

####关闭连接
dbDisconnect(con)
#######如果需要通过 R 的连接进行中文查询,可能需要修改下面的编码
# set character_set_client = gbk;客户端编码方式
# set character_set_connection = gbk;建立连接使用的编码
# set character_set_database = gbk;数据库的编码
# set character_set_results = gbk;结果集的编码
# set character_set_server = gbk;数据库服务器的编码
```

*代码详见:示例程序/code/RConnectDatabase. R

12.2.2 数据探索分析

对原始数据中的网页类型、点击次数、网页排名等各个维度进行分布分析,获得其内在的规律,并通过验证数据,解释其出现结果可能的原因。

1. 网页类型分析

针对原始数据中用户点击的网页类型进行统计结果如表 12-3 所示,从中发现点击与咨询相关(网页类型为 101,http://www.****.com/ask/)的记录占 49% 左右,其次是其他(网页类型为 199)占比 24% 左右,然后是知识相关(网页类型为 107,http://www.****.com/info/)占比 22% 左右。

因此,可以得到用户点击页面类型的排行榜为:咨询相关、其他、知识相关、法规(类型为 301)、律师相关(类型为 102)。可以初步得出相对于长篇的知识,用户更加偏向于查看咨询或者进行咨询。进一步对咨询类别内部进行统计分析,其结果如表 12-4 所示。其中,浏览咨询内容页(101003)记录是最多,其次是咨询列表页(101002)和咨询首页(101001)。结合上述初步结论,可以得出用户都喜欢通过浏览问题的方式找到自己需要的信息,而不是以提问的方式或者查看长篇的知识的方式。

统计分析知识类型内部的点击情况,因知识类型中只有一种类型(107001),所以利用网址对其进行分类,获得知识内容页(http://www.****.com/info/*/数字.html)以及知识首页(http://www.****.com/info/*/)和知识列表页(http://www.****.com/info/*)的分布情况,其结果如表 12-5 所示。

表 12-3 网页类型统计

记录数	百分比/%	网页类型
411 665	49.1570	101
201 426	24.0523	199
182 900	21.8401	107
18 430	2.2007	301
17 357	2.0726	102
3957	0.4725	106
1715	0.2048	103

表 12-4 咨询类别内部统计

记录数	百分比/%	101 开头类型
396 612	96.3434	101003
7776	1.8889	101002
5603	1.3611	101001
1674	0.4067	其他

表 12-5 知识类型内部统计

记录数	百分比/%	107 类型
164 239	89.80	知识内容页
17 843	9.75	知识首页
818	0.45	知识列表页

分析其他（199）页面的情况，其中网址中带有"？"的占了 32% 左右，其他咨询相关与法规专题占比达到 43% 左右，地区和律师占比 26% 左右。在网页的分类中，有律师、地区、咨询相关的网页分类，为何这些还会存在其他类别中？进行数据查看后，发现大部分是以如下网址的形式存在：

❏ http://www.****.com/guangzhou/p2lawfirm　地区律师事务所；

❏ http://www.****.com/guangzhou　地区网址；

❏ http://www.****.com/ask/ask.php；

❏ http://www.****.com/ask/midques_10549897.html 中间类型网页；

❏ http://www.****.com/ask/exp/4317.html 咨询经验；

❏ http://www.****.com/ask/online/138.html 在线咨询页；

带有标记的三类网址本应该有相应的分类，但是由于分类规则的匹配问题，没有相应的匹配。带有 lawfirm 关键字的对应是律师事务所，带有 ask/exp、ask/online 关键字的对应是咨询经验和在线咨询页。所以在处理数据过程中将其进行清楚分类，便于后续数据分析。

综上分析的三种情况，可以发现大部分用户浏览网页的情况为：咨询内容页、知识内容页、法规专题页、咨询经验（在线咨询页）。因此在后续的分析中，选取其中占比最多的两类（咨询内容页、知识内容页）进行模型分析。

上述在其他类别中，发现网址中存在带"？"的情况，对其进行统计，一共有 65 492 条记录，占所有记录比例为 7.8%，统计分析此情况，其结果如表 12-6 所示。可以从表中得出网址中带有"？"的情况不仅仅出现在其他类别中，同时也会出现在咨询内容页和知识内容页中。但其他类型中（1999001）占了大部分约 98.8%，因此需要进一步分析其类型内部的规律。

表 12-6　带问号字符网址类型统计表

总数	网页 ID	百分比/%
64 718	1999001	98.8182
356	301001	0.5436
346	107001	0.5283
47	101003	0.0718
25	102002	0.0382

通过统计分析结果如表 12-7 所示，在 1999001 类型中，标题为快车－律师助手的这类信息占比约 77%，通过业务了解这是律师的一个登录页面。标题为咨询发布成功页面是自动跳转的页面。其他类型中的大部分网址为 http://www.****.com/ask/question_9152354.html?&from=androidqq 这类型网页是被分享过的，可以对其进行处理，截取"？"前面的网址，还原其原类型。因为快搜和免费发布咨询网址中，类型很混杂，不能直接采用"？"进行截取，无法还原其原类型，且整个数据集中占比很小，因此在处理数据环节可以对这部分数据进行删除。同时分析其他类别中的网址情况。网址中不包含主网址、不包含关键字的网址有 101 条记录，类似的网址为：

表 12-7　其他类型统计表

1999001 总数	网页标题	百分比/%
49 894	快车－律师助手	77.0945
6166	免费发布咨询	9.5275
5220	咨询发布成功	8.0658
1943	快搜	3.0023
1495	其他类型	2.3099

http://www.baidu.com/link?url = O7iBD2KmoJdkHWTZHagDXrxfBFM0AwLmpid12j2d_aejNfq6bwSBeqT-1Ov2jWOFMpIt5XUpXGmNiLDlGg0rMCwstskhB5ftAYtO2_voEnu。

在查看数据的过程中，发现存在一部分这样的用户，他们没有点击具体的网页（以.html后缀结尾），他们点击的大部分是目录网页，这样的用户可以称为"瞎逛"，总共有 7668 条记录。分析其中的网页类型，统计结果如表 12-8 所示。可以从中看出，小部分是与知识、咨询相关，大部分是地区、律师和事务所相关的。这部分用户有可能找律师服务的，或者是"瞎逛"的。

表 12-8　"瞎逛"用户点击行为分析

总数	网页 ID
3689	199
1764	102
1079	106
846	107
241	101
49	301

从上述网址类型分布分析中，可以发现一些与分析目标无关数据的规则：一是咨询发布成功页面；二是中间类型网页（带有 midques_关键字）；三是网址中带有"？"类型，无法还原其本身类型的快搜页面与发布咨询网页；四是重复数据（同一时间同一用户，访问相同网页）；五是其他类别的数据（主网址不包含关键字）；六是无点击.html行为的用户记录；七是律师的行为记录（通过快车 – 律师助手判断）。记录这些规则，有利于在数据清洗阶段对数据的清洗操作。

上述过程就是对网址类型进行统计得到的分析结果，针对网页的点击次数也进行下述分析。

2. 点击次数分析

统计分析原始数据用户浏览网页次数的情况，其结果如表 12-9 所示，可以从图中发现浏览一次的用户占所有用户的 57.75% 左右，大部分用户浏览的次数在 2~7 次，用户浏览的平均次数是 3 次。

表 12-9　用户点击次数统计表

点击次数	用户数	用户百分比/%	记录百分比/%
1	132 084	57.75	20.26
2	44 137	19.30	13.54
3	17 529	7.66	8.07
4	10 112	4.42	6.21
5	5903	2.58	4.53
6	4092	1.79	3.77
7	2597	1.14	2.79
7 次以上	12274	5.37	40.84

从表 12-9 中可以看出大约 77% 的用户只提供了接近 30% 的浏览量（几乎满足二八定律）。对原始数据进行统计分析，点击次数最大值为 42 790 次，对其内容进行分析，发现是律师的浏览信息（通过律师助手进行判断）。表 12-10 是对浏览次数达到 7 次以上的情况进行分析，可以从中看出大部分用户浏览 8~100 次。

表 12-10　浏览 7 次以上的用户分析表

点击次数	用户数
8~100	12 952
101~1000	439
1000 以上	19

针对浏览次数为 1 次的用户进行分析，其结果如表 12-11 所示。其中，问题咨询页占比约 78%，知识页占比约 15%，而且这些记录基本上全是通过搜索引擎进入的。由此可以猜测两种可能：第一，用户为流失用户，在问题咨询与知识页面上没有找到相关的需要。第二，用户找到其需要的信息，因此直接退出。综合这些情况，可以将这些点击 1 次的用户行为定义为网页的跳出率。为了降低网页的跳出率，就

表 12-11　浏览 1 次的用户行为分析

网页类型 ID	个数	百分比/%
101003	102 560	77.63
107001	19 443	14.72
1999001	9381	7.10
301001	515	0.39
其他	202	0.15

需要对这些网页进行针对用户的个性化推荐，帮助用户发现其感兴趣或者需要的网页。

针对点击 1 次的用户浏览的网页进行统计分析，其结果如表 12-12 所示。可以看出排名靠前的都是知识与咨询页面，因此可以猜测大量用户的关注都在知识或咨询方面上。

表 12-12　点击 1 次用户浏览网页统计

网　　页	点击次数
http://www.****.com/info/shuifa/slb/2012111978933.html	1013
http://www.****.com/info/hunyin/lhlawlhxy/20110707137693.html	501
http://www.****.com/ask/question_925675.html	423
http://www.****.com/ask/exp/13655.html	301
http://www.****.com/ask/exp/8495.html	241
http://www.****.com/ask/exp/13445.html	199
http://www.****.com/ask/exp/17357.html	171

3. 网页排名分析

由分析目标可知，个性化推荐主要针对 html 后缀的网页（与物品的概念类似）。从原始数据中统计 html 后缀的网页的点击率，其点击率排名的结果如表 12-13 所示。从表中可以看出，点击次数排名前 20 名中，法规专题占了大部分，其次是知识，然后是咨询。但是从前面分析的结果中可知，原始数据中与咨询主题相关的记录占了大部分。但是在其 html 后缀的网页排名中，专题与知识占了大部分。通过业务了解，专题是属于知识大类里的一个小类。在统计 html 后缀的网页点击排名，出现这种现象的原因如表 12-14 所示，其中知识页面相对咨询页面要少很多，当大量的用户在浏览咨询页面时，呈现一种比较分散的浏览次数，即其各个页面点击率不高，但是其总的浏览量高于知识。所以造成网页排名中其咨询方面的排名比较低。

表 12-13　点击率排名表

网　　址	点击次数
http://www.****.com/faguizt/23.html	6503
http://www.****.com/info/hunyin/lhlawlhxy/20110707137693.html	4938
http://www.****.com/faguizt/9.html	4562
http://www.****.com/info/shuifa/slb/2012111978933.html	4495
http://www.****.com/faguizt/11.html	3976

（续）

网　　址	点击次数
http://www.****.com/info/hunyin/lhlawlhxy/20110707137693_2.html	3305
http://www.****.com/faguizt/43.html	3251
http://www.****.com/faguizt/15.html	2718
http://www.****.com/faguizt/117.html	2670
http://www.****.com/faguizt/41.html	2455
http://www.****.com/info/shuifa/slb/2012111978933_2.html	2161
http://www.****.com/faguizt/131.html	1561
http://www.****.com/ask/browse_a1401.html	1305
http://www.****.com/faguizt/21.html	1210
http://www.****.com/ask/exp/13655.html	1060
http://www.****.com/faguizt/39.html	1059
http://www.****.com/faguizt/79.html	916
http://www.****.com/ask/question_925675.html	879
http://www.****.com/faguizt/7.html	845
http://www.****.com/ask/exp/8495.html	726

表 12-14　类型点击次数

html 网页类型	总点击次数	用户数	平均点击率/%
知识类（包含专题和知识）	231 702	65 483	3.54
咨询类	437 132	185 478	2.37

从原始 html 的点击率排行榜中可以发现如下情况，排行榜中存在这样两种类似的网址 http://www.****.com/info/hunyin/lhlawlhxy/20110707137693_2.html、http://www.****.com/info/hunyin/lhlawlhxy/20110707137693.html。通过简单访问其网址，发现其本身属于同一网页，但由于系统在记录用户访问网址的信息时会将其记录在数据中。因此，在用户访问网址的数据中存在这些翻页的情况，针对这些翻页的网页进行统计，结果如表 12-15 所示。

表 12-15　翻页网页统计表

网　　页	次数	比例/%
http://www.****.com/info/gongsi/slbgzcdj/201312312876742.html	243	
http://www.****.com/info/gongsi/slbgzcdj/201312312876742_2.html	190	0.782
http://www.****.com/info/hetong/ldht/201311152872128.html	197	0.468
http://www.****.com/info/hetong/ldht/201311152872128_2.html	421	
http://www.****.com/info/hetong/ldht/201311152872128_3.html	293	0.696
http://www.****.com/info/hetong/ldht/201311152872128_4.html	180	0.614
http://www.****.com/info/hunyin/hunyinfagui/20110813143541.html	299	
http://www.****.com/info/hunyin/hunyinfagui/20110813143541_2.html	234	0.783
http://www.****.com/info/hunyin/hunyinfagui/20110813143541_3.html	175	0.748

通过业务了解，同一网页中登录次数最多的都是从外部搜索引擎直接搜索到的网页。对其中浏览翻页的情况进行分析，平均 60% ~ 80% 的人会选择看下一页，基本每一页都会丢失 20% ~ 40% 的点击率，点击率会出现衰减的情况。同时，对知识类型网页进行检查，发现页面上并无全页显示功能，但是知识页面中大部分都存在翻页的情况。这样就造成了大量用户

基本只会选择浏览 2~5 页后，很少会选择浏览完全部内容。因此，用户就会直接放弃此次的搜索，从而提高网站的跳出率，降低了客户的满意度，不利于企业的长期稳定发展。

12.2.3 数据预处理

本案例在对原始数据探索分析的基础上，发现与分析目标无关或模型需要处理的数据，针对此类数据进行处理。其中，涉及的数据处理方式有：数据清洗、数据变换和属性规约。通过这几类的处理方式，将原始数据处理成模型需要的输入数据，其数据处理流程图如图 12-6 所示。

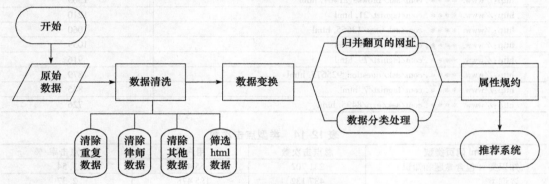

图 12-6 数据处理流程图

1. 数据清洗

从探索分析的过程中发现与分析目标无关的数据，归纳总结其数据满足如下规则：中间页面的网址、咨询发布成功页面、律师登录助手的页面等。将其整理成删除数据的规则，其清洗的结果如表 12-16 所示。从表中情况可以发现，律师用户信息占了所有记录中的 22% 左右。其他类型的数据，占比很小，为 5% 左右。

表 12-16 规则清洗表

删除数据规则	删除数据记录	原始数据记录	百分比/%
中间类型网页（带 midques_关键字）	2036	837 450	0.24
（快车 - 律师助手）律师的浏览信息	185 437	837 450	22.14
咨询发布成功	4819	837 450	0.58
主网址不包含关键字	92	837 450	0.01
快搜与免费发布咨询的记录	9982	837 450	1.19
其他类别带有"?"的记录	571	837 450	0.07
无 .html 点击行为的用户记录	7668	837 450	0.92
重复记录	25 598	837 450	3.06

经过上述数据清洗后的记录中仍然存在大量的目录网页（可理解为用户浏览信息的路径），在进入推荐系统时，这些信息的作用不大，反而会影响推荐的结果，因此需要从中进一步筛选 html 后缀的网页。根据分析目标以及探索结果可知咨询与知识是其主要业务来源，故需筛选咨询与知识相关的记录，将此部分数据作为模型分析需要的数据。

针对数据清洗操作，采用 R 实现的代码如代码清单 12-2 所示。

代码清单 12-2　数据清洗示例程序

```
require(plyr)

#####利用 R 对数据进行处理,去除多余的属性列,保留用户 IP 与访问网址列
info = data[,c(1,11)]
#####亦可采用下列方法去除多余属性列
####info = data.frame(cbind(realIP = data$realIP,fullURL = data$fullURL),
    stringsAsFactors = F)


####处理 info 类型中存在带有"?"的网址
info[,2] = gsub("\\?.*","",info[,2],perl = T)

detach("package:RMySQL")
#####这里采用 sqldf 包里的 sqldf 命令,通过 SQL 进行筛选翻页与不翻页的网页
info_d = sqldf::sqldf("select * from info where fullurl like '%!_%' escape '!'")
info_q = sqldf::sqldf("select * from info where fullurl not like '%!_%' escape '!'")


######读入 ask 类型的数据,并筛选用户与项目属性
ask_data = read.csv(file = "g:/ask02.csv",header = T,stringsAsFactors = F)
askitem = ask_data[,c(1,2)]

####将 ask 数据去重处理
item_ask = ddply(askitem, .(realIP,FULLURL), tail, n = 1)
```

*代码详见：示例程序/code/Clean.R

2. 数据变换

由于在用户访问知识的过程中存在翻页的情况，不同的网址属于同一类型的网页，如表 12-17 所示。数据处理过程中需要对这类网址进行处理，最简单的处理方法是将翻页的网址删掉。但是用户在访问页面的过程中，是通过搜索引擎进入网站的，所以其入口网页不一定是其原始类别的首页，采用删除的方法会损失大量的有用数据，在进入推荐系统时，会影响推荐结果。因此，针对这些网页需要还原其原始类别，处理方式为首先需要识别翻页的网址，然后对翻页的网址进行还原，最后针对每个用户访问的页面进行去重的操作，其操作结果如表 12-18 所示。

表 12-17　用户翻页网址表

用户 ID	时　　间	访问网页
978851598	2015-02-11 15：24：25	http://www.****.com/info/jiaotong/jtlawdljtaqf/201410103308246.html
978851598	2015-02-11 15：25：46	http://www.****.com/info/jiaotong/jtlawdljtaqf/201410103308246_2.html
978851598	2015-02-11 15：25：52	http://www.****.com/info/jiaotong/jtlawdljtaqf/201410103308246_4.html
978851598	2015-02-11 15：26：00	http://www.****.com/info/jiaotong/jtlawdljtaqf/201410103308246_5.html
978851598	2015-02-11 15：26：10	http://www.****.com/info/jiaotong/jtlawdljtaqf/201410103308246_6.html

表 12-18　数据变换后的用户翻页表

用户 ID	时　　间	访问网页
978851598	2015-02-11 15：26：10	http://www. ＊＊＊＊. com/info/jiaoong/jtlawdljtaqf/201410103308246. html

关于用户翻页的数据处理代码如代码清单 12-3 所示。

代码清单 12-3　数据变换示例程序

```
####采用正则匹配那些带有翻页的网址,匹配网址的特点为:数字_页数.html 的形式
stri_p = regexec("(^. + /\\d +)_\\d{0,2}(.html)",info_d[,2])

###去除 list_1.html 形式的网页,以及与其类似的网页
infol = info_d[ -(which(sapply(stri_p,length)! = 3)),]

###提取正则匹配到的数据,并将数据进行粘接
parts <- do.call(rbind,regmatches(info_d[,2], stri_p))
pas = paste0(parts[,2],parts[,3])
###或者采用命令 paste(parts[,2],parts[,3],collapse = NULL)

####将数据进行列组合,并且重新命名,对比处理前后的数据
combine = cbind(parts,pas)
colnames(combine) = c("fullurl","temp1","temp2","new")

do.data = data.frame((combine[,c(1,4)]), stringsAsFactors = F)
####如果不加 stringsAsFactors 参数,可能会将其中的数据类型转换为 factor 型
###可以通过下列命令进行转换处理
# do.data[,1] = as.character(do.data[,1])
# do.data[,2] = as.character(do.data[,2])

####判断处理前后的两列数据以及数据位置是否相同?
all.equal(infol[,2],do.data[,1])
###如果返回为 TRUE,两种数据集的连接采用如下方式
condata = data.frame(cbind(infol[,1],do.data[,2]),stringsAsFactors = F)
colnames(condata) = names(info_q)

####如果判断结果为 FALSE,可以采用如下方法
#######找到原始数据在处理后的数据集中的位置,将两种数据集进行连接
#pn = data.frame(cbind(infol[,2],do.data[match(infol[,2],do.data[,1]),]),strings -
    AsFactors = F)
####如果 pn 中存在因子型,需要将其转换字符型
#for(i in 1:dim(pn)[2]) pn[,i] = as.character(pn[,i]) all.equal(pn[,1],pn[,2])
# condata = cbind(infol[,1],pn[,3])
# colnames(condata) = names(info_q)

###采用行连接将处理翻页后的数据与没有翻页的数据综合
item_info = rbind(info_q,condata)

###去重数据,以 IP 和网址划分数据集,选择其相同数据中的最后一条数据
user_info = ddply(item_info, .(realIP,fullURL), tail, n = 1)
```

＊代码详见:示例程序/code/DataChange. R

由于在探索阶段发现有部分网页的所属类别是错误的，需对其数据进行网址分类，且分析目标是分析咨询类别与知识类别，因此对这些网址进行手动分类，其分类的规则和结果如表 12-19 所示，其中对网址中包含 ask、askzt 关键字的记录人为归类至咨询类别，对网址中包含 zhishi、faguizt 关键字的网址将其归类为知识类别。

表 12-19　网页类别规则

类型	总记录数	百分比/%	说　明
咨询类	384092	67.09	网址中包含 ask、askzt 关键字
知识类	188421	32.91	网址中包含 zhishi、faguizt 关键字

因为目标是需要为用户提供个性化的推荐，在处理数据的过程中需要进一步对数据进行分类，其分类方法如图 12-7 所示，图中知识部分是由很多小的类别组成。由于所提供的原始数据中知识类别无法进行内部分类，从业务上进行分析，可以采用其网址的构成对其进行分类。对表 12-20 中的用户访问记录进行分类，其分类的结果如表 12-21 所示。

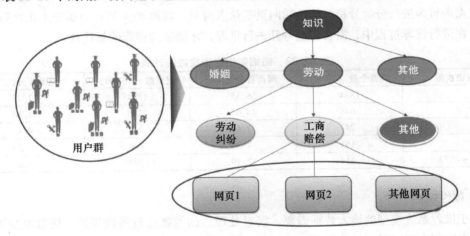

图 12-7　网页分类图

表 12-20　网页分类表

用户	网　址
863142519	http://www.****.com/info/minshi/fagui/2012111982349.html
863142519	http://www.****.com/info/shuifa/yys/201403042882164_2.html
863142519	http://www.****.com/info/jiaotong/jtnews/20130123121426.html

表 12-21　网页分类结果表

用户	类别1	类别2	类别3
863142519	zhishi	minshi	fagui
863142519	zhishi	shuifa	yys
863142519	zhishi	jiaotong	jtnews

针对网页分类的处理过程的代码，如代码清单 12-4 所示。

代码清单12-4 网页分类示例程序

```
##对网址进行处理,以 / 符合划分网址,获得其类别,结果为 list 型
web = strsplit(user_info[,2],"/",fixed = TRUE)
##对每个 LIST 型的数据,将其组合成数据框的格式
w.combine = ldply(web,rbind)

##获取知识列表中婚姻类别的数据以及在原始数据中的位置
hunyi = w.combine[which(w.combine[,5] == "hunyin"),]
item_hunyi = user_info[row.names(hunyi),]

####或者采用更简单的办法,用 SQL 语句查询包含婚姻知识的关键字
#item_hunyi = sqldf::sqldf("select * from user_info where fullurl like '%info/hunyin%' ")
```

*代码详见:示例程序/code/DataSplit. R

统计分析每一类中的记录,以知识类别中的婚姻法为例进行统计分析如表 12-22 所示。可知其网页的点击率基本满足二八定律,即 80% 的网页只占了浏览量的 20% 左右,通过这个规则,按点击行为进行分类分析,20% 的网页是热点网页,其他 80% 的页面属于点击次数少的。因此,在进行推荐过程中,需要将其分开进行推荐,才能达到推荐的最优效果。

表 12-22 婚姻知识点击次数统计表

点击次数	网页个数（3314）	网页百分比/%	记录数（16849）	记录百分比/%
1	1884	56.85	1884	11.18
2	618	18.65	1236	7.34
3	247	7.45	741	4.4
4	151	4.56	604	3.58
5 ~ 4679	414	12.49	12 384	73.5

3. 属性规约

由于推荐系统模型的输入数据需要,需对处理后的数据进行属性规约,提取模型需要的属性。本案例中模型需要的数据属性为用户和用户访问的网页。因此将其他的属性删除,只选择用户与用户访问的网页,其输入数据集如表 12-23 所示。

表 12-23 模型输入数据集

用户	网 页
2018622772	http://www.****.com/info/hunyin/hunyinfagui/201312112874686.html
1032300855	http://www.****.com/info/hunyin/lihuntiaojian/201408273306990.html
1032300856	http://www.****.com/info/gongsi/gzczgqgz/2010090150526.html
3029700497	http://www.****.com/info/xingshisusongfa/xingshipanjueshu/20110427115148.html
1971856960	http://www.****.com/info/hunyin/lhlawlhxy/20110707137693.html
1875780750	http://www.****.com/info/xingshisusongfa/xingshipanjueshu/20110706119307.html
1032299799	http://www.****.com/info/xingshisusongfa/xingshipanjueshu/20110503115363.html
1033227430	http://www.****.com/info/hunyin/yizhu/20120924165440.html
1928928104	http://www.****.com/info/hunyin/hunyinfagui/20111012157587.html

（续）

用户	网页
2937714434	http://www.****.com/info/jiaotong/jtaqchangshi/20121218120961.html
3029700498	http://www.****.com/info/fangdichan/tudizt/zhaijidi/20111019165581.html
1033227430	http://www.****.com/info/hunyin/yizhudingli/2010102668080.html
1032299831	http://www.****.com/info/yimin/England/yymtj/20100119259.html
3029700501	http://www.****.com/info/hunyin/lihuntiaojian/2011010894137.html
3029700365	http://www.****.com/info/fangdichan/tudizt/zhaijidi/201405152978392.html
1033227430	http://www.****.com/info/hunyin/yizhu/20120924165440.html
3029700372	http://www.****.com/info/fangdichan/tudizt/zhaijidi/201405152978392_2.html
1033227430	http://www.****.com/info/hunyin/yizhu/20120924165439.html
1875780622	http://www.****.com/info/hunyin/wuxiaohunyin/201412193311538.html

12.2.4　模型构建

在实际应用中，构造推荐系统时，并不是采用单一的某种推荐方法进行推荐。为了实现较好的推荐效果，大部分都将结合多种推荐方法将推荐结果进行组合，最后得出了推荐结果，在组合推荐结果时，可以采用串行或者并行的方法。本例所展示的是并行的组合方法，如图 12-8⊖所示。

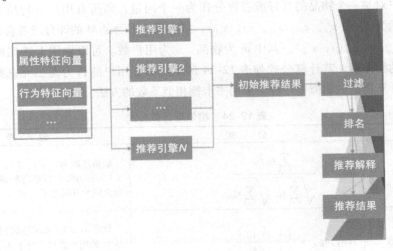

图 12-8　推荐系统流程图

针对此项目的实际情况，其分析目标的特点为：长尾网页丰富、用户个性化需求强烈、推荐结果的实时变化，以及结合原始数据的特点：网页数明显小于用户数。本例采用基于物品的协同过滤推荐系统对用户进行个性化推荐，以其推荐结果作为推荐系统结果的重要部分。

⊖　图片来源于 http://www.docin.com/p-613240540.html

因其推荐的结果是利用用户的历史行为为用户进行推荐，可以令用户容易信服其推荐结果。

基于物品的协同过滤系统的一般处理过程：分析用户与物品的数据集，通过用户对项目的浏览与否（喜好）找到相似的物品，然后根据用户的历史喜好，推荐相似的项目给目标用户。图12-9是基于物品的协同过滤推荐系统图○，从图中可知用户A喜欢物品A和物品C，用户B喜欢物品A、物品B和物品C，用户C喜欢物品A。从这些用户的历史喜好可以分析出物品A和物品C是比较类似的，喜欢物品A的人都喜欢物品C，基于这个数据可以推断用户C很有可能也喜欢物品C，所以系统会将物品C推荐给用户C。

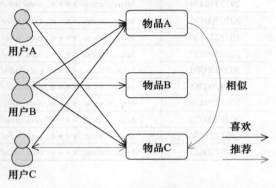

图12-9　基于物品的推荐系统原理图

根据上述处理过程可知，基于物品的协同过滤算法主要分为两步：

❑ 计算物品之间的相似度。

❑ 根据物品的相似度和用户的历史行为给用户生成推荐列表。

其中，关于物品相似度计算的方法有：夹角余弦、杰卡德（Jaccard）相似系数、相关系数等。将用户对某一个物品的喜好或者评分作为一个向量，如所有用户对物品1的评分或者喜好程度表示为 $A_1 = (x_{11}, x_{21}, x_{31}, \cdots, x_{n1})$，所有用户对物品 M 的评分或者喜好程度表示为 $A_M = (x_{1m}, x_{2m}, x_{3m}, \cdots, x_{nm})$，其中 m 为物品，n 为用户数。可以采用上述几种方法计算两个物品之间的相似度，其计算公式如表12-24所示。由于用户的行为是二元选择（0-1型），因此本例在计算物品的相似度过程中采用杰卡德相似系数的方法。

表12-24　相似度计算公式

方　法	公　式	说　明
夹角余弦	$\text{sim}_{1m} = \dfrac{\sum\limits_{k=1}^{n} x_{k1} x_{km}}{\sqrt{\sum\limits_{k=1}^{n} x_{k1}^2}\,\sqrt{\sum\limits_{k=1}^{n} x_{km}^2}}$	取值范围为［-1，1］，当余弦值接近±1，表明两个向量有较强的相似性。当余弦值为0时表示不相关
杰卡德相似系数	$J(A_1, A_M) = \dfrac{\left| A_1 \cap A_M \right|}{\left| A_1 \cup A_M \right|}$	分母 $A_1 \cup A_M$ 表示喜欢物品1与喜欢物品 M 的用户总数，分子 $A_1 \cap A_M$ 表示同时喜欢物品1和物品 M 的用户数
相关系数	$\text{sim}_{1m} = \dfrac{\sum\limits_{k=1}^{n} (x_{k1} - \bar{A}_1)(x_{km} - \bar{A}_M)}{\sqrt{\sum\limits_{k=1}^{n} (x_{k1} - \bar{A}_1)^2}\,\sqrt{\sum\limits_{k=1}^{n} (x_{km} - \bar{A}_M)^2}}$	相关系数的取值范围是［-1，1］。相关系数的绝对值越大，则表明两者相关度越高

○　图片引用了网站 http://www.haodaima.net/art/2167399 中有关于物品的协同过滤推荐的原理图。

在协同过滤系统分析的过程中，用户行为存在很多种，如浏览网页与否、是否购买、评论、评分、点赞等行为。如果要采用统一的方式表示所有这些行为是很困难的，因此只能针对具体的分析目标进行具体的表示。在本例中，原始数据只记录了用户访问网站浏览行为，因此用户的行为是浏览网页与否，并没有类似电子商务网站上的购买、评分和评论等用户行为。

完成各个物品之间相对度的计算后，即可构成一个物品之间的相似度矩阵类似如表 12-25 所示。通过采用相似度矩阵，推荐算法会给用户推荐与其物品最相似的 K 个物品。采用公式 $P = R * sim$，度量了推荐算法中用户对所有物品的感兴趣程度。其中 R 代表了用户对物品的兴趣，sim 代表了所有物品之间的相似度，P 为用户对物品感兴趣的程度。因为用户的行为是二元选择（是与否），所以用户对物品的兴趣 R 矩阵中只存在 0 和 1。

表 12-25　相似度矩阵

物品	A	B	C	D
A	1	0.763	0.251	0
B	0.763	1	0.134	0.529
C	0.251	0.134	1	0.033
D	0	0.529	0.033	1

由于推荐系统是根据物品的相似度以及用户的历史行为，对用户的兴趣度进行预测并推荐，因此在评价模型的时候需要用到一些评测指标。为了得到评测指标，一般是将数据集分成两部分：大部分数据作为模型训练集，小部分数据作为测试集。通过训练集得到的模型，在测试集上进行预测，然后统计出相应的评测指标，通过各个评测指标的值可以知道预测效果的好与坏。

本例采用交叉验证的方法完成模型的评测，具体方法如下：将用户行为数据集按照均匀分布随机分成 M 份（本例取 $M = 10$），挑选一份作为测试集，将剩下的 $M - 1$ 份作为训练集。然后在训练集上建立模型，并在测试集上对用户行为进行预测，统计出相应的评测指标。为了保证评测指标并不是过拟合的结果，需要进行 M 次实验，并且每次都使用不同的测试集。然后将 M 次实验测出的评测指标的平均值作为最终的评测指标。

1. 基于物品的协同过滤

基于协同过滤推荐算法包括两部分：基于用户的协同过滤推荐和基于物品的协同过滤推荐。本书结合实际的情况，选择基于物品的协同过滤算法进行推荐，其模型构建的流程如图 12-10 所示。

其中，训练集与测试集是通过交叉验证的方法划分后的数据集。通过协同过滤算法的原理可知，在建立推荐系统时，建模的数据量越大，越能消除数据中的随机性，得到的推荐结果相对比数据量小要好。但是数据量越大，模型建立以及模型计算耗时越久。因此本书选择数据处理后的婚姻与咨询的数据，其数据分布情况如表 12-26 所示。在实际应用中，应当以大量的数据进行模型构建，得到的推荐结果相对会好些。

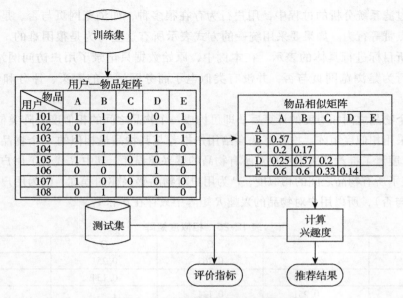

图 12-10　基于物品协同过滤建模流程图

表 12-26　模型数据统计表

数据类型	训练数据总数	物品个数	访问平均次数	测试数据总数
婚姻类型	16 499	4428	4	1800
咨询类型	8000	4017	2	893

由于实际数据中，物品数目过多，建立的用户—物品矩阵与物品相似度矩阵是一个很庞大的矩阵。因此图中采用一个简单示例，在用户—物品矩阵的基础上采用杰卡德相似系数的方法，计算出物品相似度矩阵。通过物品相似矩阵与测试集的用户行为，计算用户的兴趣度，获得推荐结果，进而计算出各种评价指标。

为了对比个性化推荐算法与非个性化推荐算法的好坏，本书选择了两种非个性化算法和一种个性化算法进行相应的建模并对其进行模型评价与分析。其中，两种非个性化算法为：Random 算法（随机推荐）、Popular 算法（热点推荐），Random 算法是每次都随机挑选用户没有产生过行为的物品推荐给当前用户。Popular 算法是按照物品的流行度给用户推荐他没有产生过行为的物品中最热门的物品。个性化算法为：基于物品的协同过滤算法。利用 3 种算法，采用相同的交叉验证的方法，对数据进行建模分析，获得各个算法的评价指标。

2. 模型评价

如何去评价一个推荐系统的好与不好？一般可以从如下几个方面整体进行考虑：用户、物品提供者、提供推荐系统网站[5]。好的推荐系统能够满足用户的需求，推荐其感兴趣的物品。推荐的物品中，不能全部是热门的物品，同时也需要用户反馈意见帮助完善其推荐系统。因此，好的推荐系统不仅能预测用户的行为，而且能帮助用户发现可能会感兴趣，但却不易被发现的物品。同时，推荐系统还应该帮助商家将长尾中的好商品发掘出来，推荐给可能会对它们感兴趣的用户。在实际应用中，评测推荐系统对三方影响是必不可少的。评测指标主要来源于如下 3 种评测推荐效果的实验方法，即离线测试、用户调查和在线测试。

离线测试是通过从实际系统中提取数据集，然后采用各种推荐算法对其进行测试，获各个算法的评测指标。这种实验方法的好处是不需要真实用户参与。

注意：离线测试的指标和实际商业指标存在差距，如预测准确率和用户满意度之间就存在很大差别，高预测准确率不等于高用户满意度。所以当推荐系统投入实际应用之前，需要利用测试的推荐系统进行用户调查。

用户调查利用测试的推荐系统调查真实用户，观察并记录他们的行为，并让他们回答一些相关的问题。通过分析用户的行为和他们反馈的意见，判断测试推荐系统的好坏。

在线测试顾名思义就是直接将系统投入实际应用中，通过不同的评测指标比较与不同的推荐算法的结果，如点击率，跳出率等。

由于本例中的模型是采用离线的数据集构建的，因此在模型评价阶段采用离线测试的方法获取评价指标。因为不同表现方式的数据集，其评测指标也不同，针对不同的数据方式，其评测指标的公式如表 12-27 所示。

表 12-27　评测指标表

数据表现方式	指标 1	指标 2	指标 3
预测准确度	$RMSE = \sqrt{\dfrac{1}{N}\sum (r_{ui} - \hat{r}_{ui})^2}$	$MAE = \dfrac{1}{N}\sum \|r_{ui} - \hat{r}_{ui}\|$	
分类准确度	$precision = \dfrac{TP}{TP + FP}$	$recall = \dfrac{TP}{TP + FN}$	$F1 = \dfrac{2PR}{P + R}$

在某些电子商务的网站中，存在一个对物品进行打分的功能。在此种数据的情况下，如果要预测用户对某个物品的评分，就需要用到预测准确度的数据表现方式，其中评测的指标有均方根误差（RMSE）、平均绝对误差（MAE）。其中 r_{ui} 代表用户 u 对物品 i 的实际评分，$\hat{r}_{ui}$ 代表推荐算法预测的评分，N 代表实际参与评分的物品总数。

同时在电子商务网站中，用户只有二元选择，如喜欢与不喜欢、浏览与否等。针对这种类型的数据预测，就要用分类准确度，其中的评测指标有准确率（P，即 precision）、召回率（R，即 recall）和 F1 指标。准确率表示用户对一个被推荐产品感兴趣的可能性。召回率表示一个用户喜欢的产品被推荐的概率。F1 指标表示综合考虑准确率与召回率因素，更好地评价算法的优劣。其中，相关的指标说明如表 12-28 所示。

表 12-28　分类准确度指标说明表

项　目		预测		合计
		推荐物品数（正）	未被推荐物品数（负）	
实际	用户喜欢物品数（正）	TP	FN	TP + FN
	用户不喜欢物品数（负）	FP	TN	FP + TN
合计		TP + FP	TN + FN	

除了上述指标外，还有一些评价指标如下：

- 真正率 TPR = TP/(TP + FN) 意思为：正样本预测结果数/正样本实际数，即召回率；
- 假正率 FPR = FP/(FP + TN) 意思为：被预测为正的负样本结果数/负样本实际数。

由于本例用户的行为是二元选择，因此在对模型进行评价的指标为分类准确度指标。针对婚姻知识类与咨询类的数据进行模型构造，通过 3 种推荐算法，以及不同 K 值（推荐个数，K 取值为 3、5、10、15、20、30）的情况下所得出的准确率与召回率的评价指标。其中，婚姻知识类的评价指标图如图 12-11 所示，可从图中看出，Popular 算法是随着推荐个数 K 的增加，其召回率 R 变大，准确率 P 变小。基于物品的协同过滤算法却不同，随着推荐个数 K 的增加，其召回率 R 变大，准确率 P 也会上升。当达到某一临界点时，其准确率 P 随着 K 的增大而变小。3 种算法的其他评价指标，如表 12-29 所示，可以从表中看出，在此数据下，随机推荐的结果最差，但是随着 K 值的增加，其 F1 值也在增加，而 Popular 算法的推荐效果随着 K 值的增加会越来越差，其 F1 值一直在下降，相对协同过滤算法，在 K = 5 时，其 F1 值最大，然后也会随着 K 值增加而下降。比较不同算法之间的差异，可以从图中看出，随机推荐的效果最差。在 K 取值 3 和 5 时，Popular 算法优于协同过滤算法。但是当 K 值增加时，其推荐效果就不如协同过滤算法。从图中可以看出协同过滤算法相对较"稳定"。

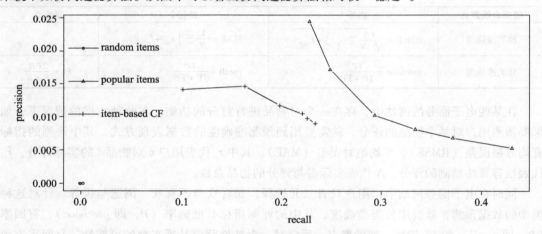

图 12-11 婚姻知识类准确率 – 召回率图

表 12-29 婚姻知识类模型评价指标

算法	TP	FP	FN	TN	precision	recall	TPR	FPR	fvalue
random items 3	0.00	3.00	1.31	4222.69	0.00%	0.00%	0.00%	0.07%	NA
random items 5	0.00	5.00	1.31	4220.69	0.00%	0.00%	0.00%	0.12%	NA
random items 10	0.00	10.00	1.31	4215.69	0.01%	0.00%	0.00%	0.24%	0.00%
random items 15	0.00	15.00	1.31	4210.69	0.01%	0.00%	0.35%	0.00%	
random items 20	0.00	20.00	1.31	4205.69	0.01%	0.00%	0.00%	0.47%	0.00%
random items 30	0.00	30.00	1.31	4195.69	0.01%	0.20%	0.20%	0.71%	0.02%
popular items 3	**0.07**	**2.93**	**1.24**	**4222.76**	**2.45%**	**22.86%**	**22.86%**	**0.07%**	**4.42%**

（续）

算法	TP	FP	FN	TN	precision	recall	TPR	FPR	fvalue
popular items 5	0.09	4.91	1.22	4220.78	1.72%	24.98%	24.98%	0.12%	3.21%
popular items 10	0.10	9.90	1.21	4215.79	1.02%	29.48%	29.48%	0.23%	1.97%
popular items 15	0.12	14.88	1.19	4210.81	0.81%	33.48%	33.48%	0.35%	1.58%
popular items 20	0.14	19.86	1.17	4205.83	0.68%	37.29%	37.29%	0.47%	1.34%
popular items 30	0.16	29.84	1.15	4195.85	0.53%	43.19%	43.19%	0.71%	1.05%
item-based CF 3	0.03	2.26	1.28	4223.43	1.42%	10.33%	10.33%	0.05%	2.49%
item-based CF 5	**0.05**	**3.63**	**1.26**	**4222.05**	**1.48%**	**16.29%**	**16.29%**	**0.09%**	**2.71%**
item-based CF 10	0.06	6.93	1.25	4218.76	1.17%	19.90%	19.90%	0.16%	2.21%
item-based CF 15	0.07	10.06	1.24	4215.63	1.05%	22.17%	22.17%	0.24%	2.01%
item-based CF 20	0.07	13.02	1.24	4212.67	0.98%	22.61%	22.61%	0.31%	1.87%
item-based CF 30	0.08	18.61	1.24	4207.08	0.90%	23.48%	23.48%	0.44%	1.73%

对于咨询类的数据，3 种算法得出的准确率与召回率的结果如图 12-12 所示。其中，可以看出 Popular 算法、Random 算法的准确率和召回率都很低。但是协同过滤算法推荐的结果比其他算法要好很多。造成这样的原因主要是数据问题：咨询类的数据量不够；实际业务中，咨询的网页会有很多，很少存在大量访问的页面。算法的其他评价指标，如表 12-30 所示，可以从表中看出，在此数据下，Popular 算法与 Random 算法的推荐结果差，其 $F1$ 值基本上是 0。协同过滤算法，在 $K = 5$ 时，其 $F1$ 值最大，然后也会随着 K 值增加而下降。针对这种情况，协同过滤算法优于其他两种算法。

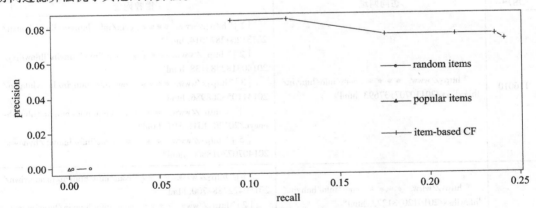

图 12-12　咨询类准确率 – 召回率图

表 12-30　咨询类模型评价指标

算法	TP	FP	FN	TN	precision	recall	TPR	FPR	fvalue
random items 3	0.00	3.00	1.19	3877.81	0.00%	0.00%	0.00%	0.08%	0.00%
random items 5	0.00	5.00	1.19	3875.81	0.00%	0.00%	0.00%	0.13%	0.00%
random items 10	0.00	10.00	1.19	3870.81	0.00%	0.00%	0.00%	0.26%	0.00%
random items 15	0.00	15.00	1.19	3865.81	0.02%	0.18%	0.18%	0.39%	0.04%
random items 20	**0.01**	**19.99**	**1.18**	**3860.82**	**0.05%**	**1.13%**	**1.13%**	**0.52%**	**0.10%**
random items 30	0.01	29.99	1.18	3850.82	0.03%	1.13%	1.13%	0.77%	0.07%

（续）

算法	TP	FP	FN	TN	precision	recall	TPR	FPR	fvalue
popular items 3	0.00	3.00	1.19	3877.81	0.00%	0.00%	0.00%	0.08%	0.00%
popular items 5	0.00	5.00	1.19	3875.81	0.00%	0.00%	0.00%	0.13%	0.00%
popular items 10	0.00	10.00	1.19	3870.81	0.00%	0.00%	0.00%	0.26%	0.00%
popular items 15	0.00	15.00	1.19	3865.81	0.00%	0.00%	0.00%	0.39%	0.00%
popular items 20	0.00	20.00	1.19	3860.81	0.00%	0.00%	0.00%	0.52%	0.00%
popular items 30	0.00	30.00	1.19	3850.81	0.00%	0.00%	0.00%	0.77%	0.00%
item-based CF 3	0.08	0.85	1.11	3879.96	8.41%	8.98%	8.98%	0.02%	16.83%
item-based CF 5	**0.13**	**1.32**	**1.06**	**3879.49**	**8.48%**	**12.10%**	**12.10%**	**0.03%**	**16.95%**
item-based CF 10	0.22	2.40	0.97	3878.41	7.62%	17.51%	17.51%	0.06%	15.24%
item-based CF 15	0.31	3.23	0.88	3877.58	7.61%	21.41%	21.41%	0.08%	15.21%
item-based CF 20	0.36	3.88	0.83	3876.92	7.58%	23.63%	23.63%	0.10%	15.16%
item-based CF 30	0.37	4.81	0.83	3876.00	7.29%	24.14%	24.14%	0.12%	14.57%

3. 结果分析

通过基于项目的协同过滤算法，针对每个用户进行推荐，推荐相似度排名前 5 的项目，其婚姻知识类推荐结果如表 12-31 所示，其咨询类的推荐结果如表 12-32 所示。

表 12-31　婚姻知识类推荐结果

用户	访问网址	推荐网址
116010	" http://www.＊＊＊＊.com/info/hunyin/lhlawlhxy/20110707137693.html"	［1］" http://www.＊＊＊＊.com/info/hunyin/lihunshouxu/201312042874014.html" ［2］" http://www.＊＊＊＊.com/info/hunyin/lhlawlhxy/201403182883138.html" ［3］" http://www.＊＊＊＊.com/info/hunyin/hunyinfagui/201411053308986.html" ［4］" http://www.＊＊＊＊.com/info/hunyin/jihuashengyu/20120215163891.html" ［5］" http://www.＊＊＊＊.com/info/hunyin/hynews/201407073018800.html"
11175899	" http://www.＊＊＊＊.com/info/hunyin/lhlawlhss/2010120781273.html" " http://www.＊＊＊＊.com/info/hunyin/lhlawlhzx/20120821165124.html" " http://www.＊＊＊＊.com/info/hunyin/lhlawlhzx/201311292873596.html" " http://www.＊＊＊＊.com/info/hunyin/lhlawlhzx/201408253306854.html"	［1］" http://www.＊＊＊＊.com/info/hunyin/fuyangyiwu/201404222884700.html" ［2］" http://www.＊＊＊＊.com/info/hunyin/hunyinfagui/201410153308460.html" ［3］" http://www.＊＊＊＊.com/info/hunyin/hunyinjiufen/pohuaijunhunzui/20130719167114.html" ［4］" http://www.＊＊＊＊.com/info/hunyin/jiehuncaili/2011011297291.html" ［5］" http://www.＊＊＊＊.com/info/hunyin/lhlawlhxy/2011010492149.html"
418673	" http://www.＊＊＊＊.com/info/hunyin/lihunfangchan/20110310125984.html"	null

表 12-32　咨询类推荐结果

用户	访问网址	推荐网址
3951071	"http://www.****.com/ask/question_10244513.html" "http://www.****.com/ask/question_10244238.html"	[1] "http://www.****.com/ask/question_10243783.html" [2] "http://www.****.com/ask/question_10244541.html" [3] "http://www.****.com/ask/question_10223080.html" [4] "http://www.****.com/ask/question_10223488.html" [5] "http://www.****.com/ask/question_10246475.html"
21777264	"http://www.****.com/ask/question_10383635.html" "http://www.****.com/ask/question_10383635.html"	[1] "http://www.****.com/ask/question_10162051.html"
22027534	"http://www.****.com/ask/question_10290587.html"	null

上述整个模型的构建过程，采用 R 实现，其代码如代码清单 12-5 所示。

代码清单 12-5　推荐系统示例程序

```
require(recommenderlab)

####将数据转换为 0-1 二元型数据,即模型的输入数据集
info = as(item_hunyi,"binaryRatingMatrix")
ask = as(item_ask,"binaryRatingMatrix")

##采用基于物品的协同过滤算法对模型数据进行建模,形成模型
info_re = Recommender(info,method = "IBCF")
ask_re = Recommender(ask,method = "IBCF")

####利用模型对原始数据集进行预测并获得推荐长度为 5 的结果
info_p = predict(info_re,info,n = 5)
ask_p = predict(ask_re,ask,n = 5)

####将结果保存至工作目录下的文件中,需要将结果转换为 list 型
#####对 list 型结果采用 sink 与 print 命令将其保存
sink("preinfo.txt")
print(as(info_p,"list"))
sink()

sink("preask.txt")
print(as(ask_p,"list"))
sink()

# Random 算法每次都随机挑选用户没有产生过行为的物品推荐给当前用户
# Popular 算法则按照物品的流行度给用户推荐他没有产生过行为的物品中最热门的物品
# IBCF 算法是基于物品的协同过滤算法
########模型评价,离线测试
####将三种算法形成一个算法的 list
```

```
algorithms <- list( "random items" = list(name = "RANDOM", param = NULL),
                            "popular items" = list(name = "POPULAR", param = NULL),
                            "item - based CF" = list(name = "IBCF", param = NULL)
)

#####将数据以交叉检验划分成 K = 10 份,9 份训练,1 份测试
######given 表示用来进行模型评测的项目数量(实际数据中只能取1)
info_es <- evaluationScheme(info, method = "cross - validation",k = 10, given = 1)
ask_es <- evaluationScheme(ask, method = "cross - validation", k = 10, given = 1)

#####下面是随机划分的方式,90% 的作为训练集
#####split.es <- evaluationScheme(d, method = "split",train = 0.9, given = 1)

###采用算法列表对数据进行模型预测与评价,其推荐值N取 3, 5, 10, 15, 20,30
info_results <- evaluate(info_es, algorithms, n = c(3, 5, 10, 15, 20,30))
ask_results <- evaluate(ask_es, algorithms, n = c(3, 5, 10, 15, 20,30))

####画出评价结果的图形
plot(info_results, "prec/rec",legend = "topleft",cex = 0.67)
plot(ask_results, "prec/rec",legend = "topleft",cex = 0.67)

###构建 F1 的评价指标
fvalue <- function(p,r){
  return(2*p*r/(p + r))
}

####求两个模型的各个评价指标的均值,并将其转换为数据框的形式
info_ind = ldply(avg(info_results))
ask_ind = ldply(avg(ask_results))

####将指标第一列有关于模型的名字重新命名
info_ind[,1] = paste(info_ind[,1],c( 3, 5, 10, 15, 20,30))
ask_ind[,1] = paste(ask_ind[,1],c( 3, 5, 10, 15, 20,30))

####选取计算 F1 的两个指标以及有关于模型的名字
temp_info = info_ind[,c(1,6,7)]
temp_ask = ask_ind[,c(1,6,7)]

###计算两个模型的 F1 的指标,并将所有指标综合
info_Fvalue = cbind(info_ind,fvalue = fvalue(temp_info[,2],temp_info[,3]))
ask_Fvalue = cbind(ask_ind,fvalue = fvalue(temp_ask[,2],temp_ask[,3]))

####将评价指标写入文件中
write.csv(info_Fvalue,file = " ./tmp/infopredict_ind.csv")
write.csv(ask_Fvalue,file = " ./tmp/askpredict_ind.csv")
```

*代码详见:示例程序/code/RecommenderSystem. R

　　从上述推荐结果可知,根据用户访问的相关网址,对用户进行推荐。但是其推荐结果存在 null 的情况。这种情况是由于在目前的数据集中,出现访问此网址的只有单独一个用户,

因此在协同过滤算法中计算它与其他物品的相似度为 0，所以就出现无法推荐的情况。一般出现这样的情况，在实际中可以考虑其他的非个性化的推荐方法进行推荐，如基于关键字、基于相似行为的用户进行推荐等。

由于本例采用的是最基本的协同过滤算法进行建模，因此得出的模型结果也是一个初步的效果，实际应用的过程中要结合业务进行分析，对模型进一步改造。首先需要改造的是一般情况下，最热门物品往往具有较高的"相似性"。例如，热门的网址，访问各类网页的大部分人都会进行访问，在计算物品相似度的过程中，就可以知道各类的网页都和某些热门的网址有关。因此，处理热门网址的方法有：在计算相似度的过程中，可以加强对热门网址的惩罚，降低其权重，如对相似度平均化、对数化等；将推荐结果中的热门网址进行过滤掉，推荐其他的网址，将热门网址以热门排行榜的形式进行推荐，如表 12-33 所示。

表 12-33　婚姻知识类热门排行榜

网　　址	内　　容	点击次数
http://www.****.com/info/hunyin/lhlawlhxy/20110707137693.html	离婚协议书范本（2015 年版）	4697
http://www.****.com/info/hunyin/jihuashengyu/20120215163891.html	2015 最新产假规定	574
http://www.****.com/info/hunyin/hunyinfagui/201411053308986.html	新婚姻法 2015 全文	531
http://www.****.com/info/hunyin/jiehun/hunjia/20110920152787.html	广州法定婚假多少天	222
http://www.****.com/info/hunyin/jihuashengyu/201411053308990.html	男人陪产假国家规定 2015	211

在协同过滤推荐过程中，两个物品相似是因为它们共同出现在很多用户的兴趣列表中，也可以说是每个用户的兴趣列表都对物品的相似度产生贡献。但是并不是每个用户的贡献度都相同。通常不活跃的用户要么是新用户，要么是只来过网站一两次的老用户。在实际分析中，一般认为新用户倾向于浏览热门物品，他们对网站还不熟悉，只能点击首页的热门物品，而老用户会逐渐开始浏览冷门的物品。因此可以说，活跃用户对物品相似度的贡献应该小于不活跃的用户。所以在改进相似度的过程中，取用户活跃度对数的倒数作为分子，即本例中相似度的公式为：

$$J(A_1, A_M) = \frac{\sum\limits_{N \in |A_1 \cap A_M|} \dfrac{1}{\ln(1 + A(N))}}{|A_1 \cup A_M|} \tag{12-1}$$

然而在实际应用中，为了尽量地提供推荐的准确率，还会将基于物品的相似度矩阵按最大值归一化，其好处不仅仅在于增加推荐的准确度，还可以提高推荐的覆盖率和多样性。由于本例的推荐是针对某一类数据，因此不存在类间的多样性，所以本节就不进行讨论。

当然，除了个性化推荐列表，还有另一个重要的推荐应用就是相关推荐列表。有过网购经历的用户都知道，当你在电子商务平台上购买一个商品时，它会在商品信息下面展示相关的商品。一种是包含购买了这个商品的用户也经常购买的其他商品；另一种是包含浏览过这个商品的用户经常购买的其他商品。这两种相关推荐列表的区别：使用了不同用户行为计算物品的相似性。

12.3　上机实验

1. 实验目的
□ 了解协同过滤算法在互联网电子商务中的应用以及实现过程。

□ 了解 R 语言连接数据库，并对其进行操作的过程。

2. 实验内容

依据本例的数据抽取以及数据处理方法，得到用户与物品（访问网页）的记录，通过用户与婚姻知识类型和婚姻咨询类型的数据，采用 R 语言构建其推荐系统模型。

□ 因数据量大，采用 R 连接数据库的方式抽取数据，并且可以通过 R 对数据库进行日常的数据操作。

□ 用户点击网页体现了用户对某些网页的关注程度，利用协同过滤算法能计算出与某些网页相似的网页的相似程度，根据相似程度的高低，将用户未点击过的并且有可能感兴趣的网页推荐给用户，实现智能推荐。

3. 实验方法与步骤

（1）实验一

利用 R 连接 MariaDB(MySQL)，实现对数据的查询、删除、增加等日常操作。

1）打开 R，加载 RMySQL 包，并连接本地安装的数据库，利用 dbConnect 命令连接数据库。

2）设置此连接的编码格式。

3）通过 dbSendQuery 命令，利用数据库的日常操作命令 SELECT、INSERT、DELETE 等，完成对数据的操作，并将查询的结果提取至 R 中。

4）完成操作后，关闭此数据库的连接。

（2）实验二

利用 R 完成推荐系统的模型构建，以及预测的推荐结果，并完成模型的评价工作。

1）打开 R，加载 recommenderlab 包，将处理好的数据转换成模型的输入数据。

2）采用包中的 Recommender 命令构建推荐系统模型，并完成对原始数据的预测，输出其推荐结果。

3）采用三种模型对输入数据进行建模，用交叉验证的方法，获取各个模型不同推荐值情况下的评价指标值，并完成计算出各个模型下的 $F1$ 指标。

4）画出三种模型准确率与召回率的指标图，并将各个指标保存到文本。

4. 思考与实验总结

1）如何通过 R 操作数据库中存在中文编码的情况？

2）如何设置计算相似度的方法，如采用余弦方法计算其物品间的相似度？

12. 4 拓展思考

本例中目前主要分析的内容为婚姻知识类别与婚姻咨询类别的有关记录，其结果比目前网页上基于关键词的推荐发散性比较强，取到一个互补的效果。但由于公司目前主营业务侧重于咨询方面，且在探索分析的环节可以看出咨询记录占整个记录里的 50% 左右，因此对于咨询类别页面的推荐需要对其进一步改造，其数据可以从用户访问的原始数据中提取如表 12-34 所示。

表 12-34　原始数据

realIP	real-Areacode	userAgent	userOS	userID	clientID	timestamp	timestamp_format	pagePath	ymd	fullURL	fullURLId	hostname	pageTitle	pageTitle-CategoryId	page	Title-CategoryName
1531222030	140100	UCWEB/2.0(MIDP-2.0;U; zh-CN; HTC 9060)U2/1.0.0 UCBrowser/10.1.3.546 U2/1.0.0 Mobile	Other	4996700012.1	4996700012.1	1428041479371	2015/4/3 14:11	/ask/question_8399551.html	20150403	http://www.lawtime.cn	/ask/question_8399551.html	101003	www.lawtime.cn	做作住房公积金的担保人有什么风险-法律快车法律咨询	69	房产买卖纠纷
1531222030	140100	UCWEB/2.0(MIDP-2.0;U; zh-CN; HTC 9060)U2/1.0.0 UCBrowser/10.1.3.546 U2/1.0.0 Mobile	Other	4996700012.1	4996700012.1	1428041479536	2015/4/3 14:11	/ask/question_8399551.html	20150403	http://www.lawtime.cn	/ask/question_8399551.html	101003	www.lawtime.cn	做作住房公积金的担保人有什么风险-法律快车法律咨询	69	房产买卖纠纷
1706656375	140100	Mozilla/5.0(Windows NT 6.1)AppleWebKit/537.36 (KHTML, like Gecko)Chrome/31.0.1650.63 Safari/537.36	Windows 7	1259341818	1259341818	1429353422107	2015/4/18 18:37	/ask/question_10937991.html	20150418	http://www.lawtime.cn	/ask/question_10937991.html	101003	www.lawtime.cn	做企业主要约赔偿后应同题-法律快车法律咨询	37	立案侦查
4223238775	140100	Mozilla/5.0(Windows NT 6.1)AppleWebKit/537.36 (KHTML, like Gecko)Chrome/31.0.1650.63 Safari/537.36	Windows 7	908370090.1	908370090.1	1426579834667	2015/3/17 16:10	/ask/question_421092.html	20150317	http://www.lawtime.cn	/ask/question_421092.html	101003	www.lawtime.cn	做庄蟠愽会判什么罪-法律快车法律咨询	26	定罪量刑
1110054106	140100	Mozilla/5.0(Windows NT 5.1)AppleWebKit/537.36 (KHTML, like Gecko)Chrome/31.0.1650.63 Safari/537.36	Windows XP	2068832749	2068832749	1423635850415	2015/2/11 14:24	/ask/question_6925984.html	20150211	http://www.lawtime.cn	/ask/question_6925984.html	101003	www.lawtime.cn	做重的伤残鉴定,有没有时间限制同规定-法律快车法律咨询	68	工伤赔偿纠纷
1046706190	140100	Mozilla/5.0(Windows NT 6.1; WOW64)AppleWebKit/537.36 (KHTML, like Gecko)Chrome/31.0.1650.63 Safari/537.36	Windows 7	847612256.1	847612256.1	1427852615867	2015/4/1 9:43	/ask/exp/8587.html	20150401	http://www.lawtime.cn	/ask/exp/8587.html	1999001	www.lawtime.cn	做钟点工要签劳动合同吗?-法律快车法律经验	62	劳动合同纠纷
465868558	140100	Mozilla/5.0(Windows NT 5.1)AppleWebKit/537.36 (KHTML, like Gecko)Chrome/31.0.1650.48 Safari/537.36 QQBrowser/7.7.26110.400	Windows XP	1610868312	1610868312	1428394886464	2015/4/7 16:21	/ask/exp/8587.html	20150407	http://www.lawtime.cn	/ask/exp/8587.html	1999001	www.lawtime.cn	做钟点工要签劳动合同吗?-法律快车法律经验	62	劳动合同纠纷
1571227319	140100	Mozilla/5.0(Windows NT 5.1)AppleWebKit/537.36 (KHTML, like Gecko)Chrome/31.0.1650.63 Safari/537.36	Windows XP	3716969939.1	3716969939.1	1429849254956	2015/4/24 12:20	/ask/exp/8587.html	20150424	http://www.lawtime.cn	/ask/exp/8587.html	1999001	www.lawtime.cn	做钟点工要签劳动合同吗?-法律快车法律经验	62	劳动合同纠纷
2092450417	140100	Mozilla/5.0(Windows NT 6.1)AppleWebKit/537.36 (KHTML, like Gecko)Chrome/36.0.1985.125 Safari/537.36	Windows 7	1632334036	1632334036	1427170907797	2015/3/24 12:21	/ask/question_5598369.html	20150324	http://www.lawtime.cn	/ask/question_5598369.html	101003	www.lawtime.cn	做直销产品甲方应该给开发票吗?-法律快车法律咨询	51	连约赔偿
1121454201	140100	Mozilla/4.0 (compatible; MSIE 8.0; Windows NT 5.1; Trident/4.0; .NET CLR 2.0.50727; .NET CLR 3.0.4506.2152; .NET CLR 3.5.30729; qihu theworld)	Windows XP	2136917696	2136917696	1428039745607	2015/4/3 13:42	/ask/question_3432948.html	20150403	http://www.lawtime.cn	/ask/question_3432948.html	101003	www.lawtime.cn	做侄子的法定监护人-法律快车法律咨询	17	儿童监护
2561650547	140100	Mozilla/5.0(Macintosh;Intel Mac OS X 10_9_5)AppleWebKit/537.78.2 (KHTML, like Gecko)Version/7.0.6 Safari/537.78.2	Mac OS X	1316725305	1316725305	1425978540658	2015/3/10 17:09	/info/yiliao/zrsb/201007214319.html	20150310	http://www.lawtime.cn	/info/yiliao/zrsb/201007214319.html	107001	www.lawtime.cn	做整形手术被毁容如何索赔?-法律快车医疗事故	64	医疗事故赔偿

realIP	real-Areacode	userAgent	userOS	userID	clientID	timestamp	timestamp_format	pagePath	ymd	fullURL	fullURLId	host-name	pageTitle	pageTitle-CategoryId	page	Title-Category-Name
4091206636	140100	Mozilla/5.0 (Windows NT 5.1) AppleWebKit/537.36 (KHTML, like Gecko) Chrome/31.0.1650.63 Safari/537.36	Windows XP	362800012.1	362800012.1	1429463755830	2015/4/20 1:15	/ask/question_3764976.html	20150420	http://www.lawtime.cn	/ask/question_3764976.html	101003	www.lawtime.cn	做杂志,使用网上找来的图片作为背景算不算侵权? - 法律快车法律咨询	26	定罪量刑
1699823729	140100	Mozilla/5.0 (Windows NT 6.1; rv:37.0) Gecko/20100101 Firefox/37.0	Windows 7	38549427.14	38549427.14	1429871000544	2015/4/24 18:23	/ask/question_3764976.html	20150424	http://www.lawtime.cn	/ask/question_3764976.html	101003	www.lawtime.cn	做杂志,使用网上找来的图片作为背景算不算侵权? - 法律快车法律咨询	26	定罪量刑
1257332336	140100	Mozilla/5.0 (Windows NT 6.1; WOW64) AppleWebKit/537.36 (KHTML, like Gecko) Chrome/38.0.2125.122 Safari/537.36	Windows 7	1242996761	1242996761	1430292457522	2015/4/29 15:27	/ask/question_3764976.html	20150429	http://www.lawtime.cn	/ask/question_3764976.html	101003	www.lawtime.cn	做杂志,使用网上找来的图片作为背景算不算侵权? - 法律快车法律咨询	26	定罪量刑
2586839161	140100	Mozilla/5.0 (Windows NT 6.1) AppleWebKit/537.36 (KHTML, like Gecko) Chrome/31.0.1650.63 Safari/537.36	Windows 7	1283840943	1283840943	1423489880092	2015/2/9 21:51	/ask/question_3173773.html	20150209	http://www.lawtime.cn	/ask/question_3173773.html	101003	www.lawtime.cn	做有限责任公司的股东条件 - 法律咨询	41	股权纠纷
2828223345	140100	Mozilla/5.0 (Macintosh; Intel Mac OS X 10_9_5) AppleWebKit/537.78.2 (KHTML, like Gecko) Version/7.0.6 Safari/537.78.2	Mac OS X	9807744139.1	9807744139.1	1425095196930	2015/2/28 11:46	/ask/question_3173773.html	20150228	http://www.lawtime.cn	/ask/question_3173773.html	101003	www.lawtime.cn	做有限责任公司的股东条件 - 法律快车法律咨询	41	股权纠纷
1018329870	140100	Mozilla/5.0 (Windows NT 6.1; WOW64) AppleWebKit/537.36 (KHTML, like Gecko) Chrome/31.0.1650.63 Safari/537.36 SE 2.X MetaSr 1.0	Windows 7	967084001.1	967084001.1	1428378107184	2015/4/7 11:41	/ask/question_3173773.html	20150407	http://www.lawtime.cn	/ask/question_3173773.html	101003	www.lawtime.cn	做有限责任公司的股东条件 - 法律快车法律咨询	41	股权纠纷
2119376756	140100	Mozilla/5.0 (Windows NT 6.1; Trident/7.0; rv:11.0) like Gecko	Windows 7	1599121760	1599121760	1428486243962	2015/4/8 17:44	/ask/question_3173773.html	20150408	http://www.lawtime.cn	/ask/question_3173773.html	101003	www.lawtime.cn	做有限责任公司的股东条件 - 法律快车法律咨询	41	股权纠纷
2249626126	140100	Mozilla/5.0 (Windows NT 6.1) AppleWebKit/537.36 (KHTML, like Gecko) Chrome/38.0.2125.122 Safari/537.36	Windows 7	1796985316	1796985316	1423798297363	2015/2/13 11:31	/ask/question_6617278.html	20150213	http://www.lawtime.cn	/ask/question_6617278.html	101003	www.lawtime.cn	做有限责任公司监事人要负什么责任 - 法律快车法律咨询	41	股权纠纷
3020128887	140100	Mozilla/5.0 (Windows NT 6.1; WOW64) AppleWebKit/537.36 (KHTML, like Gecko) Chrome/31.0.1650.63 Safari/537.36	Windows 7	1189934890	1189934890	1429697248802	2015/4/22 18:07	/ask/question_6617278.html	20150422	http://www.lawtime.cn	/ask/question_6617278.html	101003	www.lawtime.cn	做有限责任公司监事人要负什么责任 - 法律快车法律咨询	41	股权纠纷
3423224433	140100	Mozilla/5.0 (compatible; MSIE 10.0; Windows NT 6.1; WOW64; Trident/6.0;;360SExplorer 5.0.0.1436)	Windows 7	1150849692	1150849692	1430291567285	2015/4/29 15:12	/ask/question_6617278.html	20150429	http://www.lawtime.cn	/ask/question_6617278.html	101003	www.lawtime.cn	做有限责任公司监事人要负什么责任 - 法律快车法律咨询	41	股权纠纷

用户ID	地区	User Agent	访客ID	会话ID	访问时间	路径	日期	域名	代码	URL路径	主机	页面标题	数	分类
3423224433	140100	Mozilla/5.0（compatible; MSIE 10.0; Windows NT 6.1; WOW64;Trident/6.0;245Explorer 5.0.0.14136)	1150849692	1430291685261	2015/4/29 15:14	/ask/question_6617278.html	20150429	http://www.lawtime.cn	101003	/ask/question_6617278.html	www.lawtime.cn	做有限公司监事人要负什么责任？-法律快车法律咨询	41	股权纠纷
1859491598	140100	Mozilla/5.0(Windows NT 6.1; WOW64) AppleWebKit/537.36 (KHTML, like Gecko) Chrome/31.0.1650.63 Safari/537.36	1102973681	1422725918555	2015/2/1 1:38	/ask/question_914636.html	20150201	http://www.lawtime.cn	101003	/ask/question_914636.html	www.lawtime.cn	做游戏判刑吗会被判刑吗 法律快车法律咨询	26	定罪量刑
1242119863	140100	Mozilla/5.0(Windows NT 6.1; WOW64; Trident/7.0; rv:11.0)like Gecko	984584705.1	1423536816616	2015/2/10 10:53	/ask/question_3402035.html	20150210	http://www.lawtime.cn	101003	/ask/question_3402035.html	www.lawtime.cn	做引产犯法么－法律快车法律咨询	26	定罪量刑
3609131066	140100	Mozilla/4.0 (Windows; U; Windows NT 5.1;zh-TW;rv:1.9.0.11)	1221287319	1429685946200	2015/4/22 14:59	/ask/question_6548781.html	20150422	http://www.lawtime.cn	101003	/ask/question_6548781.html	www.lawtime.cn	做银行介别人银行卡贷款中还不上我现在可以找我回来 法律快车法律咨询	78	信用卡诈骗 意透支和奎现
2731637774	140100	Mozilla/5.0(Windows NT 5.1) AppleWebKit/537.36 (KHTML, like Gecko) Chrome/31.0.1650.63 Safari/537.36	1204438324	1427360738669	2015/3/26 17:05	/ask/question_7658765.html	20150326	http://www.lawtime.cn	101003	/ask/question_7658765.html	www.lawtime.cn	做银行黑户贷款不用还吗？-法律快车法律咨询	78	信用卡恶意透支和套现
2731637774	140100	Mozilla/5.0(Windows NT 5.1) AppleWebKit/537.36 (KHTML, like Gecko) Chrome/31.0.1650.63 Safari/537.36	1204438324	1427369024680	2015/3/26 19:23	/ask/question_7658765.html	20150326	http://www.lawtime.cn	101003	/ask/question_7658765.html	www.lawtime.cn	做银行黑户贷款不用还吗？-法律快车法律咨询	78	信用卡恶意透支和奎现
2601561724	140100	Mozilla/5.0 (iPad; U; CPU OS 7 like Mac OS X; zh-CN; iPad4,1) AppleWebKit/534.46 (KHTML, like Gecko) UCBrowser/2.8.3.529 U3/Mobile/10A403 Safari/7543.48.3 / Ober	118385063.1	1423150087176	2015/2/5 23:28	/ask/question_1152117.html	20150205	http://www.lawtime.cn	101003	/ask/question_1152117.html	www.lawtime.cn	做银行贷款担保人有息什么要求?－法律公正吗?－法律咨询	52	金融债务
3787742832	140100	Mozilla/5.0(Windows NT 6.1) AppleWebKit/537.36 (KHTML, like Gecko) Chrome/31.0.1650.63 Safari/537.36	1343347607	1425099001584	2015/2/28 12:50	/ask/question_10382308.html	20150228	http://www.lawtime.cn	101003	/ask/question_10382308.html	www.lawtime.cn	做银保工作,保险公司业务员离职不给小账会被追究法律责任吗?因为银行回扣开金走是从我私下账,然后再私下给现金的,我不想再回扣 法律快车法律咨询	26	定罪量刑
1296711793	140100	Mozilla/5.0(Windows NT 6.1; WOW64) AppleWebKit/537.36 (KHTML, like Gecko) Chrome/31.0.1650.63 Safari/537.36	1546761287	1422889805462	2015/2/2 23:10	/ask/question_3653924.html	20150202	http://www.lawtime.cn	101003	/ask/question_3653924.html	www.lawtime.cn	做遗产继承公证怎么收费 法律快车法律咨询	21	医患纠纷
2059693169	140100	Mozilla/5.0(Windows NT 5.1) AppleWebKit/537.36 (KHTML, like Gecko) Chrome/31.0.1650.63 Safari/537.36	2022229259.1	1423645371761	2015/2/11 17:02	/ask/question_3653924.html	20150211	http://www.lawtime.cn	101003	/ask/question_3653924.html	www.lawtime.cn	做遗产继承公证怎么收费 法律快车法律咨询	21	医患纠纷

（续）

realIP	real-Areacode	userAgent	userOS	userID	clientID	timestamp	timestamp_format	pagePath	ymd	fullURL	fullURLId	hostname	pageTitle	pageTitleCategoryId	page	Title-CategoryName
364932977	140100	Mozilla/5.0(Windows NT 6.3; WOW64) AppleWebKit/537.36 (KHTML, like Gecko) Chrome/40.0.2214.94 Safari/537.36	Windows 8.1	1911420797	1911420797	1424879011165	2015/2/25 23:43	/ask/question_3653924.html	20150225	http://www.lawtime.cn	/ask/question_3653924.html	101003	www.lawtime.cn	做遗产继承公证怎么收费-法律快车法律咨询	21	医患纠纷
698003068	140100	Mozilla/5.0(Windows NT 6.1) AppleWebKit/537.36 (KHTML, like Gecko) Chrome/38.0.2125.122 Safari/537.36	Windows 7	6010742264.1	6010742264.1	1425913507611	2015/3/9 23:05	/ask/question_3653924.html	20150309	http://www.lawtime.cn	/ask/question_3653924.html	101003	www.lawtime.cn	做遗产继承公证怎么收费-法律快车法律咨询	21	医患纠纷
460808305	140100	Mozilla/5.0(Windows NT 6.1) AppleWebKit/537.36 (KHTML, like Gecko) Chrome/31.0.1650.63 Safari/537.36	Windows 7	8121254454.1	8121254454.1	1426514986691	2015/3/16 22:09	/ask/question_3653924.html	20150316	http://www.lawtime.cn	/ask/question_3653924.html	101003	www.lawtime.cn	做遗产继承公证怎么收费-法律快车法律咨询	21	医患纠纷
3080340593	140100	Mozilla/4.0(compatible; MSIE 8.0; Windows NT 5.1; Trident/4.0; Mozilla/4.0(compatible; MSIE 6.0; Windows NT 5.1; SV1); .NET CLR 1.1.4322; .NET CLR 2.0.50727; CIBA)	Windows XP	9192777708.1	9192777708.1	1427280973102	2015/3/25 18:56	/ask/question_3653924.html	20150325	http://www.lawtime.cn	/ask/question_3653924.html	101003	www.lawtime.cn	做遗产继承公证怎么收费-法律快车法律咨询	21	医患纠纷
221596127	140100	Mozilla/5.0(Windows NT 6.1; WOW64) AppleWebKit/537.36 (KHTML, like Gecko) Chrome/31.0.1650.48 Safari/537.36 QQBrowser/8.0.3345.400	Windows 7	3729030900.1	3729030900.1	1428398837055	2015/4/7 17:27	/ask/question_3653924.html	20150407	http://www.lawtime.cn	/ask/question_3653924.html	101003	www.lawtime.cn	做遗产继承公证怎么收费-法律快车法律咨询	21	医患纠纷
705385592	140100	Mozilla/5.0(Windows NT 6.1; WOW64; Trident/7.0; rv:11.0)like Gecko	Windows 7	6900991433.1	6900991433.1	1428475106146	2015/4/8 14:38	/ask/question_3653924.html	20150408	http://www.lawtime.cn	/ask/question_3653924.html	101003	www.lawtime.cn	做遗产继承公证怎么收费-法律快车法律咨询	21	医患纠纷
3827394762	140100	Mozilla/5.0(Windows NT 5.1) AppleWebKit/537.36 (KHTML, like Gecko) Chrome/30.0.1599.101 Safari/537.36	Windows XP	7302619919.1	7302619919.1	1428567244656	2015/4/9 16:14	/ask/question_3653924.html	20150409	http://www.lawtime.cn	/ask/question_3653924.html	101003	www.lawtime.cn	做遗产继承公证怎么收费-法律快车法律咨询	21	医患纠纷
1011128334	140100	Mozilla/5.0(Linux; U; Android 4.2.2; zh-CN; Hol-T00 Build/HUAWEIHol-T00) AppleWebKit/534.30 (KHTML, like Gecko)Version/4.0 UCBrowser/10.1.3.546 U3/0.8.0 Mobile Safari/534.30	Android	1963560652	1963560652	1423496417446	2015/2/9 23:40	/ask/question_100745.html	20150209	http://www.lawtime.cn	/ask/question_100745.html	101003	www.lawtime.cn	做医疗事故司法鉴定程序-法律快车法律咨询	31	故意伤害
2228186993	140100	Mozilla/5.0(Windows NT 6.1; WOW64) AppleWebKit/537.36 (KHTML, like Gecko) Chrome/35.0.1916.153 Safari/537.36 SE 2.X MetaSr 1.0	Windows 7	1328923830	1328923830	1426219851133	2015/3/13 12:10	/ask/question_100745.html	20150313	http://www.lawtime.cn	/ask/question_100745.html	101003	www.lawtime.cn	做医疗事故司法鉴定程序-法律快车法律咨询	31	故意伤害

* 数据详见,示例程序/data/7law.sql

　　首先需要解决冷启动问题，当新的用户产生，如何对其进行推荐？然后在进行相似度设计的过程中未考虑到对热门网址的处理以及那些无法得到推荐结果的网页。由于在原始数据中，每个网页都存在一个标题，可以通过采用文本挖掘的分析方法。通过文本挖掘，找出其每个网页文本中的隐含语义，然后通过文本中的隐含特征，将用户与物品联系在一起，相关的名称有 LSI、pLSA、LDA 和 Topic Model。当然也可以通过这种方法提取出关键字，通过 tf-idf 的方法对其关键字进行定义权重，然后采用最近邻的方法求出那些无法得到推荐列表的结果。因此针对本例的数据，可以采用隐语义模型实现推荐，同样采用离线的方法对其进行测试，然后对比各种推荐方法的评价指标，最后将各种推荐结果进行结合。

12.5　小结

　　本章主要介绍了协同过滤算法在电子商务领域中的应用，实现对用户的个性化推荐。通过对用户访问日志的数据进行分析与处理，采用基于物品的协同过滤算法对处理好的数据进行建模分析，最后通过模型评价与结果分析，发现基于物品的协同过滤算法的优缺点，同时对于其缺点提出了改进的方法。同时，结合上机实验，有助于更好地理解协同过滤推荐算法的原理以及处理过程。

基于数据挖掘技术的市财政收入
分析预测模型

13.1 背景与挖掘目标

在我国现行的分税制财政管理体制下，地方财政收入不仅是国家财政收入的重要组成部分，而且具有其相对独立的构成内容。如何有效地利用地方财政收入，合理的分配，来促进地方的发展，提高市民的收入和生活质量是每个地方政府需要考虑的首要问题。因此，对地方财政收入进行预测，不仅是必要的，而且也是可能的。科学、合理地预测地方财政收入，对于克服年度地方预算收支规模确定的随意性和盲目性，正确处理地方财政与经济的相互关系具有十分重要的意义。

广州作为改革开放的前沿城市，其经济发展在全国经济中的地位举足轻重。目前，广州市在财政收入规模、结构等方面与北京、上海、深圳等城市仍有一定差距，存在不断完善的空间。本案例旨在通过研究，发现影响广州市目前以及未来地方财源建设的因素，并对其进行深入分析，提出对广州市地方财源优化的具体建议，供政府决策参考，同时为其他经济发展较快的城市提供借鉴。

考虑到数据的可得性，本案例所用的财政收入分为地方一般预算收入和政府性基金收入。地方一般预算收入包括两部分：一部分为税收收入，主要包括企业所得税和地方所得税中中央和地方共享的40%，地方享有的25%的增值税、营业税、印花税等；另一部分为非税收入，包括专项收入、行政事业性收费、罚没收入、国有资本经营收入和其他收入等。政府性基金收入是国家通过向社会征收以及出让土地、发行彩票等方式取得收入，并专项用于支持特定基础设施建设和社会事业发展的收入。

由于1994年我国对财政体制进行了重大改革，开始实行分税制财政体制，影响了财政收入相关数据的连续性，在1994年前后不具有可比性。由于没有合适的数学手段来调整这种数据的跃变，仅对1994年及其以后的数据进行分析，本案例所用数据均来自《广州市统计年鉴》（1995-2014）。

表13-1给出了广州市1994~2013年财政收入以及相关因素的数据，为进一步寻找广州市

表 13-1　广州市财政收入及其相关数据

日期	社会从业人数	在岗职工工资总额	社会消费品零售总额	城镇居民人均可支配收入	城镇居民人均消费性支出	年末总人口	全社会固定资产投资额	地区生产总值	第一产业产值	税收	居民消费价格指数	第三产业与第二产业产值比	居民消费水平	财政收入
1994	3 831 732	181.54	448.19	7571	6212.7	6 370 241	525.71	985.31	60.62	65.66	120	1.029	5321	64.87
1995	3 913 824	214.63	549.97	9038.16	7601.73	6 467 115	618.25	1259.2	73.46	95.46	113.5	1.051	6529	99.75
1996	3 928 907	239.56	686.44	9905.31	8092.82	6 560 508	638.94	1468.06	81.16	81.16	108.2	1.064	7008	88.11
1997	4 282 130	261.58	802.59	10 444.6	8767.98	6 664 862	656.58	1678.12	85.72	91.7	102.2	1.092	7694	106.07
1998	4 453 911	283.14	904.57	11 255.7	9422.33	6 741 400	758.83	1893.52	88.88	114.61	97.7	1.2	8027	137.32
1999	4 548 852	308.58	1000.69	12 018.52	9751.44	6 850 024	878.26	2139.18	92.85	152.78	98.5	1.198	8549	188.14
2000	4 962 579	348.09	1121.13	13 966.53	11 349.47	7 006 896	923.67	2492.74	94.37	170.62	102.8	1.348	9566	219.91
2001	5 029 338	387.81	1248.29	14 694	11 467.35	7 125 979	978.21	2841.65	97.28	214.53	98.9	1.467	10 473	271.91
2002	5 070 216	453.49	1370.68	13 380.47	10 671.78	7 206 229	1009.24	3203.96	103.07	202.18	97.6	1.56	11 469	269.1
2003	5 210 706	533.55	1494.27	15 002.59	11 570.58	7 251 888	1175.17	3758.62	109.91	222.51	100.1	1.456	12 360	300.55
2004	5 407 087	598.33	1677.77	16 884.16	13 120.83	7 376 720	1348.93	4450.55	117.15	249.01	101.7	1.424	14 174	338.45
2005	5 744 550	665.32	1905.84	18 287.24	14 468.24	7 505 322	1519.16	5154.23	130.22	303.41	101.5	1.456	16 394	408.86
2006	5 994 973	738.97	2199.14	19 850.66	15 444.93	7 607 220	1696.38	6081.86	128.51	356.99	102.3	1.438	17 881	476.72
2007	6 236 312	877.07	2624.24	22 469.22	18 951.32	7 734 787	1863.34	7140.32	149.87	429.36	103.4	1.474	20 058	838.99
2008	6 529 045	1005.37	3187.39	25 316.72	20 835.95	7 841 695	2105.54	8287.38	169.19	508.84	105.9	1.515	22 114	843.14
2009	6 791 495	1118.03	3615.77	27 609.59	22 820.89	7 946 154	2659.85	9138.21	172.28	557.74	97.5	1.633	24 190	1107.67
2010	7 110 695	1304.48	4476.38	30 658.49	25 011.61	8 061 370	3263.57	10 748.3	188.57	664.06	103.2	1.638	29 549	1399.16
2011	7 431 755	1700.87	5243.03	34 438.08	28 209.74	8 145 797	3412.21	12 423.4	204.54	710.66	105.5	1.67	34 214	1535.14
2012	7 512 997	1969.51	5977.27	38 053.52	30 490.44	8 222 969	3758.39	13 551.2	213.76	760.49	103	1.825	37 934	1579.68
2013	7 599 295	2110.78	6882.85	42 049.14	33 156.83	8 323 096	4454.55	15 420.1	228.46	852.56	102.6	1.906	41 972	2088.14

财政收入的关键影响因素做准备。

本次数据挖掘建模目标如下：

1）梳理影响地方财政收入的关键特征，分析、识别影响地方财政收入的关键特征的选择模型；

2）结合目标 1 的因素分析，对广州市 2015 年的财政总收入及各个类别收入进行预测。

13.2 分析方法与过程

我国很多学者已经对财政收入的影响因素进行了很多研究，但是他们大多先建立财政收入与各待定影响因素之间的多元线性回归模型，运用最小二乘估计方法来估计回归模型的系数，通过系数能否通过检验来检验它们之间的关系，这样的结果对数据的依赖程度很大，并且普通最小二乘估计求得的解往往是局部最优解，后续的检验可能就会失去应有的意义。

近几十年来，现代统计技术不断完善和发展，对新的数据运用新的方法来考察地方财政收入影响因素是有必要的。本案例在已有研究的基础上运用 Adaptive-Lasso 变量选择方法来研究影响地方财政收入的因素。

在以往的文献中，对影响财政收入因素的分析中大多使用普通最小二乘法来对回归模型的系数进行估计，预测变量的选取则采用的是逐步回归。然而，无论是最小二乘法还是逐步回归，都有其不足之处。它们一般都局限于局部最优解而不是全局最优解。如果预测变量过多，子集选择的计算过程具有不可实行性，且子集选择具有内在的不连续性，从而导致子集选择极度多变。Lasso 是近年来被广泛应用于参数估计和变量选择的方法之一，并且 Lasso 进行变量选择在确定的条件下已经被证明是一致的。案例选用了 Adaptive-Lasso 方法来探究地方财政收入与各因素之间的关系。

Lasso 是由 Tibshirani[20] 提出的将参数估计与变量选择同时进行的一种正则化方法。Lasso 参数估计被定义如下：

$$\hat{\beta}(\text{lasso}) = \underset{\beta}{\text{argmin}}^2 \left\| y - \sum_{j=1}^{p} x_j \beta_j \right\|^2 + \lambda \sum_{j=1}^{p} |\beta_j| \tag{13-1}$$

式中，λ 为非负正则参数，$\lambda \sum_{j=1}^{p} |\beta_j|$ 称为惩罚项。

Lasso 方法虽然可以解决最小二乘法和逐步回归局部最优估计的不足，但是其自身需要满足一定的苛刻条件。Zou[21] 提出了一种改进的 Lasso 方法，其改进之处在于给不同的系数加上不同的权重，被称为 Adaptive-Lasso 方法，定义如下：

$$\hat{\beta}^{*(n)} = \underset{\beta}{\text{argmin}} \left\| y - \sum_{j=1}^{p} x_j \beta_j \right\|^2 + \lambda_n \sum_{j=1}^{p} \hat{\omega}_j |\beta_j| \tag{13-2}$$

式中，权重 $\hat{\omega}_j = \dfrac{1}{|\hat{\beta}_j|^{\gamma}}$（$\gamma > 0$），$j = 1, 2, \cdots, p$，$\hat{\beta}_j$ 为由普通最小二乘法得出的系数。

设变量 $X^{(0)} = \{X^{(0)}(i), i = 1, 2, \cdots, n\}$ 为一非负单调原始数据序列，建立灰色预测模

型：首先对 $X^{(0)}$ 进行一次累加得到一次累加序列 $X^{(1)} = \{X^{(1)}(k)，k=1，2，\cdots，n\}$。

对 $X^{(1)}$ 可建立下述一阶线性微分方程：

$$\frac{\mathrm{d}X^{(1)}}{\mathrm{d}t} + aX^{(1)} = u \tag{13-3}$$

即 GM(1，1) 模型。

求解微分方程，得到预测模型：

$$\hat{X}^{(1)}(k+1) = \left[\hat{X}^{(1)}(0) - \frac{\hat{u}}{\hat{a}}\right]\mathrm{e}^{-\hat{a}k} + \frac{\hat{u}}{\hat{a}} \tag{13-4}$$

由于 GM(1，1) 模型得到的是一次累加量，将 GM(1，1) 模型所得数据 $\hat{X}^{(1)}(k+1)$ 经过累减还原为 $\hat{X}^{(0)}(k+1)$，即 $X^{(0)}$ 的灰色预测模型为：

$$\hat{X}^{(0)}(k+1) = (\mathrm{e}^{-\hat{a}} - 1)\left[X^{(0)}(n) - \frac{\hat{u}}{\hat{a}}\right]\mathrm{e}^{-\hat{a}k} \tag{13-5}$$

后验差检验模型精度表如表 13-2 所示。

表 13-2　后验差检验判别参照表

P	C	模型精度
>0.95	<0.35	好
>0.80	<0.50	合格
>0.70	<0.65	勉强合格
<0.70	>0.65	不合格

13.2.1　灰色预测与神经网络的组合模型

在 Adaptive-Lasso 变量选择的基础上，鉴于灰色预测对小数据量数据预测的优良性能，对单个选定的影响因素建立灰色预测模型，得到它们在 2014 年及 2015 年的预测值。由于神经网络较强的适用性和容错能力，对历史数据建立训练模型，把灰色预测的数据结果代入训练好的模型中，就得到了充分考虑历史信息的预测结果，即 2015 年广州市财政收入及各个类别的收入。

图 13-1 为基于数据挖掘技术的财政收入分析预测模型流程，主要包括以下步骤[⊖]：

1）从广州市统计局网站以及各统计年鉴搜集到广州市财政收入以及各类别收入相关数据；

2）利用 1）形成的已完成数据预处理的建模数据，建立 Adaptive-Lasso 变量选择模型；

3）在 2）的基础上建立单变量的灰色预测模型以及人工神经网络预测模型；

4）利用 3）的预测值代入构建好的人工神经网络模型中，从而得到 2014 年及 2015 年广州市财政收入以及各类别收入的预测值。

⊖　陈庚，卢丹丹，万浩文. 基于数据挖掘技术的市财政收入分析预测模型. 第三届泰迪杯全国大学生数据挖掘竞赛（http://www.tipdm.org）优秀作品。

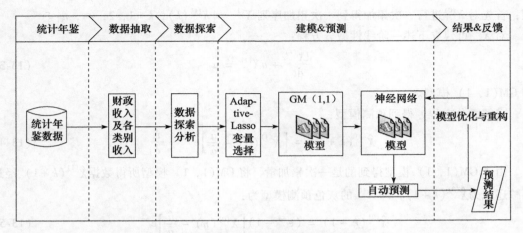

图 13-1 基于数据挖掘技术的财政收入分析预测模型流程

13.2.2 数据探索分析

影响财政收入(y) 的因素有很多,在查阅大量文献的基础上,通过经济理论对财政收入的解释以及对实践的观察,考虑一些与能源消耗关系密切并且直观上有线性关系的因素,初步选取以下因素为自变量,分析它们之间的关系。

社会从业人数(x1):就业人数的上升伴随着居民消费水平的提高,从而间接影响财政收入的增加。

在岗职工工资总额(x2):反映的是社会分配情况,主要影响财政收入中的个人所得税、房产税以及潜在消费能力。

社会消费品零售总额(x3):代表社会整体消费情况,是可支配收入在经济生活中的实现。当社会消费品零售总额增长时,表明社会消费意愿强烈,部分程度上会导致财政收入中增值税的增长;同时当消费增长时,也会引起经济系统中其他方面发生变动,最终导致财政收入的增长。

城镇居民人均可支配收入(x4):居民收入越高消费能力越强,同时意味着其工作积极性越高,创造出的财富越多,从而能带来财政收入的更快和持续增长。

城镇居民人均消费性支出(x5):居民在消费商品的过程中会产生各种税费,税费又是调节生产规模的手段之一。在商品经济发达的如今,居民消费得越多,对财政收入的贡献就越大。

年末总人口(x6):在地方经济发展水平既定的条件下,人均地方财政收入与地方人口数呈反比例变化。

全社会固定资产投资额(x7):是建造和购置固定资产的经济活动,即固定资产再生产活动。主要通过投资来促进经济增长,扩大税源,进而拉动财政税收收入整体增长。

地区生产总值(x8):表示地方经济发展水平。一般来讲,政府财政收入来源于即期的地区生产总值。在国家经济政策不变、社会秩序稳定的情况下，地方经济发展水平与地方财政收入之间存在着密切的相关性，越是经济发达的地区，其财政收入的规模就越大。

第一产业产值(x9)：取消农业税、实施三农政策，第一产业对财政收入的影响更小。

税收(x10)：由于其具有征收的强制性、无偿性和固定性特点，可以为政府履行其职能提供充足的资金来源。因此，各国都将其作为政府财政收入最重要的收入形式和来源。

居民消费价格指数(x11)：反映居民家庭购买的消费品及服务价格水平的变动情况，影响城乡居民的生活支出和国家的财政收入。

第三产业与第二产业产值比(x12)：表示产业结构。三次产业生产总值代表国民经济水平，是财政收入的主要影响因素，当产业结构逐步优化时，财政收入也会随之增加。

居民消费水平(x13)：在很大程度上受整体经济状况 GDP 的影响，从而间接影响地方财政收入。

(1) 描述分析

首先对已有数据进行描述性统计分析，获得对数据的整体性认识，表 13-3 给出了主要变量的描述性统计结果。由表可见，财政收入（y）的均值和标准差分别为 618.08 和 609.25，这说明：第一，广州市各年份财政收入存在较大差异；第二，2008 年后，广州市各年份财政收入大幅上升。

表 13-3　主要变量的描述性统计

变量	Min	Max	Mean	SD
x1	3 831 732.00	7 599 295.00	5 579 519.95	126 219.50
x2	181.54	2110.78	765.04	595.70
x3	448.19	6882.85	2370.83	1919.17
x4	7571.00	42 049.14	19 644.69	10 203.02
x5	6212.70	33 156.83	15 870.95	8199.77
x6	6 370 241.00	8 323 096.00	7 350 513.60	621 341.90
x7	525.71	4454.55	1712.24	1184.71
x8	985.31	15 420.14	5705.80	4478.40
x9	60.62	228.46	129.50	5.05
x10	65.66	852.56	340.22	251.58
x11	97.50	120.00	103.31	5.51
x12	1.03	1.91	1.42	2.53
x13	5321.00	41 972.00	17 273.80	11 109.19
y	64.87	2088.14	618.08	609.25

注：Min 为最小值，Max 为最大值，Mean 为均值，SD 为标准差。

代码清单 13-1 是原始数据概括性度量。

代码清单 13-1　原始数据概括性度量

```
##数据划分
##设置工作空间
#把"数据及程序"文件夹复制到 F 盘下,再用 setwd 设置工作空间
```

```
setwd("F:/数据及程序/chapter13/示例程序")
#读入数据
Data = read.csv("./data/data1.csv",header = T)[,2:15]
###数据概括性度量
Min = sapply(Data,min)          #最小值
Max = sapply(Data,max)          #最大值
Mean = sapply(Data,mean)        #均值
SD = sapply(Data,sd)            #方差
cbind(Min,Max,Mean,SD)
```

* 代码详见: 示例程序/code/gaikuo. R

（2）相关分析

相关系数可以用来描述定量变量之间的关系，初步判断因变量与解释变量之间是否具有线性相关性。表 13-4 是变量 Pearson 相关系数矩阵。

表 13-4 变量 Pearson 相关系数矩阵

	x1	x2	x3	x4	x5	x6	x7	x8	x9	x10	x11	x12	x13	y
x1	1.00	0.95	0.95	0.97	0.97	0.99	0.95	0.97	0.98	0.98	−0.29	0.94	0.96	0.94
x2	0.95	1.00	1.00	0.99	0.99	0.92	0.99	0.99	0.98	0.98	−0.13	0.89	1.00	0.98
x3	0.95	1.00	1.00	0.99	0.99	0.92	1.00	0.99	0.98	0.99	−0.15	0.89	1.00	0.99
x4	0.97	0.99	0.99	1.00	1.00	0.95	0.99	1.00	0.99	1.00	−0.19	0.91	1.00	0.99
x5	0.97	0.99	0.99	1.00	1.00	0.95	0.99	1.00	0.99	1.00	−0.18	0.90	0.99	0.99
x6	0.99	0.92	0.92	0.95	0.95	1.00	0.93	0.95	0.97	0.96	−0.34	0.95	0.94	0.91
x7	0.95	0.99	1.00	0.99	0.99	0.93	1.00	0.99	0.98	0.99	−0.15	0.89	1.00	0.99
x8	0.97	0.99	0.99	1.00	1.00	0.95	0.99	1.00	0.99	1.00	−0.15	0.90	1.00	0.99
x9	0.98	0.98	0.98	0.99	0.99	0.97	0.98	0.99	1.00	0.99	−0.23	0.91	0.99	0.98
x10	0.98	0.98	0.99	1.00	1.00	0.96	0.99	1.00	0.99	1.00	−0.17	0.90	0.99	0.99
x11	−0.29	−0.13	−0.15	−0.19	−0.18	−0.34	−0.15	−0.15	−0.23	−0.17	1.00	−0.43	−0.16	−0.12
x12	0.94	0.89	0.89	0.91	0.90	0.95	0.89	0.90	0.91	0.90	−0.43	1.00	0.90	0.87
x13	0.96	1.00	1.00	1.00	0.99	0.94	1.00	1.00	0.99	0.99	−0.16	0.90	1.00	0.99
y	0.94	0.98	0.99	0.99	0.99	0.91	0.99	0.99	0.98	0.99	−0.12	0.87	0.99	1.00

由表 13-4 可知，居民消费价格指数（x11）与财政收入的线性关系不显著，而且呈现负相关。其余变量均与财政收入呈现高度的正相关关系。原始数据求解 Pearson 相关系数如代码清单 13-2 所示。

代码清单 13-2 原始数据求解 Pearson 相关系数

```
##设置工作空间
#把"数据及程序"文件夹复制到 F 盘下,再用 setwd 设置工作空间
setwd("F:/数据及程序/chapter13/示例程序")
#读入数据
Data = read.csv("./data/data1.csv",header = T)[,2:15]
#pearson 相关系数,保留两位小数
round(cor(Data,method = c("pearson")),2)
```

* 代码详见: 示例程序/code/correlation. R

13.2.3　模型构建

1. Adaptive-Lasso 变量选择模型

运用 LARS 算法来解决公式（13-2）的 Adaptive-Lasso 估计，对于每给一个 γ，该算法会寻找一个最优的 λ_n。此处取 $\gamma = 1$，用 R 语言编制相应的程序后运行得到如下结果，如表 13-5 所示。

表 13-5　系数表

x1	x2	x3	x4	x5	x6	x7
− 0.0001	− 0.2309	0.1375	− 0.0401	0.0760	0.0000	0.3069
x8	x9	x10	x11	x12	x13	
0.0000	0.0000	0.0000	0.0000	0.0000	0.0000	

Adaptive-Lasso 变量选择如代码清单 13-3 所示。

代码清单 13-3　Adaptive-Lasso 变量选择

```
##设置工作空间
#把"数据及程序"文件夹复制到 F 盘下,再用 setwd 设置工作空间
setwd("F:/数据及程序/chapter13/示例程序")
#读入数据
Data = read.csv("./data/data1.csv",header = T)[,2:15]
#加载 adapt - lasso 源代码
source("./code/lasso.adapt.bic2.txt")
out1 <- lasso.adapt.bic2(x = Data[,1:13],y = Data$y)
#adapt - lasso 输出结果名称
names(out1)
#变量选择输出结果序号
out1$x.ind
#保留五位小数
round(out1$coeff,5)
#保存 adapt - lasso 模型
save(out,file = "./tmp/out1.RData")
```

* 代码详见：示例程序/code/adaptive-lasso1. R

由表 13-5 可以看出，年末总人口、地区生产总值、第一产业产值、税收、居民消费价格指数、第三产业与第二产业产值比以及居民消费水平等因素的系数为 0，即在模型建立的过程中这几个变量被剔除了。这是因为居民消费水平与城镇居民人均消费性支出存在明显的共线性，Adaptive-Lasso 方法在构建模型的过程中剔除了这个变量；由于广州存在流动人口与外来打工人口多的特性，年末总人口并不显著影响广州市财政收入；居民消费价格指数与财政收入的相关性太小以致可以忽略；由于农牧业各税在各项税收总额中所占比重过小，而且广州于 2005 年取消了农业税，因而第一产业对地方财政收入的贡献率极低；其他变量被剔除均有类似于上述的原因。这说明 Adaptive-Lasso 方法在构建模型时，能够剔除存在共线性关系的变量，同时体现了 Adaptive-Lasso 方法对多指标进行建模的优势。

综上所述，利用 Adaptive-Lasso 方法识别影响财政收入的关键影响因素是社会从业人数、

在岗职工工资总额、社会消费品零售总额、城镇居民人均可支配收入、城镇居民人均消费性支出以及全社会固定资产投资额。

2. 财政收入及各类别收入预测模型

(1) 广州市财政收入预测模型

对 Adaptive-Lasso 变量选择方法识别的影响财政收入的因素建立灰色预测与神经网络的组合预测模型，其参数设置为误差精度 10^{-7}，学习次数 10 000 次，神经元个数为 Lasso 变量选择方法选择的变量个数 6。社会从业人数 (x1)、在岗职工工资总额 (x2)、社会消费品零售总额 (x3)、城镇居民人均可支配收入 (x4)、城镇居民人均消费性支出 (x5)、全社会固定资产投资额 (x7) 指标的 2014 年及 2015 年数值通过 R 语言建立灰色预测模型得出，预测精度等级如表 13-6 所示，灰色预测模型有很好的效果。

表 13-6　灰色预测模型地方财政收入相关因素精度表

变　　量	x1	x2	x3	x4	x5	x7
2014 年预测值	8 142 148	2239.295	7042.313	43611.84	35046.63	4600.405
预测精度等级	好	好	好	好	好	好

地方财政收入灰色预测如代码清单 13-4 所示。

代码清单 13-4　地方财政收入灰色预测

```
##设置工作空间
#把"数据及程序"文件夹复制到 F 盘下,再用 setwd 设置工作空间
setwd("F:/数据及程序/chapter13/示例程序")
#读入数据
Data = read.csv("./data/data1.csv",header = T)
#加载 GM(1,1) 源文件
source("./code /gm11.txt")
gm11(x1/10000,length(x1/10000)+2)
gm11(x2,length(x2)+2)
gm11(x3,length(x3)+2)
gm11(x4,length(x4)+2)
gm11(x5,length(x5)+2)
gm11(x7,length(x7)+2)
```

*代码详见：示例程序/code/huise1.R

代入地方财政收入所建立的神经网络预测模型，得到广州市财政收入 2015 年的预测值为 2725.22 亿元，相关数据如表 13-7 所示，其中加粗字体的数据为预测数据。图 13-2 为神经网络地方财政收入真实值与预测值对比图。

表 13-7　地方财政收入及其相关因素历史数据和预测表

年　　份	x1	x2	x3	x4	x5	x7	y
1994	3 831 732	181.54	448.19	7571	6212.7	525.71	64.87
1995	3 913 824	214.63	549.97	9038.16	7601.73	618.25	99.75
1996	3 928 907	239.56	686.44	9905.31	8092.82	638.94	88.11

（续）

年　　份	x1	x2	x3	x4	x5	x7	y
1997	4 282 130	261. 58	802. 59	10 444. 6	8767. 98	656. 58	106. 07
1998	4 453 911	283. 14	904. 57	11 255. 7	9422. 33	758. 83	137. 32
1999	4 548 852	308. 58	1000. 69	12 018. 52	9751. 44	878. 26	188. 14
2000	4 962 579	348. 09	1121. 13	13 966. 53	11 349. 47	923. 67	219. 91
2001	5 029 338	387. 81	1248. 29	14 694	11 467. 35	978. 21	271. 91
2002	5 070 216	453. 49	1370. 68	13 380. 47	10 671. 78	1009. 24	269. 1
2003	5 210 706	533. 55	1494. 27	15 002. 59	11 570. 58	1175. 17	300. 55
2004	5 407 087	598. 33	1677. 77	16 884. 16	13 120. 83	1348. 93	338. 45
2005	5 744 550	665. 32	1905. 84	18 287. 24	14 468. 24	1519. 16	408. 86
2006	5 994 973	738. 97	2199. 14	19 850. 66	15 444. 93	1696. 38	476. 72
2007	6 236 312	877. 07	2624. 24	22 469. 22	18 951. 32	1863. 34	838. 99
2008	6 529 045	1005. 37	3187. 39	25 316. 72	20 835. 95	2105. 54	843. 14
2009	6 791 495	1118. 03	3615. 77	27 609. 59	22 820. 89	2659. 85	1107. 67
2010	7 110 695	1304. 48	4476. 38	30 658. 49	25 011. 61	3263. 57	1399. 16
2011	7 431 755	1700. 87	5243. 03	34 438. 08	28 209. 74	3412. 21	1535. 14
2012	7 512 997	1969. 51	5977. 27	38 053. 52	30 490. 44	3758. 39	1579. 68
2013	7 599 295	2110. 78	6882. 85	42 049. 14	33 156. 83	4454. 55	2088. 14
2014	**8 142 148**	**2239. 295**	**7042. 31**	**43611. 84**	**35 046. 63**	**4600. 41**	**2453. 9**
2015	**8 460 489**	**2581. 142**	**8166. 92**	**47792. 22**	**38 384. 22**	**5214. 78**	**2725. 22**

* 数据详见：示例程序/data/revenue. csv

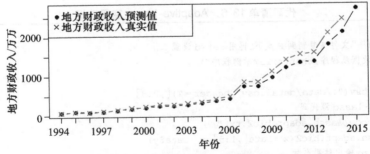

图 13-2　地方财政收入真实值与预测值对比图

地方财政收入神经网络预测模型如代码清单 13-5 所示。

代码清单 13-5　地方财政收入神经网络预测模型

```
##设置工作空间
library(nnet)
setwd("F:/数据及程序/chapter13/示例程序")
#读入数据
Data = read.csv("./data/revenue.csv",header = F)
asData = scale(Data)
colnames(asData) <- c("x1","x2","x3","x4","x5","x7","y") #每列列名
nn <- nnet(y ~ .,asData[1:21,],size = 6,decay = 0.00000001,maxit = 10000,linout = T,trace = T)
```

```
predict <- predict(nn,asData[,1:6])
predict = predict*sd(Data[1:21,7])+mean(Data[1:21,7])
a =1994:2015
#画出序列预测值、真实值图像
plot(predict,col ='red',type ='b',pch =16,xlab ='年份',ylab ='地方财政收入 / 万元',xaxt ="n")
points(Data[1:21,7],col ='blue',type ='b',pch =4)
legend('topleft',c('地方财政收入预测值','地方财政收入真实值'),pch =c(16,4),col =c
    ('red','blue'))
axis(1,at =1:22,labels =a)
```

*代码详见：示例程序/code/yuce1. R

（2）增值税预测模型

利用 Adaptive-Lasso 方法进行增值税影响因素的变量选择，通过表 13-8 可以看出，商品进口总值（x1）、工业增加值（x3）和工业增加值占 GDP 比重（x5）这三个因素进入选择，其他因素的系数为 0。因为根据工业增加值及其占 GDP 比重可以算出地区生产总值，所以 Adaptive-Lasso 方法在构建模型的过程中剔除了地区生产总值这个变量；由于批发零售业对增值税的贡献率较低，所以该因素也被剔除。

表 13-8　系数表

x1	x2	x3	x4	x5
− 1365. 173 46	0. 000 00	0. 060 98	0. 000 00	− 447 747. 889 28

Adaptive-Lasso 变量选择如代码清单 13-6 所示。

代码清单 13-6　Adaptive-Lasso 变量选择

```
##设置工作空间
#把"数据及程序"文件夹复制到 F 盘下,再用 setwd 设置工作空间
setwd("F:/数据及程序/chapter13/示例程序")
#读入数据
Data = read.csv("./data/data2.csv",header =T)[,2:8]
#加载 adapt - lasso 源代码
source("./code/lasso.adapt.bic2.txt")
out2 <- lasso.adapt.bic2(x =Data[,1:5],y =Data$y)
#adapt - lasso 输出结果名称
names(out2)
#变量选择输出结果序号
out2$x.ind
#保留五位小数
round(out2$coeff,5)
#保存 adapt - lasso 模型
save(out2,file ="./tmp/out2.RData")
```

*代码详见：示例程序/code/adaptive-lasso2. R

对 Adaptive-Lasso 变量选择方法识别的影响增值税的因素建立神经网络预测模型，其参数设置为误差精度 10^{-7}，学习次数 10 000 次，神经元个数为 Lasso 变量选择方法选择的变量个数 3。商品进口总值（x1）、工业增加值（x3）和工业增加值占 GDP 比重（x5）指标的 2014 年

及 2015 年数值通过 R 语言建立灰色预测模型得出，后验差比值、预测精度等级如表 13-9 所示，灰色预测模型有较好的效果。

表 13-9　灰色预测模型增值税相关因素精度表

变　　量	x1	x3	x5
后验差比值	0.1853（<0.35）	0.0807	0.5067（[0.5，0.65]）
预测精度等级	好	好	勉强合格

增值税灰色预测如代码清单 13-7 所示。

代码清单 13-7　增值税灰色预测

```
##设置工作空间
#把"数据及程序"文件夹复制到 F 盘下,再用 setwd 设置工作空间
setwd("F:/数据及程序/chapter13/示例程序")
#读入数据
Data = read.csv("./data/data2.csv",header = T)
#加载 GM(1,1)源文件
source("./code /gm11.txt")
gm11(x1,length(x1)+2)
gm11(x3/10000,length(x3/10000)+2)
gm11(x5,length(x5)+2)
```

* 代码详见：示例程序/code/huise2. R

代入增值税所建立的神经网络预测模型，得到增值税的 2015 年预测值为 2 648 364 万元，相关数据如表 13-10 所示，其中加粗字体的数据为预测数据。图 13-3 为神经网络增值税真实值与预测值对比图。

表 13-10　增值税及其相关因素历史数据和预测表

年份	x1	x3	x5	增值税/万元
1999	93. 18	7 980 207	0.373051	288 972
2000	115. 6	8 779 835	0.352216	350 495
2001	114. 13	9 554 676	0.336237	443 213
2002	141. 49	10 509 450	0.328014	526 377
2003	180. 52	13 141 254	0.34963	581 898
2004	233. 14	15 941 538	0.358193	528 365
2005	268. 07	18 439 550	0.357756	816 119
2006	313. 85	22 270 093	0.366172	967 265
2007	355. 91	26 029 310	0.36454	1 115 007
2008	389. 47	29 724 781	0.358675	1 287 226
2009	392. 82	31 173 422	0.341133	1 375 085
2010	553. 89	36 449 611	0.33912	1 594 182
2011	596. 94	41 405 926	0.333289	1 573 830
2012	582. 52	42 641 557	0.31467	1 758 311
2013	560. 89	47 548 175	0.308351	2 216 017
2014	**767. 59**	**58 163 230**	**0. 329 009 9**	**2 447 292**
2015	**862. 30**	**65 803 730**	**0. 327 144 6**	**2 648 364**

* 数据详见：示例程序/data/VAT. csv

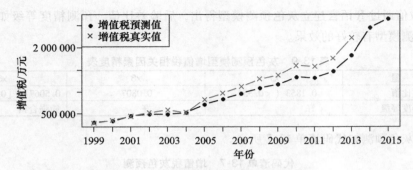

图 13-3　增值税真实值与预测值对比图

增值税神经网络预测模型如代码清单 13-8 所示。

代码清单 13-8　增值税神经网络预测模型

```
##设置工作空间
library(nnet)
setwd("F:/数据及程序/chapter13/示例程序")
#读入数据
Data = read.csv("./data/VAT.csv",header = F)
asData = scale(Data)
colnames(asData) <- c("x1","x3","x5","y") #每列列名
nn <- nnet(y ~ .,asData[1:15,],size = 3,decay = 0.00001,maxit = 10000,linout = T,trace = T)
predict <- predict(nn,asData[,1:3],type = "raw")
predict = predict* sd(Data[1:15,4])+mean(Data[1:15,4])
a = 1999:2015
#画出序列预测值、真实值图像
plot(predict,col = 'red',type = 'b',pch = 16,xlab = '年份',ylab = '增值税 / 万元',xaxt = "n")
points(Data[1:15,4],col = 'blue',type = 'b',pch = 4)
legend('topleft',c('增值税预测值','增值税真实值'),pch = c(16,4),col = c('red','blue'))
axis(1,at = 1:17,labels = a)
```

* 代码详见：示例程序/code/yuce2. R

（3）营业税预测模型

利用 Adaptive-Lasso 方法进行营业税影响因素的变量选择，通过表 13-11 可以看出，全社会固定资产投资额（x3）、城市商品零售价格指数（1978 年为基准 100）（x4）、规模以上国有及国有控股工业企业亏损面（x6）和建筑业企业利润总额（x8）这四个因素进入选择，其他因素的系数为 0。

表 13-11　系数表

x1	x2	x3	x4	x5
0. 000 00	− 0. 000 00	0. 141 97	0. 053 83	0. 000 00
x6	x7	x8	x9	x10
− 0. 185 23	0. 000 00	− 0. 141 07	0. 000 00	0. 000 00

Adaptive-Lasso 变量选择如代码清单 13-9 所示。

代码清单 13-9 Adaptive-Lasso 变量选择

```
##设置工作空间
#把"数据及程序"文件夹复制到 F 盘下,再用 setwd 设置工作空间
setwd("F:/数据及程序/chapter13/示例程序")
#读入数据
Data = read.csv("./data/data3.csv",header = T)
#加载 adapt - lasso 源代码
source("./code/lasso.adapt.bic2.txt")
out3 <- lasso.adapt.bic2(x = Data[,1:10],y = Data$y)
#adapt - lasso 输出结果名称
names(out3)
#变量选择输出结果序号
out3$x.ind
#保留五位小数
round(out3$coeff,5)
#保存 adapt - lasso 模型
save(out3,file = "./tmp/out3.RData")
```

* 代码详见:示例程序/code/adaptive-lasso3. R

对 Adaptive-Lasso 变量选择方法识别的影响营业税的因素建立神经网络预测模型,其参数设置为误差精度 10^{-7},学习次数 10 000 次,神经元个数为 Lasso 变量选择方法选择的变量个数 3。变量选择的指标的 2014 年及 2015 年数值通过 R 语言建立灰色预测模型得出,后验差比值、预测精度等级如表 13-12 所示,灰色预测模型有很好的效果。

表 13-12 灰色预测模型营业税相关因素精度表

变 量	x3	x4	x6	x8
后验差比值	0. 1153	0. 0179	0. 1566	0. 0719
预测精度等级	好	好	好	好

营业税灰色预测如代码清单 13-10 所示。

代码清单 13-10 营业税灰色预测

```
##设置工作空间
#把"数据及程序"文件夹复制到 F 盘下,再用 setwd 设置工作空间
setwd("F:/数据及程序/chapter13/示例程序")
#读入数据
Data = read.csv("./data/data3.csv",header = T)
#加载 GM(1,1)源文件
source("./code/gm11.txt")
gm11(x3/10000,length(x3/10000)+2)
gm11(x4/10000,length(x4/10000)+2)
gm11(x6/10000,length(x6/10000)+2)
gm11(x8/10000,length(x8/10000)+2)
```

* 代码详见:示例程序/code/huise3. R

代入营业税所建立的神经网络预测模型，得到营业税的 2015 年预测值为 2 219 277 万元，相关数据如表 13-13 所示，其中加粗字体的数据为预测数据。图 13-4 为神经网络营业税真实值与预测值对比图。

表 13-13　营业税及其相关因素历史数据和预测表

年份	x3	x4	x6	x8	营业税/万元
1999	1 330 484	11 152 545	2 878 473	2 470 523	433 360
2000	1 436 406	13 767 475	3 250 326	2 561 326	479 698
2001	1 568 267	16 320 762	3 316 894	3 403 870	540 075
2002	1 603 966	18 895 479	3 457 617	3 733 922	613 161
2003	1 718 007	21 627 825	3 522 168	4 785 787	650 119
2004	1 939 100	25 453 413	3 712 961	5 459 314	793 520
2005	2 012 633	29 787 941	3 777 003	6 331 382	892 678
2006	2 145 067	35 118 425	3 783 416	6 870 406	1 027 971
2007	2 228 495	41 646 681	5 041 090	7 507 109	1 235 374
2008	2 553 936	48 903 250	5 398 216	8 754 491	1 279 793
2009	2 878 166	55 607 710	5 246 903	10 134 050	1 516 049
2010	3 573 047	65 574 525	5 727 122	12 805 288	1 777 343
2011	4 363 837	76 419 207	8 116 313	15 613 171	1 625 593
2012	4 564 947	86 167 948	8 626 775	17 417 072	1 747 616
2013	4 725 256	99 643 373	9 969 708	21 828 895	1 623 520
2014	**5 319 885**	**118 049 300**	**10 017 410**	**23 746 700**	**2 107 206**
2015	**5 919 520**	**137 165 300**	**11 096 340**	**27 870 540**	**2 219 277**

* 数据详见：示例程序/data/sales_tax.csv

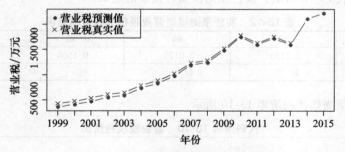

图 13-4　营业税真实值与预测值对比图

营业税神经网络预测模型如代码清单 13-11 所示。

代码清单 13-11　营业税神经网络预测模型

```
##设置工作空间
library(nnet)
setwd("F:/数据及程序/chapter13/示例程序")
#读入数据
Data = read.csv("./data/sales_tax.csv",header = F)
asData = scale(Data)
colnames(asData) <- c("x3","x4","x6","x8","y") #每列列名
```

```
nn <- nnet(y ~ .,asData[1:15,],size = 6,decay = 0.00001,maxit = 2000,linout = T,trace = T)
predict <- predict(nn,asData[,1:4],type = "raw")
predict = predict*sd(Data[1:15,5]) + mean(Data[1:15,5])
a = 1999:2015
#画出序列预测值、真实值图像
plot(predict,col = 'red',type = 'b',pch = 16,xlab = '年份',ylab = '营业税 / 万元',xaxt = "n")
points(Data[1:15,5],col = 'blue',type = 'b',pch = 4)
legend('topleft',c('营业税预测值','营业税真实值'),pch = c(16,4),col = c('red','blue'))
axis(1,at = 1:17,labels = a)
```

* 代码详见：示例程序/code/yuce3. R

（4）企业所得税预测模型

利用 Adaptive-Lasso 方法进行企业所得税影响因素的变量选择，通过表 13-14 可以看出，规模以上工业企业盈亏相抵后的利润总额 x5 和建筑业企业利润总额 x8 这两个因素的系数为 0。因为建筑业企业利润总额与建筑业总产值存在线性关系，所以该变量被剔除。第二产业增加值（x1）、第三产业增加值（x2）、全社会固定资产投资额（x3）、城市商品零售价格指数（1978 年为基准 100）（x4）、规模以上国有及国有控股工业企业亏损面（x6）、建筑业总产值（x7）、限额以上连锁店（公司）零售额（x9）、地方财政总收入（x10）8 个变量被选入影响企业所得税（y）的因素中。

表 13-14　系数表

x1	x2	x3	x4	x5
0. 014 74	− 0. 007 53	− 0. 006 07	3507. 633 91	0. 000 00
x6	x7	x8	x9	x10
− 8893. 78 600	0. 020 10	0. 000 00	0. 007 12	0. 005 26

Adaptive-Lasso 变量选择如代码清单 13-12 所示。

代码清单 13-12　Adaptive-Lasso 变量选择

```
##设置工作空间
#把"数据及程序"文件夹复制到 F 盘下,再用 setwd 设置工作空间
setwd("F:/数据及程序/chapter13/示例程序")
##读入数据
Data = read.csv("./data/data4.csv",header = T)
#加载 adapt - lasso 源代码
source("./code/lasso.adapt.bic2.txt")
out4 <- lasso.adapt.bic2(x = Data[,1:10],y = Data$y)
#adapt - lasso 输出结果名称
names(out4)
#变量选择输出结果序号
out4$x.ind
#保留五位小数
round(out4$coeff,5)
#保存 adapt - lasso 模型
save(out4,file = "./tmp/out4.RData")
```

* 代码详见：示例程序/code/adaptive-lasso4. R

对 Adaptive-Lasso 变量选择方法识别的影响企业所得税的因素建立神经网络预测模型，其参数设置为误差精度 10^{-7}，学习次数 10 000 次，神经元个数为 Lasso 变量选择方法选择的变量个数 8。变量选择的指标的 2014 年及 2015 年数值通过 R 语言建立灰色预测模型得出，后验差比值、预测精度等级如表 13-15 所示，灰色预测模型有很好的效果。

表 13-15　灰色预测模型企业所得税相关因素精度表

变　量	x1	x2	x3	x4	x6	x7	x9	x10
后验差比值	0.0696	0.0179	0.0743	0.2294	0.3182	0.0719	0.2904	0.1038
预测精度等级	好	好	好	好	好	好	好	好

企业所得税灰色预测如代码清单 13-13 所示。

代码清单 13-13　企业所得税灰色预测

```
##设置工作空间
#把"数据及程序"文件夹复制到 F 盘下,再用 setwd 设置工作空间
setwd("F:/数据及程序/chapter13/示例程序")
#读入数据
Data = read.csv("./data/data4.csv",header = T)
#加载 GM(1,1)源文件
source("./code/gm11.txt")
gm11(x1/10000,length(x1/10000)+2)
gm11(x2/10000,length(x2/10000)+2)
gm11(x3/10000,length(x3/10000)+2)
gm11(x4/10000,length(x4/10000)+2)
gm11(x6,length(x6)+2)
gm11(x7/10000,length(x7/10000)+2)
gm11(x9/10000,length(x9/10000)+2)
gm11(x10/10000,length(x10/10000)+2)
```

* 代码详见：示例程序/code/huise4. R

代入企业所得税所建立的神经网络预测模型，得到企业所得税的 2015 年预测值为 1 231 302 万元，相关数据如表 13-16 所示，其中加粗字体的数据为预测数据。图 13-5 为神经网络企业所得税真实值与预测值对比图。

表 13-16　企业所得税及其相关因素历史数据和预测表

年份	x1	x2	x3	x4	x6	x7	x9	x10	y/万元
2002	12 113 416	18 895 479	10 092 421	559.6	31.99	3 733 922	1 053 156	2 690 984	236 416
2003	14 859 261	21 627 825	11 751 668	554.5	29.87	4 785 787	1 154 425	3 005 475	268 360
2004	17 880 638	25 453 413	13 489 283	566.1	30.69	5 459 314	1 434 440	3 384 477	326 556
2005	20 452 183	29 787 941	15 191 582	575.2	31.63	6 331 382	3 621 757	4 088 545	373 397
2006	24 415 160	35 118 425	16 963 824	582.1	28.95	6 870 406	4 196 301	4 767 231	455 820
2007	28 257 805	41 646 681	18 633 437	599	24.88	7 507 109	7 068 265	8 389 925	596 693
2008	32 278 717	48 903 250	21 055 373	633.1	30.85	8 754 491	17 829 885	8 431 405	756 412

（续）

年份	x1	x2	x3	x4	x6	x7	x9	x10	y/万元
2009	34 051 588	55 607 710	26 598 516	612.8	23.16	10 134 050	17 019 222	11 076 649	732 282
2010	40 022 658	65 574 525	32 635 731	632.4	20.42	12 805 288	26 192 835	13 991 612	935 248
2011	45 769 763	76 419 207	34 122 005	664.7	22.55	15 613 171	21 639 131	15 351 387	1 061 594
2012	47 206 504	86 167 948	37 583 868	677.3	20.9	17 417 072	21 396 742	15 796 804	1 075 045
2013	52 273 431	99 643 373	44 545 508	680.7	19.7	21 828 895	22 659 148	20 881 374	1 155 923
2014	63 377 150	118 049 300	49 881 480	681.3904	19.500 26	23 746 700	38 486 970	25 899 680	1 195 475
2015	71 600 540	137 165 300	56 932 590	692.1273	18.65 565	27 870 540	45 686 090	30 994 690	1 231 302

* 数据详见：示例程序/data/enterprise_income.csv

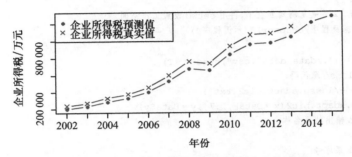

图 13-5　企业所得税真实值与预测值对比图

企业所得税神经网络预测模型如代码清单 13-14 所示。

代码清单 13-14　企业所得税神经网络预测模型

```
##设置工作空间
library(nnet)
setwd("F:/数据及程序/chapter13/示例程序")
#读入数据
Data = read.csv("./data/enterprise_income.csv",header = F)
asData = scale(Data)
colnames(asData) <- c("x1","x2","x3","x4","x6","x7","x9","x10","y") #每列列名
nn <- nnet(y ~ .,asData[1:12,],size = 6,decay = 0.00001,maxit = 2000,linout = T,trace = T)
predict <- predict(nn,asData[,1:8],type = "raw")
predict = predict*sd(Data[1:12,9]) + mean(Data[1:12,9])
a = 2002:2015
#画出序列预测值、真实值图像
plot(predict,col = 'red',type = 'b',pch = 16,xlab = '年份',ylab = '企业所得税 / 万元',xaxt = "n")
points(Data[1:12,9],col = 'blue',type = 'b',pch = 4)
legend('topleft',c('企业所得税预测值','企业所得税真实值'),pch = c(16,4),col = c('red',
    'blue'))
axis(1,at = 1:14,labels = a)
```

* 代码详见：示例程序/code/yuce4.R

（5）个人所得税预测模型

利用 Adaptive-Lasso 方法进行个人所得税（y）影响因素的变量选择，通过表 13-17 可以看出，城市居民年人均可支配收入（x1）、地区生产总值（x4）、第二产业增加值（x5）和地方

财政收入（x7）这四个因素进入选择，其他因素的系数为0。

表 13-17　系数表

x1	x2	x3	x4	x5	x6	x7
16. 983 45	0. 000 00	0. 000 00	− 0. 010 35	0. 017 59	0. 000 00	0. 024 17

Adaptive-Lasso 变量选择如代码清单 13-15 所示。

代码清单 13-15　Adaptive-Lasso 变量选择

```
##设置工作空间
#把"数据及程序"文件夹复制到 F 盘下,再用 setwd 设置工作空间
setwd("F:/数据及程序/chapter13/示例程序")
#读入数据
Data = read.csv("./data/data5.csv",header = T)
#加载 adapt - lasso 源代码
source("./code/lasso.adapt.bic2.txt")
out5 <- lasso.adapt.bic2(x = Data[,1:7],y = Data$y)
#adapt - lasso 输出结果名称
names(out5)
#变量选择输出结果序号
out5$x.ind
#保留五位小数
round(out5$coeff,5)
#保存 adapt - lasso 模型
save(out5,file = "./tmp/out5.RData")
```

* 代码详见：示例程序/code/adaptive-lasso5. R

对 Adaptive-Lasso 变量选择方法识别的影响个人所得税的因素建立神经网络预测模型，其参数设置为误差精度 10^{-7}，学习次数 10 000 次，神经元个数为 Lasso 变量选择方法选择的变量个数 4。变量选择的指标的 2014 年及 2015 年数值通过 R 语言建立灰色预测模型得出，后验差比值、预测精度等级如表 13-18 所示，灰色预测模型有很好的效果。

表 13-18　灰色预测模型个人所得税相关因素精度表

变　量	x1	x4	x5	x7
后验差比值	0. 0747	0. 0349	0. 0696	0. 1038
预测精度等级	好	好	好	好

个人所得税灰色预测如代码清单 13-16 所示。

代码清单 13-16　个人所得税灰色预测

```
##设置工作空间
#把"数据及程序"文件夹复制到 F 盘下,再用 setwd 设置工作空间
setwd("F:/数据及程序/chapter13/示例程序")
#读入数据
```

```
Data = read.csv("./data/data5.csv",header = T)
#加载 GM(1,1)源文件
source("./code/gm11.txt")
gm11(x1,length(x1) +2)
gm11(x4/10000,length(x4/10000) +2)
gm11(x5/10000,length(x5/10000) +2)
gm11(x7/10000,length(x7/10000) +2)
```

* 代码详见：示例程序/code/huise5. R

代入个人所得税所建立的神经网络预测模型，得到个人所得税的 2015 年预测值为400 352万元，相关数据如表 13-19 所示，其中加粗字体的数据为预测数据。图 13-6 为神经网络个人所得税真实值与预测值对比图。

表 13-19　个人所得税及其相关因素历史数据和预测表

年份	x1	x4	x5	x7	y/万元
1999	12 019	21 391 758	9 310 691	1 881 388	133 621
2000	13 967	24 927 434	10 216 241	2 199 077	185 625
2001	14 694	28 416 511	11 122 943	2 719 058	254 892
2002	13 380	32 039 616	12 113 416	2 690 984	159 684
2003	15 003	37 586 166	14 859 261	3 005 475	153 080
2004	16 884	44 505 503	17 880 638	3 384 477	167 379
2005	18 287	51 542 283	20 452 183	4 088 545	198 017
2006	19 851	60 818 614	24 415 160	4 767 231	231 794
2007	22 469	71 403 223	28 257 805	8 389 925	295 316
2008	25 317	82 873 816	32 278 717	8 431 405	353 372
2009	27 610	91 382 135	34 051 588	11 076 649	389 824
2010	30 658	107 482 828	40 022 658	13 991 612	472 154
2011	34 438	124 234 390	45 769 763	15 351 387	462 098
2012	38 054	135 512 072	47 206 504	15 796 804	439 592
2013	42 049	154 201 434	52 273 431	20 881 374	489 777
2014	**45 375**	**183 601 900**	**63 377 150**	**24 539 000**	**410 068**
2015	**50 041**	**210 726 900**	**71 600 540**	**28 792 638**	**400 352**

* 数据详见：示例程序/data/Personal_Income. csv

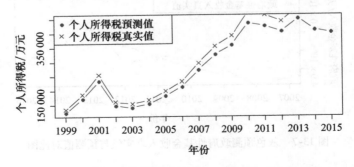

图 13-6　个人所得税真实值与预测值对比图

个人所得税神经网络预测模型如代码清单13-17所示。

代码清单13-17 个人所得税神经网络预测模型

```
##设置工作空间
library(nnet)
setwd("F:/数据及程序/chapter13/示例程序")
#读入数据
Data = read.csv("./data/Personal_Income.csv",header = F)
asData = scale(Data)
colnames(asData) <- c("x1","x4","x5","x7","y") #每列列名
nn <- nnet(y ~ .,asData[1:15,],size = 6,decay = 0.00001,maxit = 2000,linout = T,trace = T)
predict <- predict(nn,asData[,1:4],type = "raw")
predict = predict*sd(Data[1:15,5]) + mean(Data[1:15,5])
a = 1999:2015
#画出序列预测值、真实值图像
plot(predict,col = 'red',type = 'b',pch = 16,xlab = '年份',ylab = '个人所得税 / 万元',
    xaxt = "n")
points(Data[1:15,5],col = 'blue',type = 'b',pch = 4)
legend('topleft',c('个人所得税预测值','个人所得税真实值'),pch = c(16,4),col = c('red',
    'blue'))
axis(1,at = 1:17,labels = a)
```

*代码详见：示例程序/code/yuce5.R

（6）政府性基金收入预测模型

相比于2006年及以往年份，2007年的广州土地出让金大幅上涨，而土地出让金收入的大幅上涨直接影响了政府性基金收入。所以以了数据的连续性，本书利用灰色预测法对2007～2013年的政府性基金收入进行预测，灰色预测的后验差比值为0.3052，小于0.35，预测精度为好。

将数值代入计算，即可得到2014年政府性基金收入为10 595 746万元，2015年政府性基金收入为13 366 207万元，预测对比图如图13-7所示。

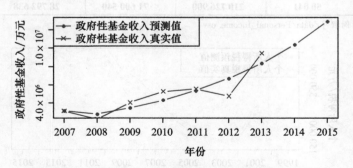

图13-7 灰色预测政府性基金收入真实值与预测值对比图

政府性基金收入灰色预测如代码清单13-18所示。

代码清单 13-18 政府性基金收入灰色预测

```
#导入数据
y=c(3152063,2213050,4050122,5265142 ,5556619,4772843, 9463330)
#加载 GM(1,1)源文件
source("./code/gm.txt")
gm11(y,length(y)+2)
```

* 代码详见：示例程序/code/huise6. R

13.3 上机实验

1. 实验目的

☐ 掌握 Adaptive-Lasso 变量选择和神经网络预测模型。

2. 实验内容

☐ 对搜集的广州市地方财政收入以及各类别收入数据，分析识别影响地方财政收入的关键特征，数据见"上机实验/data/data1—data5. csv"。使用 Adaptive-Lasso 变量选择方法筛选出地方财政收入以及各类别收入的关键影响因素。

☐ 用 GM（1，1）灰色预测方法得到筛选出的关键影响因素的 2014 年及 2015 年的预测值。

☐ 代入用历史数据训练的神经网络模型，从而对得到广州市地方财政收入以及各类别收入 2014 年及 2015 年的预测值。

3. 实验方法与步骤

1）把经过预处理的"上机实验/data/ data1. csv"数据使用 read. csv 函数读入当前工作空间。

2）使用 Adaptive-Lasso 函数"上机实验/code/ adaptive-lasso1. R"对预处理的数据"data1—data5. csv"进行变量选择。

3）使用 GM(1，1) 灰色预测方法"上机实验/code/ huise1. R"得到筛选出的关键影响因素的 2014 年及 2015 年的预测值。

4）使用神经网络对广州市地方财政收入进行预测。同理，可把文件名后缀 2 到 4 的数据和代码执行一遍，对各类别收入进行预测。

4. 思考与实验总结

1）尝试其他的变量选择方法？

2）尝试采用岭回归方法进行变量选择与 Lasso 做比较，尝试更复杂的神经网络模型进行预测。

13.4 拓展思考

由于电力工业与一般的其他产业不同，其产品即电能无法大量储存，电力的生产和消费必须在同一瞬间进行，因此电力负荷预测成了电力系统运行调度、生产规划、电力市场竞价决策的重要组成部分。做好电力负荷预测管理工作可以有效降低电网公司运行成本和提高电力设备运行效率，其预测精度不仅影响到电网安全可靠供电，而且直接影响到电网经营企业的生产经营决策及经营效益。随着电力改革的深化、电力市场的开放，进一步提高短期负荷预测管理水平愈显得重要和迫切。电网结构示意图如图 13-8 所示。

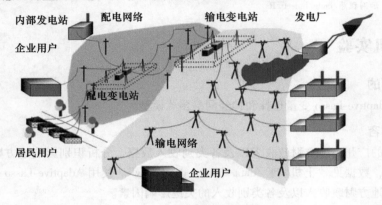

图 13-8 电网结构示意图

目前，国内外的预测应用软件大多基于特定的少数几种模型，而选择模型单一造成的后果是：预测结果往往只对某种发展规律有效，当事物发展规律改变时，如果仍然采用原有的单一模型，就会造成预测结果偏差过大，从而失去了预测的实际意义。尤其是对于使用系统的各个供电公司，由于发展水平不同，用电结构不同，负荷特性差异很大，特定的某种预测方法将很难在各地都发挥出良好的效果。另外，在电力市场环境下，影响电力发展的因素非常多，包括经济发展、能源消费、气象条件等众多影响因素，加之不同系统间数据共享性差，很难考虑相关因素的影响等，导致目前基于用电的电力负荷预测效果不甚理想。基于用电数据如何进行有效的电力负荷预测，为供电部门进行安全监视、预防性控制和紧急状态处理提供依据？

13.5 小结

本章结合广州市地方财政收入以及各类别收入分析和预测的案例，重点介绍了数据挖掘算法中 Adaptive-Lasso 方法和神经网络算法在实际案例中的应用。重点研究影响广州市地方财政收入的关键因素，并在这些关键影响因素的基础上采用神经网络算法对 2015 年各类别收入进行预测，并详细地描述了数据挖掘的整个过程，也对其相应的算法提供了 R 语言上机实验。

第 14 章 *Chapter 14*

基于基站定位数据的商圈分析

14.1 背景与挖掘目标

随着当今个人手机终端的普及，出行群体中手机拥有率和使用率已达到相当高的比例，手机移动网络也基本实现了城乡空间区域的全覆盖。根据手机信号在真实地理空间上的覆盖情况，将手机用户时间序列的手机定位数据，映射至现实的地理空间位置，即可完整、客观地还原出手机用户的现实活动轨迹，从而挖掘得到人口空间分布与活动联系特征信息。移动通信网络的信号覆盖从逻辑上被设计成由若干六边形的基站小区相互邻接而构成的蜂窝网络面状服务区，如图 14-1 所示，手机终端总是与其中某一个基站小区保持联系，移动通信网络的控制中心会定期或不定期地主动或被动地记录每个手机终端时间序列的基站小区编号信息。

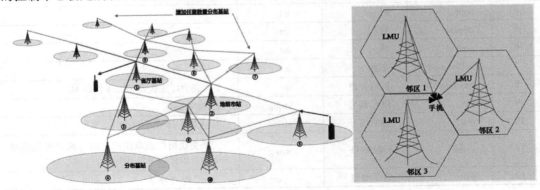

图 14-1　某市移动基站分布图

　　商圈是现代市场中企业市场活动的空间,最初是站在商品和服务提供者的产地角度提出来的,后来逐渐扩展到商圈同时也是商品和服务享用者的区域。商圈划分的目的之一是研究潜在顾客的分布以制定适宜的商业对策。

　　从某通信运营商提供的特定接口解析得到用户的定位数据,如表14-1所示,定位数据各属性如表14-2所示。定位数据是以基站小区进行标识,利用基站小区的覆盖范围作为商圈区域的划分,那如何对用户的历史定位数据进行科学的分析,归纳出商圈的人流特征和规律,识别出不同类别的商圈,选择合适的区域进行运营商的促销活动?

表14-1　某市某区域的定位数据示例

年	月	日	时	分	秒	毫秒	网络类型	LOC 编号	基站编号	EMASI 号	信令类型
2014	1	1	0	53	46	96	2	962947809921085	36902	55555	333789CA
2014	1	1	0	31	48	38	2	281335167708768	36908	55555	333333CA
2014	1	1	0	17	25	46	3	187655709192839	36911	55558	333477CA
2014	1	1	0	5	40	83	3	232648776184248	36908	55561	333381CA
2014	1	1	0	50	29	4	2	611763545227777	36906	55563	333405CA
2014	1	1	0	1	40	31	2	44710067012246	36909	55563	333717CA
2014	1	1	0	27	32	17	2	975579082112825	36912	55563	333981CA
2014	1	1	0	52	35	83	2	820798260690697	36906	55564	333861CA
2014	1	1	0	11	2	21	2	380420663155326	36910	55564	334149CA
2014	1	1	0	43	38	95	2	897743952380637	36903	55565	334053CA
2014	1	1	0	40	30	87	3	7775693027472	36910	55565	333453CA
2014	1	1	0	1	30	68	3	113404095624425	36911	55565	334125CA
2014	1	1	0	39	20	24	3	393808837659011	36905	55566	334077CA

表14-2　定位数据属性列表

序　号	属性编码	属性名称	数据类型	备　　注
1	year	年	int	
2	month	月	int	
3	day	日	int	
4	hour	时	int	
5	minute	分	int	
6	second	秒	int	
7	millisecond	毫秒	int	
8	generation	网络类型	int	2 代表 2G, 3 代表 3G, 4 代表 4G
9	loc	LOC 编号	string	15 位字符串
10	cell_id	基站编号	string	基站 ID, 15 位字符串
11	emasi	EMASI 号	string	需要关联用户表取用户号码(用户号码需要关联用户表得到用户 ID)
12	type	信令类型	string	小于 15 个字符

本次数据挖掘建模目标如下：

1）对用户的历史定位数据，采用数据挖掘技术，对基站进行分群；

2）对不同的商圈分群进行特征分析，比较不同商圈类别的价值，选择合适的区域进行运营商的促销活动。

14.2　分析方法与过程

手机用户在使用短信业务、通话业务、开关机、正常位置更新、周期位置更新和切入呼叫的时候均产生定位数据，定位数据记录手机用户所处基站的编号、时间和唯一标识用户的EMASI 号等。历史定位数据描绘了用户的活动模式，一个基站覆盖的区域可等价于商圈，通过归纳经过基站覆盖范围的人口特征，识别出不同类别的基站范围，即可等同地识别出不同类别的商圈。衡量区域的人口特征可从人流量和人均停留时间的角度进行分析，所以在归纳基站特征时可针对这两个特点进行提取。

由图 14-2 知，基于移动基站定位数据的商圈分析主要包括以下步骤：

1）从移动通信运营商提供的特定接口上解析、处理，并滤除用户属性后得到用户定位数据；

2）以单个用户为例，进行数据探索分析，研究在不同基站的停留时间，并进一步地进行预处理，包括数据规约和数据变换；

3）利用 2）形成的已完成数据预处理的建模数据，基于基站覆盖范围区域的人流特征进行商圈聚类，对各个商圈分群进行特征分析，选择合适的区域进行运营商的促销活动。

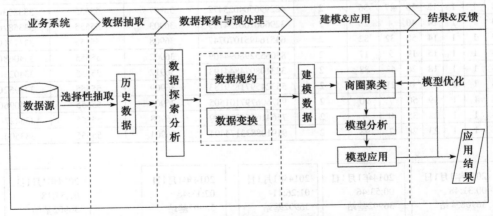

图 14-2　基于基站定位数据的商圈分析流程

14.2.1　数据抽取

从移动通信运营商提供的特定接口上解析、处理，并滤除用户属性后得到位置数据，以

2014 年 1 月 1 日为开始时间，2014 年 6 月 30 日为结束时间作为分析的观测窗口，抽取观测窗口内某市某区域的定位数据形成建模数据，部分数据如表 14-1 所示。

14.2.2 数据探索分析

为了便于观察数据，先提取 EMASI 号为 55555 的用户在 2014 年 1 月 1 日的定位数据，如表 14-3所示，可以发现用户在 2014 年 1 月 1 日 00:31:48 处于 36908 基站的范围，下一个记录是用户在 2014 年 1 月 1 日 00:53:46 处于 36902 基站的范围，这表明了用户从 00:31:48 到 00:53:46 都是处于 36908 基站，共停留了 21 分 58 秒，并且在 00:53:46 进入了 36902 基站的范围。再下一条记录是用户在 2014 年 1 月 1 日 01:26:11 处于 36902 基站的范围，这可能是由于用户在进行通话或者其他产生定位数据记录的业务，此时的基站编号未发生改变，用户依旧处于 36902 基站的范围，若要计算用户在 36902 基站范围停留的时间，则需要继续判断下一条记录，可以发现用户在 2014 年 1 月 1 日 02:13:46 处于 36907 基站的范围，故用户从 00:53:46 到 02:13:46 都是处于 36902 基站，共停留了 80 分。停留示意图如图 14-3 所示。

表 14-3　EMASI 号为 55555 的用户在 2014 年 1 月 1 日的位置数据

年	月	日	时	分	秒	毫秒	网络类型	LOC 编号	基站编号	EMASI 号	信令类型
2014	1	1	0	31	48	38	2	281335167708768	36908	55555	333333CA
2014	1	1	0	53	46	96	2	962947809921085	36902	55555	333789CA
2014	1	1	1	26	11	23	2	262095068434776	36902	55555	333334CA
2014	1	1	2	13	46	28	2	712890120478723	36907	55555	333551CA
2014	1	1	7	57	18	92	2	85044254500058	36902	55555	333796CA
2014	1	1	8	20	32	93	2	995208321887481	36903	55555	334109CA
2014	1	1	9	43	31	45	2	555114267094822	36908	55555	333798CA
2014	1	1	12	20	47	35	2	482996504023472	36907	55555	333393CA
2014	1	1	14	40	4	26	2	329606106134793	36903	55555	333587CA
2014	1	1	14	50	32	82	2	645164951070747	36908	55555	333731CA
2014	1	1	15	19	2	17	2	830855298094409	36902	55555	334068CA
2014	1	1	18	26	43	88	2	323108074844193	36912	55555	334023CA
2014	1	1	19	0	21	82	2	553245971859183	36909	55555	333952CA
2014	1	1	19	50	7	90	2	987606797101505	36906	55555	334096CA
2014	1	1	22	35	0	4	2	756416566337609	36908	55555	333427CA
2014	1	1	23	28	7	98	2	919108833174494	36904	55555	333500CA

图 14-3　停留示意图

14.2.3　数据预处理

1. 数据规约

原始数据的属性较多，但网络类型、LOC 编号和信令类型这三个属性对于挖掘目标没有用处，故剔除这三个冗余的属性。而衡量用户的停留时间，并不需要精确到毫秒级，故可把毫秒这一属性删除。

同时在计算用户的停留时间时，只计算两条记录的时间差，为了减少数据维度，把年、月和日合并记为日期，时、分和秒合并记为时间，则表 14-3 可处理得到表 14-4。

表 14-4　数据规约后数据

日　期	时　间	基站编号	EMASI 号
2014 年 1 月 1 日	00:31:48	36908	55555
2014 年 1 月 1 日	00:53:46	36902	55555
2014 年 1 月 1 日	01:26:11	36902	55555
2014 年 1 月 1 日	02:13:46	36907	55555
2014 年 1 月 1 日	07:57:18	36902	55555
2014 年 1 月 1 日	08:20:32	36903	55555
2014 年 1 月 1 日	09:43:31	36908	55555
2014 年 1 月 1 日	12:20:47	36907	55555
2014 年 1 月 1 日	14:40:04	36903	55555
2014 年 1 月 1 日	14:50:32	36908	55555
2014 年 1 月 1 日	15:19:02	36902	55555
2014 年 1 月 1 日	18:26:43	36912	55555
2014 年 1 月 1 日	19:00:21	36909	55555
2014 年 1 月 1 日	19:50:07	36906	55555
2014 年 1 月 1 日	22:35:00	36908	55555
2014 年 1 月 1 日	23:28:07	36904	55555

2. 数据变换

挖掘的目标是寻找出高价值的商圈，需要根据用户的定位数据提取出衡量基站覆盖范围区域的人流特征，如人均停留时间和人流量等，高价值的商圈具有人流量大、人均停留时间长的特点，但是在写字楼工作的上班族在白天所处的基站范围基本固定，停留时间也相对较长，同时晚上的住宅区的居民所处的基站范围基本固定，停留时间也相对较长，仅通过停留时间作为人流特征难以区分高价值商圈和写字楼与住宅区，所以提取出来的人流特征必须能较为明显地区别这些基站范围。下面设计工作日上班时间人均停留时间、凌晨人均停留时间、周末人均停留时间和日均人流量作为基站覆盖范围区域的人流特征。

工作日上班时间人均停留时间是所有用户在工作日上班时间处在该基站范围内的平均时间，居民一般的上班工作时间是在 9:00 ~ 18:00，所以工作日上班时间人均停留时间是计算所有用户在工作日 9:00 ~ 18:00 处在该基站范围内的平均时间。

凌晨人均停留时间是指所有用户在 00:00 ~ 07:00 处在该基站范围内的平均时间，一般居民在 00:00 ~ 07:00 都是在住处休息，利用这个指标则可以表征出住宅区基站的人流特征。

周末人均停留时间是指所有用户周末处在该基站范围内的平均时间，高价值商圈在周末的逛街人数和时间都会大幅增加，利用这个指标则可以表征出高价值商圈的人流特征。

日均人流量指平均每天曾经在该基站范围内的人数，日均人流量大说明经过该基站区域的人数多，利用这个指标则可以表征出高价值商圈的人流特征。

这四个指标的计算直接从原始数据计算比较复杂，需先处理成中间过程数据，再从中计算出这四个指标。

中间过程数据的计算以单个用户在一天里的定位数据为基础，计算在各个基站范围下的工作日上班时间停留时间、凌晨停留时间、周末停留时间和是否处于基站范围。假设原始数据所有用户在观测窗口期间（L 天）曾经经过的基站有 N 个，用户有 M 个，用户 i 在 j 天经过的基站有 num1、num2 和 num3，则用户 i 在 j 天在 num1 基站的工作日上班时间停留时间为 weekday_num1_{ij}，在 num2 基站的工作日上班时间停留时间为 weekday_num2_{ij}，在 num3 基站的工作日上班时间停留时间为 weekday_num3；在 num1 基站的凌晨停留时间为 night_num1_{ij}，在 num2 基站的凌晨停留时间为 night_num2_{ij}，在 num3 基站的凌晨停留时间为 night_num3_{ij}；在 num1 基站的周末停留时间为 weekend_num1_{ij}，在 num2 基站的周末停留时间为 weekend_num2_{ij}，在 num3 基站的周末停留时间为 weekend_num3；在 num1 基站是否停留为 stay_num1_{ij}，在 num2 基站是否停留为 stay_num2_{ij}，在 num3 基站是否停留为 stay_num3_{ij}，其中 stay_num1_{ij}、stay_num2_{ij} 和 stay_num3_{ij} 的值均为 1；对于未停留的其他基站，工作日上班时间停留时间、凌晨停留时间、周末停留时间和是否处于基站范围的值均为 0。

对于 num1 基站，四个基站覆盖范围区域的人流特征的计算公式如下：

❑ 工作日上班时间人均停留时间：$\text{weekday}_{num1} = \dfrac{1}{LM} \sum\limits_{j=1}^{L} \sum\limits_{i=1}^{M} \text{weekday} - \text{num1}_{ij}$

❑ 凌晨人均停留时间：$\text{night}_{num1} = \dfrac{1}{LM} \sum\limits_{j=1}^{L} \sum\limits_{i=1}^{M} \text{night} - \text{num1}_{ij}$

❑ 周末人均停留时间：$\text{weekend}_{num1} = \dfrac{1}{LM} \sum\limits_{j=1}^{L} \sum\limits_{i=1}^{M} \text{weekend} - \text{num1}_{ij}$

❑ 日均人流量：$\text{stay}_{num1} = \dfrac{1}{LM} \sum\limits_{j=1}^{L} \sum\limits_{i=1}^{M} \text{stay} - \text{num1}_{ij}$

对于其他基站，计算公式一致。

对采集到的数据，按基站覆盖范围区域的人流特征进行计算，得到各个基站的样本数据，数据如表 14-5 所示。

表 14-5　样本数据

基站编号	工作日上班时间人均停留时间	凌晨人均停留时间	周末人均停留时间	日均人流量
36902	78	521	602	2863
36903	144	600	521	2245
36904	95	457	468	1283
36905	69	596	695	1054
36906	190	527	691	2051
36907	101	403	470	2487
36908	146	413	435	2571
36909	123	572	633	1897
36910	115	575	667	933
36911	94	476	658	2352
36912	175	438	477	861
35138	176	477	491	2346
37337	106	478	688	1338
36181	160	493	533	2086
38231	164	567	539	2455
38015	96	538	636	960
38953	40	469	497	1059
35390	97	429	435	2741
36453	95	482	479	1913
36855	159	554	480	2515

* 数据详见：示例程序/data/business_circle. csv

　　但由于各个属性之间的差异较大，为了消除数量级数据带来的影响，在进行聚类前，需要进行离差标准化处理，离差标准化处理的 R 语言代码如代码清单 14-1 所示，离差后的数据文件存储在当前 standardized. csv 文件中。

代码清单 14-1　离差标准化

```
setwd("F:/数据及程序/chapter14/示例程序")
Data = read.csv("./data/business_circle.csv",header = T,encoding = 'utf-8')
colnames(Data) = c("number","x1","x2","x3","x4")
attach(Data)
y1 = (x1 - min(x1))/(max(x1) - min(x1))
y2 = (x2 - min(x2))/(max(x2) - min(x2))
y3 = (x3 - min(x3))/(max(x3) - min(x3))
y4 = (x4 - min(x4))/(max(x4) - min(x4))
standardized = data.frame(Data[,1],y1,y2,y3,y4)
write.csv(standardized,"./tmp/standardizedData.csv",row.names = TRUE)
```

* 代码详见：示例程序/code/standardization. R

标准化后的样本数据如表 14-6 所示。

表14-6　标准化后样本数据

基站编号	工作日上班时间人均停留时间	凌晨人均停留时间	周末人均停留时间	日均人流量
36902	0. 103 865	0. 856 364	0. 850 539	0. 169 153
36903	0. 263 285	1	0. 725 732	0. 118 21
36904	0. 144 928	0. 74	0. 644 068	0. 038 909
36905	0. 082 126	0. 992 727	0. 993 837	0. 020 031
36906	0. 374 396	0. 867 273	0. 987 673	0. 102 217
36907	0. 159 42	0. 641 818	0. 647 149	0. 138 158
36908	0. 268 116	0. 66	0. 593 22	0. 145 083
36909	0. 212 56	0. 949 091	0. 898 305	0. 089 523
36910	0. 193 237	0. 954 545	0. 950 693	0. 010 057
36911	0. 142 512	0. 774 545	0. 936 826	0. 127 03
36912	0. 338 164	0. 705 455	0. 657 935	0. 004 122
35138	0. 340 58	0. 776 364	0. 679 507	0. 126 535
37337	0. 171 498	0. 778 182	0. 983 051	0. 043 442
36181	0. 301 932	0. 805 455	0. 744 222	0. 105 103
38231	0. 311 594	0. 94	0. 753 467	0. 135 521
38015	0. 147 343	0. 887 273	0. 902 928	0. 012 283
38953	0. 012 077	0. 761 818	0. 688 752	0. 020 443
35390	0. 149 758	0. 689 091	0. 593 22	0. 159 097
36453	0. 144 928	0. 785 455	0. 661 017	0. 090 842
36855	0. 299 517	0. 916 364	0. 662 558	0. 140 467

＊数据详见：示例程序/data/standardized. csv

14. 2. 4　模型构建

1. 构建商圈聚类模型

数据经过预处理过后，形成建模数据。采用层次聚类算法对建模数据进行基于基站数据的商圈聚类，画出谱系聚类图，R语言代码如代码清单14-2所示，输入数据集为离差标准化后的数据。

代码清单14-2　谱系聚类图

```
setwd("F:/数据及程序/chapter14/示例程序")
Data = read.csv("./data/standardized.csv",header = F)
#colnames(Data) = c("x1","x2","x3","x4")
attach(Data)
dist = dist(Data,method = 'euclidean')
hc1 <- hclust(dist,"ward.D2")
plot(hc1,hang = -1)
```

＊代码详见：示例程序/code/hierarchical_clustering_pic

根据代码清单14-2，可以得到的谱系聚类图如图14-4所示。

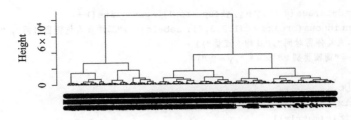

图 14-4 谱系聚类图

从图 14-4 可以看出，可把聚类类别数取 3 类，则 R 语言代码中取聚类类别数为 $k = 3$，输出结果 typeindex 为每个样本对应的类别号。

层次聚类算法如代码清单 14-3 所示。

代码清单 14-3 层次聚类算法

```
setwd("F:/数据及程序/chapter14/示例程序")
library(ggplot2)
Data = read.csv("./data/standardized.csv",header = F)
attach(Data)
dist = dist(Data,method = 'euclidean')
hc1 <- hclust(dist,"ward.D2")
plot(hc1)
#分成三类
re1 <- rect.hclust(hc1, k = 3)
a = re1[[2]]
b = re1[[3]]
c = re1[[1]]
#商圈类别 1
matrix = Data[a,]
d <- dim(matrix)
y <- as.numeric(t(matrix))
row <- factor(rep(1:d[1],each = d[2]))
x <- rep(1:d[2],times = d[1])
data <- data.frame(y = y,x = x,row = row)
ggplot(data = data,aes(x = x,y = y,group = row)) +
  geom_line() + scale_x_continuous(breaks = c(1,2,3,4), labels = c("工作日人均停留时间
  ", "凌晨人均停留时间","周末人均停留时间","日均人流量")) +
  labs(title = "商圈类别 1",x = " ",y = " ")
#商圈类别 2
matrix = Data[b,]
d <- dim(matrix)
y <- as.numeric(t(matrix))
row <- factor(rep(1:d[1],each = d[2]))
x <- rep(1:d[2],times = d[1])
data <- data.frame(y = y,x = x,row = row)
```

```
ggplot(data=data,aes(x=x,y=y,group=row))+geom_line()+
  scale_x_continuous(breaks=c(1,2,3,4), labels=c("工作日人均停留时间", "凌晨人均停留
    时间", "周末人均停留时间","日均人流量"))+
  labs(title="商圈类别2",x=" ",y=" ")
#商圈类别3
matrix=Data[c,]
d<-dim(matrix)
y<-as.numeric(t(matrix))
row<-factor(rep(1:d[1],each=d[2]))
x<-rep(1:d[2],times=d[1])
data<-data.frame(y=y,x=x,row=row)
ggplot(data=data,aes(x=x,y=y,group=row))+geom_line()+
  scale_x_continuous(breaks=c(1,2,3,4), labels=c("工作日人均停留时间", "凌晨人均停留
    时间", "周末人均停留时间","日均人流量"))+
  labs(title="商圈类别3",x=" ",y=" ")
```

* 代码详见：示例程序/code/hierarchical_clustering.R

2. 模型分析

针对聚类结果按不同类别画出 4 个特征的折线图，如图 14-5 ~ 图 14-7 所示。对于商圈类别 1，这部分基站覆盖范围的工作日人均停留时间较长，同时凌晨人均停留时间、周末人均停留时间相对较短，该类别基站覆盖的区域类似于白领上班族的工作区域。对于商圈类别 2，日均人流量较大，同时工作日人均停留时间、凌晨人均停留时间和周末人均停留时间相对较短，该类别基站覆盖的区域类似于商业区。对于商圈类别 3，凌晨人均停留时间和周末人均停留时间相对较长，而工作日人均停留时间较短，日均人流量较少，该类别基站覆盖的区域类似于住宅区。

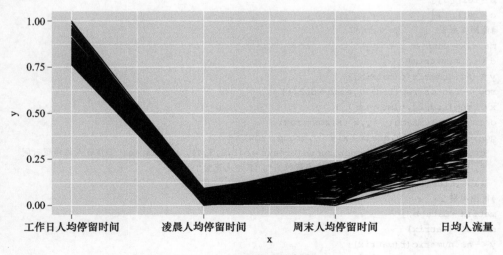

图 14-5　商圈类别 1 折线图

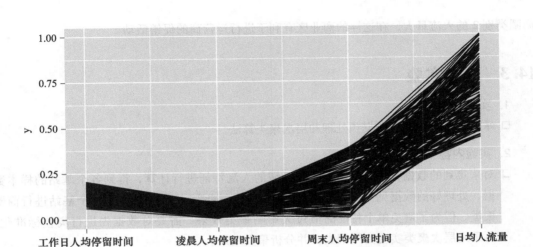

图 14-6 商圈类别 2 折线图

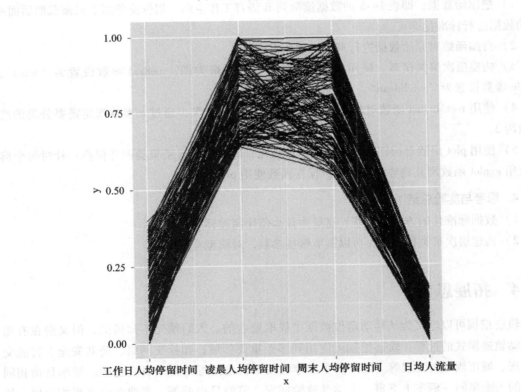

图 14-7 商圈类别 3 折线图

商圈类别 3 的人流量较少，商圈类别 1 的人流量一般，而且白领上班族的工作区域一般的人员流动集中在上下班时间和午间吃饭时间，这两类商圈均不利于运营商的促销活动的开展，商圈类别 2 的人流量大，在这样的商业区有利于进行运营商的促销活动。

14.3　上机实验

1. 实验目的

☐ 掌握离差标准化做数据预处理和层次聚类算法。

2. 实验内容

☐ 对采集到的数据，按基站覆盖范围区域的人流特征进行计算，得到各个基站的样本数据，处理好的数据见"上机实验/data/business_circle.csv"，需要对各个基站进行商圈聚类。但为了避免单个特征的值过大影响聚类效果，需要对数据先进行离差标准化，再采用层次聚类实现商圈聚类，并分析聚类结果。

3. 实验方法与步骤

1）把原始数据，即表 14-5 的数据读取到 R 语言工作空间。根据业务需求只需截取后面 4 列的数据进行标准化即可。

2）自编函数对原始数据进行离差标准化。

3）构建层次聚类模型。使用 hclust 函数构建谱系聚类图，method 参数设置为'ward'，metric 参数设置为'euclidean'。

4）使用 rect. hclust 函数对构建好的谱系聚类图进行分类，通过 k 参数指定需要分类的类别数为 3。

5）使用 plot 函数对构建的谱系聚类图可视化，即画出其谱系聚类图并保存；针对每个群组使用 ggplot 函数画其趋势图并保存，保存函数使用 print 函数。

4. 思考与实验总结

1）数据标准化的方法有哪些？这里为什么使用离差标准化？

2）构建层次聚类模型时，可以调节哪些参数，对模型有何影响？

14.4　拓展思考

轨迹挖掘可以定义为从移动定位数据中提取隐含的、人们预先不知道的，但又潜在有用的移动轨迹模式的过程。轨迹挖掘可应用到多个重要领域，如社交网络、公共安全、智能交通管理、城市规划与发展等。面向拼车推荐应用是轨迹挖掘的新兴研究主题。拼车是指相同路线的人乘坐同一辆车上下班、上学及放学回家、节假日出游等，车费由乘客平均分摊。拼车不仅能节省出行费用，而且有利于缓解城市交通。现在大部分拼车网站的普遍做法仍然是通过拼车司机在拼车服务网站上发布出发地、目的地、出发时间等信息，再由拼车客户在网站上输入出发地和目的地来搜索符合自己情况的拼车对象。这在很大程度上浪费了拼车用户在网上搜索拼车伙伴的时间，使用户的拼车体验变差。而面向拼车推荐应用是需要先对用户的定位数据进行轨迹挖掘，发现用户的轨迹模式集合，再根据两个用户之间移动轨迹模式的相似性，推荐合适的拼车路线。

14.5　小结

本章结合基于基站定位数据的商圈分析的案例，重点介绍了数据挖掘算法中层次聚类算法在实际案例中的应用。研究用户的定位数据，总结出人流特征，并采用层次聚类算法进行商圈聚类，识别出不同类别的商圈，最后选择合适的区域进行运营商的促销活动。案例详细地描述了数据挖掘的整个过程，也对其相应的算法提供了 R 语言上机实验。

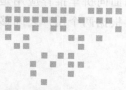

Chapter 15 第 15 章

电商产品评论数据情感分析

15.1　背景与挖掘目标

随着网上购物在中国越来越流行，人们对于网上购物的需求变得越来越高，这给京东、淘宝等电商平台带来了很大的发展机遇，但是与此同时，这种需求也推动了更多电商平台的崛起，引发了激烈的竞争。而在这种电商平台激烈竞争的大背景下，除了提高商品质量、压低商品价格外，了解更多消费者的心声对于电商平台来说也变得越来越有必要，其中非常重要的方式就是对消费者的文本评论数据进行内在信息的数据挖掘分析。而得到的这些信息，也会有利于对应商品的生产厂家自身竞争力的提升。

本章对京东平台上的热水器评论做文本挖掘分析，本次数据挖掘建模目标如下：

1）分析某一热水器的用户情感倾向。

2）从评论文本中挖掘出该热水器的优点与不足。

3）提炼不同品牌热水器的卖点。

15.2　分析方法与过程

本次建模针对京东商城上美的品牌型号热水器消费者的文本评论数据，在对文本进行基本的机器预处理、中文分词、停用词过滤后，通过建立包括栈式自编码深度学习、语义网络与 LDA 主题模型等多种数据挖掘模型，实现对文本评论数据的倾向性判断以及所隐藏信息的挖掘并分析，以期望得到有价值的内在内容。

图 15-1 为电商产品评论数据情感分析流程，主要包括以下步骤⊖：

⊖　周涛，吴家舜，邵悦涵. 基于情感分析、语义网络和主题模型的评论文本分析. 第三届泰迪杯全国大学生数据挖掘竞赛（http://www.tipdm.org）优秀作品。

1）利用爬虫工具——八爪鱼采集器对京东商城进行热水器评论的数据采集；

2）对获取的数据进行基本的处理操作，包括数据预处理、中文分词、停用词过滤等操作；

3）文本评论数据经过处理后，运用多种手段对评论数据进行多方面的分析；

4）从对应结果的分析中获取文本评论数据中有价值的内容。

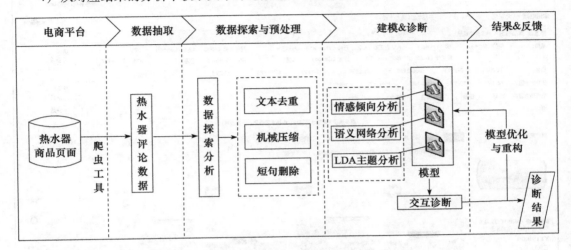

图 15-1　电商产品评论数据情感分析流程

15.2.1　评论数据采集

要分析电商平台的热水器评论数据，需要先对评论数据进行采集，对比多种网络爬虫工具后，发现八爪鱼采集器属于"易用型"，它主要通过模仿用户的网页操作进行数据采集，只需指定数据采集逻辑和可视化选择采集的数据，即可完成采集规则的制定。因此，在案例的网页数据抓取工具选择的是八爪鱼采集器。

首先在八爪鱼采集器中新建任务，设置打开页面为"http://list. jd. com/list. html?cat＝737％2C794％2C1706&ev＝998_28702％40&page＝1&JL＝3_产品类型_电热水器"，页面如图 15-2 所示。

由于热水器下有多种产品，而且呈分页显示，所以抓取数据时需要制定翻页循环列表，再点击每个产品，进入产品的详细页面，如图 15-3 所示。

在本页面下需要抓取产品的名称、价格和评论信息。评论信息在产品详细页面的下方，如图 15-4 所示，这里需要采集的有用户评论、评论时间、购买信息和用户名。同时，由于评论是多页显示，也需要制定翻页循环列表，循环抓取每页评论信息。

经过以上分析，可在八爪鱼采集器设计出以下流程，如图 15-5 所示，进行单机采集后得到结果截图如图 15-6 所示。

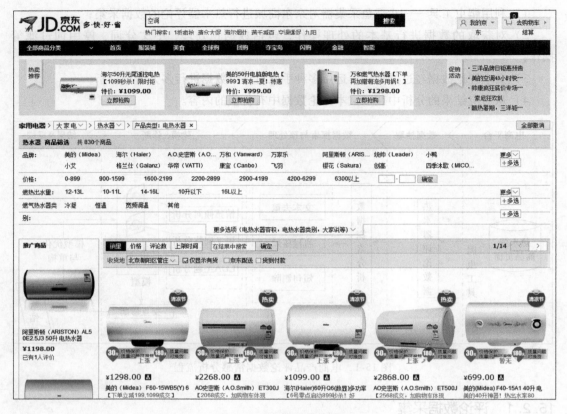

图 15-2 热水器列表页面

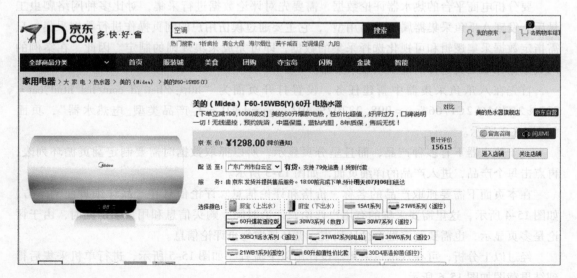

图 15-3 产品的详细页面

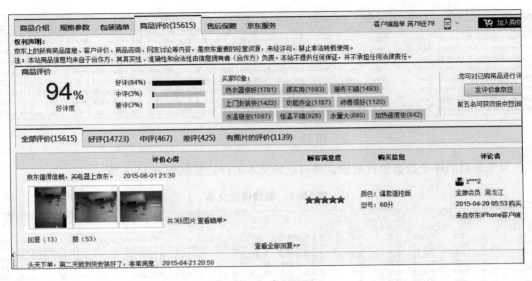

图 15-4　产品评论

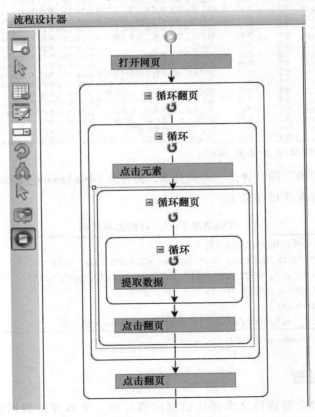

图 15-5　流程设计

商品名称	价格	累计评价数	好评度	中评度	差评度	买家印象	评价	评价时间	购买信息	用户名	购买时间
万和(Vanward) JSQ16-8B-2	￥698.00	5589	(88%)	(7%)	(5%)	很实用(812)热水器	刚刚拆安装，师傅人很	2015-02-07 11:33	颜色：强排 B系列	s***5	2015-02-04 22:13 购买
万和(Vanward) JSQ16-8B-2	￥698.00	5589	(88%)	(7%)	(5%)	很实用(812)热水器	新屋用，东西不错，	2014-03-18 16:04	颜色：8B-20	有***期	2014-03-15 14:49 购买
万和(Vanward) JSQ16-8B-2	￥698.00	5589	(88%)	(7%)	(5%)	很实用(812)热水器	热水器的保温效果不	2014-02-17 16:42	颜色：8B-20	刘青CON	2013-12-28 14:54 购买
万和(Vanward) JSQ16-8B-2	￥698.00	5589	(88%)	(7%)	(5%)	很实用(812)热水器	外观大气，很上档次	2015-05-19 13:18	颜色：强排 B系列	g***1	2015-05-11 17:08 购买
万和(Vanward) JSQ16-8B-2	￥698.00	5589	(88%)	(7%)	(5%)	很实用(812)热水器	很好，挺喜欢的。万	2015-05-19 09:53	颜色：强排 B系列	j***8	2014-11-11 09:14 购买
万和(Vanward) JSQ16-8B-2	￥698.00	5589	(88%)	(7%)	(5%)	很实用(812)热水器	送货及时,快递员服务	2015-05-19 09:25	颜色：强排 B系列	j***k	2015-05-13 15:47 购买
万和(Vanward) JSQ16-8B-2	￥698.00	5589	(88%)	(7%)	(5%)	很实用(812)热水器	质量不错，值得推荐	2015-05-19 07:57	颜色：强排 B系列	我***主	2015-02-17 10:11 购买
万和(Vanward) JSQ16-8B-2	￥698.00	5589	(88%)	(7%)	(5%)	很实用(812)热水器	不错，性价比很	2015-05-19 07:04	颜色：强排 B系列	j***4	2015-01-24 13:26 购买
万和(Vanward) JSQ16-8B-2	￥698.00	5589	(88%)	(7%)	(5%)	很实用(812)热水器	有三个档的，还有个	2015-05-18 23:07	颜色：强排 B系列	j***a	2015-04-26 09:16 购买

图 15-6　评论采集结果

对采集到的评论数据进行处理，得到原始文本的评论数据如表 15-1 所示。

表 15-1　原始评论文本

	A	B	C	D	E	F	G	H	I	J	K	L
	Id	已采	已发	电商平台	品牌	评论	时间	型号	PageUrl			
95900	1	TRUE	FALSE	京东	美的	京东商城信得过，买的放心，用的	2014-11-2	美的(Midehttp://s.club.jd.com/productpage			
95901	2	TRUE	FALSE	京东	美的	给公司宿舍买的，上门安装很快。	2014-11-2	美的(Midehttp://s.club.jd.com/productpage			
95902	3	TRUE	FALSE	京东	美的	美的值得信赖，质量不错	2014-09-0	美的(Midehttp://s.club.jd.com/productpage			
95903	4	TRUE	FALSE	京东	美的	不错不错的哦，第一次在京东买这	2014-11-1	美的(Midehttp://s.club.jd.com/productpage			
95904	5	TRUE	FALSE	京东	美的	很满意，水方一晚上都还是热的早	2014-11-1	美的(Midehttp://s.club.jd.com/productpage			
95905	6	TRUE	FALSE	京东	美的	自己动手安装的，买材料发了不到	2014-11-1	美的(Midehttp://s.club.jd.com/productpage			
95906	7	TRUE	FALSE	京东	美的	几套出租房一直用这款。	2014-09-2	美的(Midehttp://s.club.jd.com/productpage			
95907	8	TRUE	FALSE	京东	美的	还不错，就是快递有点慢，不打电	2014-12-0	美的(Midehttp://s.club.jd.com/productpage			
95908	9	TRUE	FALSE	京东	美的	东西很不错 双十一抢的 物美价廉	2014-11-1	美的(Midehttp://s.club.jd.com/productpage			
95909	10	TRUE	FALSE	京东	美的	性价比高！下次还会光顾的！	2014-11-2	美的(Midehttp://s.club.jd.com/productpage			
95910	11	TRUE	FALSE	京东	美的	前天晚上定货，第二天早上就送货	2014-12-0	美的(Midehttp://s.club.jd.com/productpage			
95911	12	TRUE	FALSE	京东	美的	还好吧	2014-12-0	美的(Midehttp://s.club.jd.com/productpage			
95912	13	TRUE	FALSE	京东	美的	应该值得信任的品牌。。。。。。	2014-11-2	美的(Midehttp://s.club.jd.com/productpage			
95913	14	TRUE	FALSE	京东	美的	价格便宜，购物方便快捷	2014-11-2	美的(Midehttp://s.club.jd.com/productpage			
95914	15	TRUE	FALSE	京东	美的	很好很好很好很好很好很好很好很	2014-11-2	美的(Midehttp://s.club.jd.com/productpage			
95915	16	TRUE	FALSE	京东	美的	的(Midea) F40-15A1 40升 电热	2014-11-2	美的(Midehttp://s.club.jd.com/productpage			
95916	17	TRUE	FALSE	京东	美的	帮同事买的他说不错，送货到家！	2014-11-1	美的(Midehttp://s.club.jd.com/productpage			
95917	18	TRUE	FALSE	京东	美的	用了一段时间了，好用，没什么问	2014-09-3	美的(Midehttp://s.club.jd.com/productpage			
95918	19	TRUE	FALSE	京东	美的	怎么这样，前天买的，今天到货，	2014-12-0	美的(Midehttp://s.club.jd.com/productpage			
95919	20	TRUE	FALSE	京东	美的	很好用，很方便！第二次购买了&h	2014-12-0	美的(Midehttp://s.club.jd.com/productpage			
95920	21	TRUE	FALSE	京东	美的	给公司买的，就是方便而已	2014-11-1	美的(Midehttp://s.club.jd.com/productpage			
95921	22	TRUE	FALSE	京东	美的	2个人洗澡的水还可以，再多就最	2014-09-2	美的(Midehttp://s.club.jd.com/productpage			

＊数据详见：01-示例数据/汇总-京东.xlsx

再将品牌为"美的"的"评论"一列抽取，另存为 \data\meidi_jd.txt，编码为UTF-8。评论抽取的代码如代码清单15-1 所示。

代码清单 15-1　评论抽取代码

```
setwd("F:/数据及程序/chapter15/示例程序")
Data = read.csv(". /data/huizong.csv", header = T, encoding = 'UTF - 8')
colnames(Data) = c("x1","x2","x3","x4","x5","x6","x7","x8","x9")
index = which(Data$x5 = = "美的")
meidi_jd = Data[index, 6]
write.table(meidi_jd,". /tmp/meidi_jd.txt", row.names = FALSE)
```

＊代码详见：示例程序/code/excel2txt.R

15.2.2　评论预处理

取到文本后，首先要进行文本评论数据的预处理。文本评论数据里面存在大量价值含量很低甚至没有价值含量的条目，如果将这些评论数据也引入进行分词、词频统计乃至情感分析等，则必然会对分析造成很大的影响，得到的结果的质量也必然是存在问题的。那么在利用这些文本评论数据之前就必须先进行文本预处理，把大量的这些无价值含量的评论去除。

对这些文本评论数据的预处理主要由三个部分组成：文本去重、机械压缩去词以及短句删除。

1. 文本去重

（1）文本去重的基本解释及原因

文本去重，顾名思义，就是去除文本评论数据中重复的部分。无论获取到什么样的文本评论数据，首先要进行的预处理应当都是文本去重。文本去重的主要原因如下：

1）一些电商平台往往为了避免一些客户长时间不进行评论，会设置一道程序，如果用户超过规定的时间仍然没有做出评论，系统会自动替客户做出评论，当然这种评论的结果大多都会是好评，如国美。但是这类数据显然没有任何分析价值，而且这种评论是大量重复出现的，必须去除。

2）同一个人可能会出现重复的评论，因为同一个人可能会购买多种热水器，然后在进行评论过程中可能为了省事，就在多个热水器中采用同样或相近的评论，这里当然可能不乏有价值的评论，但是即使有价值也只有第一条有作用。

3）由语言的特点可知，在大多数情况下，不同人之间的有价值的评论都不会出现完全重复，如果出现了不同人评论之间的完全重复，这些评论一般都是毫无意义的，如"好好好好好"、"××牌热水器　××升"等或者说就是直接复制粘贴上一人的评论，这种评论显然就只有最早评论出的才有意义（即只有第一条有作用）。而如果不是完全重复，而比较相近的，也存在一些无意义的评论。

（2）常见文本去重算法概述及缺陷

在前人的研究下，有许多文本去重算法，大多都是先通过计算文本之间的相似度，再以此为基础进行去重，包括编辑距离去重、Simhash 算法去重等，但是大多存在一些缺陷。以编辑距离算法去重为例，编辑距离算法去重实际上就是先计算两条语料的编辑距离，然后进行阈值判断，如果编辑距离小于某个阈值则进行去除重复处理，这种方法针对类如：

"××牌热水器 ××升 大品牌 高质量"

和

"××牌热水器××升 大品牌 高质量 用起来真的不错"

的接近重复而又无任何意义的评论文本的去除效果是很好的，主要为了去除接近重复或完全重复的评论数据，而并不要求完全重复，但是当这种方法测到都有意义，且有相近的表达时可能也会采取删除操作，这样就会造成错删问题，如下面的例子：

"还没正式使用，不知道怎样，但安装的材料费确实有点高，380"

和

"还没使用，不知道质量如何，但安装的材料费确实贵，380"

这组语句的编辑距离只是比上一组大 2 而已，但是很明显这两句就是都有意义的，如果阈值设为 10（该组为 9），就会带来错删问题。可惜的是，这一类的评论数据组还是不少的，特别是差评的语料，许多顾客不会用太多的言语表达，直至中心，问题就来了。

（3）文本去重选用的方法及原因

既然这一类相对复杂文本去重的算法容易去除有用的数据，那么就需要考虑一些相对简单的文本去重思路。由于相近的语料存在不少是有用的评论，去除这类语料显然不合适，那么为了存留更多的有用语料，就只能针对完全重复的语料下手。因此，处理完全重复的语料直接采用最简单的比较删除法就好了，也就是两两对比，完全相同就去除的方法。

从上述的总结知道存在文本重复问题的条目归结到底只有 1 条语料甚至 0 条语料是有用的，但是透过观察评论知道存在重复但是起码有 1 条评论有用的语料，即文本去重原因所述的情况，评论的语料很多，而运用比较删除法显然只能定为留 1 条或者是全去除，因此只能设为留 1 条，以确保尽可能存留有用的文本评论信息。

观察比较删除法实现后的结果，发现总体效果还是很不错的。其代码如代码清单 15-2 所示。

代码清单 15-2　原始数据去重

```
setwd("F:/数据及程序/chapter15/示例程序")
Data = readLines("./data/meidi_jd.txt",encoding = "UTF-8")
length(Data)
#删除重复值
Data1 = unique(Data)
length(Data1)
```

*代码详见：示例程序/code/clean_same.R

2. 机械压缩去词

（1）机械压缩去词的思想

由于电商品台的文本评论数据质量参差不齐，没有意义的文本数据很多，因此透过文本去重就已经可以删除掉非常多的没有意义的评论文本。但是文本去重远远不够，经过文本去重后的评论仍然有很多评论需要处理掉，比如：

"非常好非常好非常好非常好非常好非常好非常好"

和

"好呀好呀好呀好呀好呀好呀好呀好呀好呀"

这一类语料是存在连续重复的语料，也是最常见的较长的无意义语料。因为大多数给出无意义评论的人都只是为了获得一些额外奖励等，并不对评论真正抱有兴趣，而他们为了省事就很可能进行这样的评论。显然这一类语料并不显得就会重复，但是也是毫无意义的评论，是需要删除的。

可惜的是，计算机不可能自动识别出所有这种类型的语料，如"非常好"可以有从 1 到无上限的有穷个的叠加，即使运用词典透过某些方式识别了这一类的文本评论数据，如算出"非常好"比较多意味着可能是无意义评论，一位制造无意义评论的顾客还可以以任何一个词进行重复，还可以重复某词，但次数不一定多，而这种显然只需要保留第一个即可，若不处理，可能会影响情感倾向的判断，比如：

"15 分钟就出热水了，感觉还不错，但是安装费实在是太贵太贵太贵太贵"

和

"15 分钟就出热水了，感觉还不错，但是安装费实在是太贵太贵太贵"

是没有差别的，但是若不处理，就会出现差别。

因此，就需要对语料进行机械压缩去词处理，也就是说要去掉一些连续重复累赘的表达，比如把：

"哈哈哈哈哈哈哈哈哈哈哈哈"

缩成

"哈"

不过这样仍然会保留无意义的评论（如上述的评论），但是这些评论在经过这步处理后，在最后一个预处理环节：短句删除环节就会被去除掉。当然，机械压缩去词法不能像分词那样去识别词语。

（2）机械压缩去词处理的语料结构

机械压缩去词实际上要处理的语料就是语料中有连续累赘重复的部分，从一般的评论偏好角度来讲，一般人制造无意义的连续重复只会在开头或者结尾进行，比如：

"为什么为什么为什么安装费这么贵，毫无道理！"

和

"真的很好好好好好好好好"

等等，而中间的连续重复虽然也有，但是非常少见（中间重复在输入上显得麻烦，无意义评论本就为了随意了事），而且中间容易有成语的问题，比如：

"安装师傅滔滔不绝地向我阐述这款热水器有多好"

这种语料显然在去掉一个"滔"字后肯定就会出现问题，因此只对开头以及结尾的连续重复进行机械压缩去词的处理。

（3）机械压缩去词处理过程中连续累赘重复的判断及压缩规则的阐述

连续累赘重复的判断可通过建立两个存放国际字符的列表完成，先放第一个列表，再放第二个列表，一个个读取国际字符，并按照不同情况，将其放入带第一或第二个列表或触发压缩判断，若得出重复（及列表 1 与列表 2 有意义的部分完全一对一相同）则压缩去除，这样当然就要有相关的放置判断及压缩规则。在机械压缩去词处理的连续累赘重复的判断及压缩规则设定时，必然要考虑到词法结构的问题，综合文字表达特点，设定如下 7 条规则（说明：第一，这里为了初始化列表而放入的空格不算输入了国际字符；第二，由于批量的评论里可能会存在某些评论无法识别，因此在进行这一步时需要结合运行进程人工删除一些无法识别语句）：

规则1：如果读入的这个字符与第一个列表的第一个字符相同，而第二个列表没有任何放入的国际字符，则将这个字符放入第二个列表中。

解释：因为一般情况下同一个字再次出现时大多数都是意味着上一个词或是一个语段的结束以及下一个词或下一个语段的开始，举例如图15-7所示。

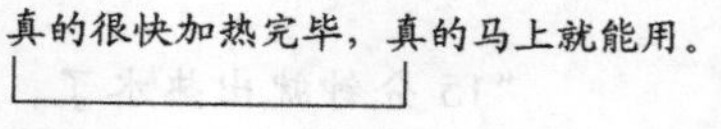

规则2：如果读入的这个字符与第一个列表的第一个字符相同，而第二个列表也有国际字符，则触发压缩判断，若得出重复，则进行压缩去除，清空第二个列表。

解释：判断连续重复最直接的方法，举例如图15-8所示。

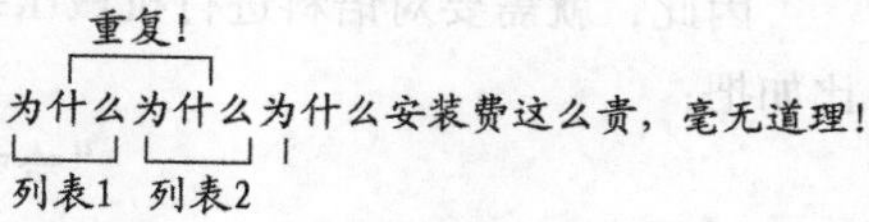

规则3：如果读入的这个字符与第一个列表的第一个字符相同，而第二个列表也有国际字符，则触发压缩判断，若得出不重复，则清空两个列表，把读入的这个字符放入第一个列表第一个位置。

解释：即判断得出两个词是不相同的，都应保留，举例如图15-9所示。

规则4：如果读入的这个字符与第一个列表的第一个字符不相同，触发压缩判断，如果得出重复，且列表所含国际字符数目大于等于2，则进行压缩去除，清空两个列表，把读入的这个字符放入第一个列表第一个位置。

解释：用以去除图15-10情况的重复，并避免类如"滔滔不绝"这种情况的'滔'被删除，并可顺带压缩去除另一类连续重复，亦如图15-10所示。

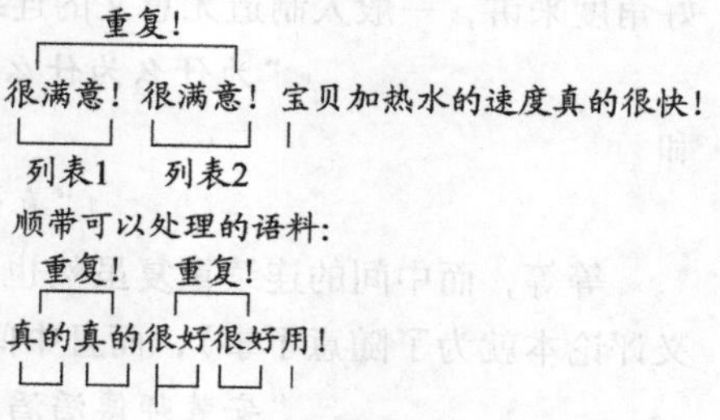

规则5：如果读入的这个字符与第一个列表的第一个字符不相同，触发压缩判断，若得出不重复，且第二个列表没有放入国际字符，则继续在第一个列表放入国际字符。

解释：没出现重复字就不会有连续重复语料，第二个列表未启用则继续填入第一个列表，直至出现重复情况为止。

规则6：如果读入的这个字符与第一个列表的第一个字符不相同，触发压缩判断，若得出不重复，且第二个列表已放入国际字符，则继续在第二个列表放入国际字符。

解释：类似规则5，此处省略叙述。

规则7：读完所有国际字符后，触发压缩判断，对第一个列表以及第二个列表有意义部分

真的很快加热完毕，真的马上就能用。

图15-7　机械压缩去词规则1的示例图

重复！
为什么为什么为什么安装费这么贵，毫无道理！
列表1　列表2

图15-8　机械压缩去词规则2的示例图

不重复！
真的很好！真的很便宜！真的加热很快！
列表1　列表2

图15-9　机械压缩去词规则3的示例图

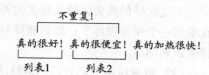

重复！
很满意！很满意！宝贝加热水的速度真的很快！
列表1　列表2

顺带可以处理的语料：
重复！　重复！
真的真的很好很好用！

图15-10　机械压缩去词规则4的示例图

进行比较，若得出重复，则进行压缩去除。

解释：由于按照上述规则，在读完所有国际字符后不会再触发压缩判断条件，故为了避免图 15-11 实例连续重复情况，补充这一规则。

（4）机械压缩去词处理操作流程

根据上述规则，便可以完成对开头连续重复的处理。类似的规则，亦可以对处理过的文本再进行一次结尾连续重复的机械压缩去词，算法思想是相近的，只是从尾部开始读词罢了。从结尾开始的处理结束后就得到了已压缩去词完成的精简语料。

输出被压缩的语句和原语句的对比，图 15-12 截取了一部分前向机械压缩的对比例子。

图 15-11　机械压缩去词规则 7 的示例图

3. 短句删除

（1）短句删除的原因及思想

完成机械压缩去词处理后，则进行最后的预处理步骤：短句删除。虽然精简的辞藻在很多时候是一种比较良好的习惯，但是由语言的特点可知，从根本上说，字数越少所能够表达的意思是越少的，要想表达一些相关的意思就一定要有相应量的字数，过少的字数的评论必然是没有任何意义的评论，如三个字，就只能表达诸如"很不错"、"质量差"等。为此，就要删除掉过短的评论文本数据，以去除掉没有意义的评论，包括：

```
可以，可以可以可以可以可以
可以，可以
好用好用好用好用！！！
好用！
不错，不错，价格便宜
不错，价格便宜
不错不错，帮人买的！！！
不错，帮人买的！！！！
aaaaaaaaaaaaaaaaaaaaaaaaaaaaaaaaaaaaaaaaaaaaa
a
好好好好好
好
很费电很费电很费电很费电很费电很费电
很费电
```

图 15-12　被压缩的语句和原语句对比

1）原本就过短的评论文本，如"很不错"。

2）经机械压缩去词处理后过短的评论文本，即原本为存在连续重复的且无意义的长文本，如"好好好好好好好好好好好好好好好好"。

（2）保留的评论的字数下限的确定

显然，短句删除最重要的环节就是保留的评论的字数下限的确定，这个没有精确的标准，可以结合特定语料来确定，一般 4 ~ 8 个国际字符都是较为合理的下限，在此处设定下限为 7 个国际字符，即经过前两步预处理后得到的语料若小于等于 4 个国际字符，则将该语料删去。

经过前两步的处理后，第三步（短句删除）的效果是比较有效且明显的，可以看出该程序能过滤掉众多的垃圾信息。

15.2.3　文本评论分词

在中文中，只有字、句和段落能够通过明显的分界符进行简单的划界，而对于"词"和

"词组"来说，它们的边界模糊，没有一个形式上的分界符。因此，进行中文文本挖掘时，首先应对文本分词，即将连续的字序列按照一定的规范重新组合成词序列的过程。

分词结果的准确性对后续文本挖掘算法有着不可忽视的影响，如果分词效果不佳，即使后续算法优秀也无法实现理想的效果。例如，在特征选择的过程中，不同的分词效果将直接影响词语在文本中的重要性，从而影响特征的选择。

本章采用 R 语言的中文分词包"jiebaR"，对 TXT 文档中的商品评论数据进行中文分词。"结巴分词"提供分词、词性标注、未登录词识别、支持用户词典等功能。经过相关测试，此系统的分词精度高达 97% 以上。为进一步进行词频统计，分词过程将词性标注作用去掉。

15.2.4 模型构建

1. 情感倾向性模型

（1）训练生成词向量

首先训练以得到词向量，为了将文本情感分析（情感分类）转化为机器学习问题，首先就是需要将符号数学化。在 NLP 中，最常见的词表示方法就是 One-hot Representation：将一个词映射成一个很长的单位向量，向量的长度就是词表的大小，如"学习"表示成 $[0\,0\,0\,1\,0\,0\,0\,0\,0\,0\,0\,0\,0\,0\,0\,\cdots]$，"复习"表示成 $[0\,0\,0\,0\,0\,0\,0\,0\,1\,0\,0\,0\,0\,0\,0\,0\,\cdots]$，这样就完成了词语的数学化表示。

但是，这样就存在"词汇鸿沟"的问题：即使两个词之间存在明显的联系但是在向量表示法中却体现不出来，无法反映语义关联。然而，Distributed Representation 却是能反映出词语与词语之间的距离远近关系，而用 Distributed Representation 表示的向量专门称为词向量，如"学习"可能被表示成 $[0.1,\,0.1,\,0.1,\,0.15,\,0.2\cdots]$，"复习"可能被表示成 $[0.11,\,0.12,\,0.1,\,0.15,\,0.22\cdots]$，这样，两个词义相近的词语被表示成词向量后，它们的距离也是较近的，词义关联不大的两个词的距离会比较远。一般而言，不同的训练方法或语料库训练得到的词向量是不一样的，它们的维度常见为 50 维和 100 维。

word2vec 采用神经网络语言模型 NNLM 和 N-gram 语言模型，每个词都可以表示成一个实数向量。模型如图 15-13 所示。

图 15-13 最下方的 w_{t-n+1}，…，w_{t-2}，w_{t-1} 就是前 $n-1$ 个词。现在需要根据这已知的 $n-1$ 个词预测下一个词 w_t。$C(w)$ 表示词 w 对应的词向量，存在矩阵 C（一个 $|V| \times m$ 的矩阵）中。其中 $|V|$ 表示词表的大小（语料中的总词数），m 表示词向量的维度。w 到 $C(w)$ 的转化就是从矩阵中取出一行。

网络的第一层（输入层）是将 $C(w_{t-n+1})$，…，$C(w_{t-2})$，$C(w_{t-1})$ 这 $n-1$ 个向量首尾相接拼起来，形成一个 $(n-1)m$ 维的向量，记为 x。

网络的第二层（隐藏层）就如同普通的神经网络，直接使用 $d+Hx$ 计算得到。d 是一个偏置项。在此之后，使用 tanh 作为激活函数。

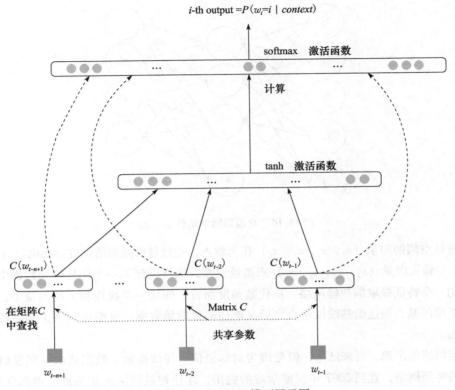

图 15-13　word2vec 模型展示图

网络的第三层（输出层）一共有 $|V|$ 个节点，每个节点 y_i 表示下一个词为 i 的未归一化 log 概率。最后使用 softmax 激活函数将输出值 y 归一化成概率。最终，y 的计算公式为：

$$y = b + Wx + U\tanh(d + Hx) \tag{15-1}$$

式中，U 是隐藏层到输出层的参数，整个模型的多数计算集中在 U 和隐藏层的矩阵乘法中。矩阵 W（一个 $|V| \times (n-1)m$ 的矩阵），这个矩阵包含了从输入层到输出层的直连边。

（2）评论集子集的人工标注与映射

利用词向量构建的结果，再进行评论集子集的人工标注，正面评论标为 1，负面评论标记为 2（或者采用 Python 的 NLP 包 snownlp 的 sentiment 功能做简单的机器标注，减少人为工作量）。然后将每条评论映射为一个向量，将分词后评论中的所有词语对应的词向量相加做平均，使得一条评论对应一个向量。

（3）训练栈式自编码网络

自编码网络是由原始的 BP 神经网络演化而来。在原始的 BP 神经网络中从特征空间输入到神经网络中，并用类别标签与输出空间来衡量误差，用最优化理论不断求得极小值，从而得到一个与类别标签相近的输出。但是在编码网络并不是如此，并不用类别标签来衡量与输出空间的误差，而是用从特征空间的输入来衡量与输出空间的误差。其结构如图 15-14 所示。

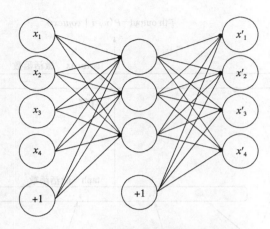

图 15-14   自编码网络结构示意图

把特征空间的向量（x_1，x_2，x_3，x_4）作为输入，把经过神经网络训练后的向量（x'_1，x'_2，x'_3，x'_4）与输入向量（x_1，x_2，x_3，x_4）来衡量误差，最终得到了一个能从原始数据中自主学习特征的一个特征提取的神经网络。从代数角度而言，即从一个线性相关的向量中，寻找出了一组低维的基，而这组基线性组合之后又能还原成原始数据。自编码网络正是寻找了一组这样的基。

神经网络的出现，时来已久，但是因为局部极值、梯度弥散、数据获取等问题而构建不出深层的神经网络，直到 2007 年深度学习的提出，才让神经网络的相关算法得到质的改变。而栈式自编码就属于深度学习理论中一种能够得到优秀深层神经网络的方法。

栈式自编码神经网络是一个由多层稀疏自编码器组成的网络。它的思想是利用逐层贪婪训练的方法，把原来多层的神经网络剖分成一个个小的自编码网络，每次只训练一个自编码器，然后将前一层自编码的输出作为其后一层自编码器的输入，最后连接一个分类器，可以是 SVM、Softmax 等。上述步骤是为了得到一个好的初始化深度神经网络的权重，当连接好一个分类器后，还可以用 BP 神经网络的思想，反向传播微调神经元的权重，以期得到一个分类准确率更好的栈式自编码神经网络。

完成评论映射后，将标注的评论划分为训练集和测试集，在 MATLAB 下，利用标注好的训练集（标注值和向量）训练栈式自编码网络（SAE），对原始向量做深度学习提取特征，并后接 Softmax 分类器做分类，用测试集测试训练好的模型的正确率。

2. 基于语义网络的评论分析

本节使用语义网络分析对评论进行进一步的分析，包括各产品独有优势、各产品抱怨点以及顾客购买原因等，并结合以上分析对品牌产品的改进提出建议。

这一部分主要通过由三种品牌型号的好、差评文本数据生成的语义网络图，结合共词矩阵以及评论定向筛选回查完成对评论的分析。

（1）语义网络的概念、结构与构建本质

语义网络是由 R. F. Simon 提出的用于理解自然语言并获取认知的概念，是一种语言的概念及关系的表达。语义网络实际上就是一幅有向网络图，举例如图 15-15 所示。

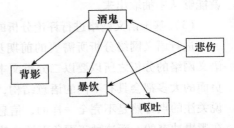

节点中的物体可以是各种用文字所表达的事物，而节点之间的有向弧则被用以表达节点之间的语言意义上的关系，其中弧的方向是语言关系的因果指向，如 A 指向 B 就意味着 A 与 B 有语言关系牵连且 A 与 B 分别是语义复杂关系的主动方与从动方。当然，这种用语言意义上的关系往往是复杂的。以图 15-15 为例，由于是一名酒鬼，那么他或她就经常会在特定情况之下（如朋友聚会、婚宴等）暴饮；一个人因受到各种

图 15-15　语义网络举例示意图

挫折而显得悲伤，长期的悲伤无法释怀，只能通过借酒浇愁就可能会成为酒鬼。这里面就都是些复杂的关系。

虽然每一个语义网络结构里事物（节点）之间的关系是复杂的，但是语义网络的每一道弧的形成从本质上看就是由于这种语义关系的存在。不同的用词语表达的特定事物之间就是因为存在千丝万缕的联系，才会形成一个个的语义网络。

（2）基于语义网络进行评论分析的优势

从前面的论述当中知道，要想对中文的热水器评论进行合理的分析必须要采取的一项措施是分词，因为计算机不可能像人一样去识别每一个整句的语义，不能直接识别语句的整体结构思想，但是分词又会使得语句的整体结构变得凌乱，从而对分词后的语句直接进行诸如产品差异等复杂的分析变得不合实际，所以必须要采取方法尽可能地将这种原已凌乱的关系重新整合起来，使得复杂的分析重新变为可能。那么建立起事物之间（这里分出的每一个词料代表一项事物）的语义网络关系就能够使得原已凌乱的关系得以整合，特别是那些可以连成通顺语料的词语的关系（即连接"因果"关系）的重新整合，而这种关系的成功重建能够清晰地还原语料中所反映出来的许多内容，特别是单独的词语无法清晰表达相应的情况时，比如：

"安装"与"方便"分开时，任何一方都不能清晰表达相关的情况，单独一个"安装"可以表达很多内容，可以是"安装很容易"，也可以是"有师傅上门帮忙安装"，还可以是"安装要收手续费"，等等；而单独一个"方便"也可以表达很多内容，可以是"使用十分方便"，也可以是"商品签收方便快捷"，还可以是"交款方式方便简易"，等等，但是如果"安装"和"方便"通过语义网络方式连接起来，如图 15-16 所示，就可以清晰地反映出是相关热水器产品在安装时比较便利。再如，"热水"与"不足"也是这样的情况，此处就不再赘述。

当这种语义网络建立起来后，就可以借助它进行各种各样的特定的分析，特别是在判断特定产品优点、抽

安装　———→　方便

图 15-16　"安装"和"方便"的语义网络连接示意图

取各品牌的顾客关注点等上都具有一定的优势。以判断特定产品优点为例，如果某种产品相对于其他产品具有某种特定的优势，那么由该种商品的正面评论形成的语义网络上就会生成与其他产品正面评论形成的语义网络不一样的且蕴含着这种优势的关系连接，透过可视化，就能够从中抽取出来。

（3）基于语义网络进行评论分析的前期步骤与解释

进行语义网络分析所需要的前期步骤实际上就是在二分类文本情感分析的基础上增添，语义网络的分析之所以要以二分类文本情感分析的结果为基础在于评论是正面的以及评论是负面的大多都会具有不同的语意结构，且对于同一商品而言，正面以及负面的评论从根本上说关注的点必然是不完全一样的，信息也是不完全一样的，毕竟正面以及负面评论之间是存在逻辑冲突的。而这种正面负面评论的分割需要用到情感分析的技术。具体前期步骤如下：

第一步，数据预处理，分词以及对停用词的过滤；

第二步，进行情感倾向性分析，并借助此将评论数据分割成正面（好评）、负面（差评）、中性（中评）三大组；

第三步，抽取正面（好评）、负面（差评）两组，以进行语义网络的构建与分析。

第一步可以直接按照原有的流程进行，第三步的抽取只需要在第二步分成的三组结果中抽取即可，不对中性评论进行分析是因为中性评论往往携带着比较复杂的信息，难以对细节进行倾向性提取。

而第二步的情感倾向性分析并将评论数据分类可以在原有的情感分析工作基础上做出修改来完成，但是在此处使用 ROSTCM6 来完成该项操作。ROST 系统是由武汉大学开发的一款免费反剽窃系统（ROSTCM6 全称为 ROST Content Mining System(Version 6.0)），可用以检测论文抄袭的现象；而同时 ROST 系统又是一款大型的免费用以社会计算的软件，可以用以实现多种类型的分析，包括情感倾向性分析以及后面将要进行语义网络的构建等。使用 ROSTCM6 来完成情感分析是因为该软件的情感倾向性分析使用的是基于优化的情感词典的方法，其准确率目前来讲会比基于词向量以及基于神经网络的情感分析方法的正确率会高，而前述用于情感倾向性分析的方法是基于词向量以及基于神经网络的情感倾向性分析方法。另外，受限于现今中文分词技术的缺陷以及评论本身的特性，能够透过中文评论所挖掘出来的内容还是偏少的，因此对情感倾向性分析的正确率要求就要更高。当需要以此为基础进一步分析时，就需要利用基于情感词典的方法。第二步的具体流程如下：

点击"功能性分析"，再点击"情感分析"，然后将待分析的文件地址输入"待分析文件路径"对应框内，点击"分析"选项就得到了情感倾向性分析的结果，三种情感倾向被放入三个不同的 TXT 文件内（图 15-17）。

这三步完成后，便可以开始进行语义网络分析。

（4）基于语义网络进行评论分析的实现过程

要进行语义网络分析，首先要分别对两大组重新进行分词处理，并提取出高频词（为了实现更好的分词效果，在分词词典中引入更多的词汇）。因为只有高频词之间的语义联系才是真正有意义的，个性化词语间的关系不具代表性。然后在此基础上过滤掉显著的无意义的成分，减少分析干扰。最后再抽取行特征，处理完后便可进行两组语义网络的构建。

　　同时亦利用软件 ROSTCM6 来完成这一部分及语义网络构建的操作。打开 ROSTCM6 软件，点击"功能性分析"选项，再点击"社会网络与语义网络分析"，便得到社会网络与语义网络分析的界面，如图 15-18 所示。

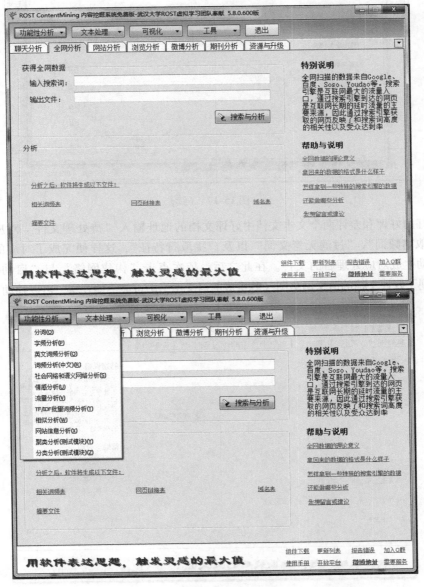

图 15-17　ROSTCM6 实现情感倾向性分析的步骤示意图

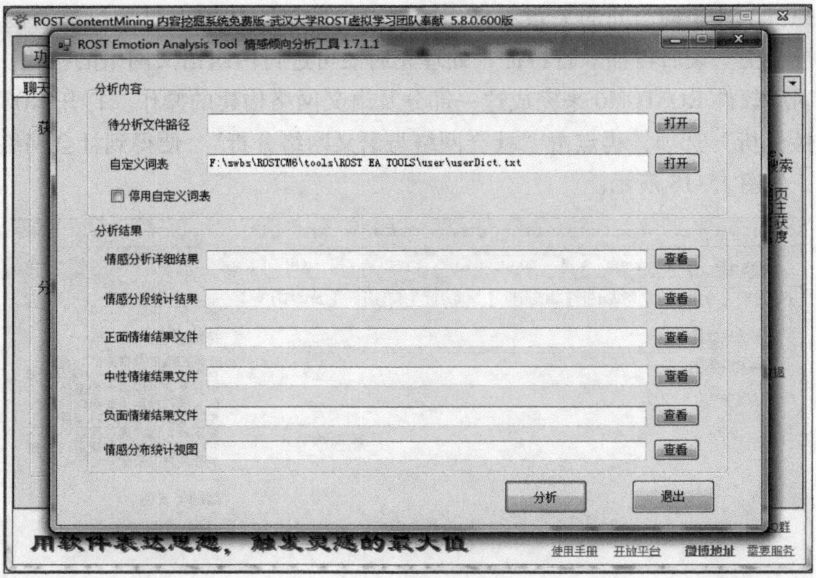

图 15-17 （续）

　　将分好的好评和差评两个文本文档中好评文档的地址输入"待处理文件"对应框内，并点击"提取高频词"、"过滤无意义词"以及"提取行特征"，这样便完成了对应的操作，系统还会自动生成对应处理后的文件。在此之后，依次点击"构建网络"与"启动 NetDraw"，然后就得到了好评文档的语义网络图（其生成的语义网络图可能不便观察，可以移动 NetDraw 生

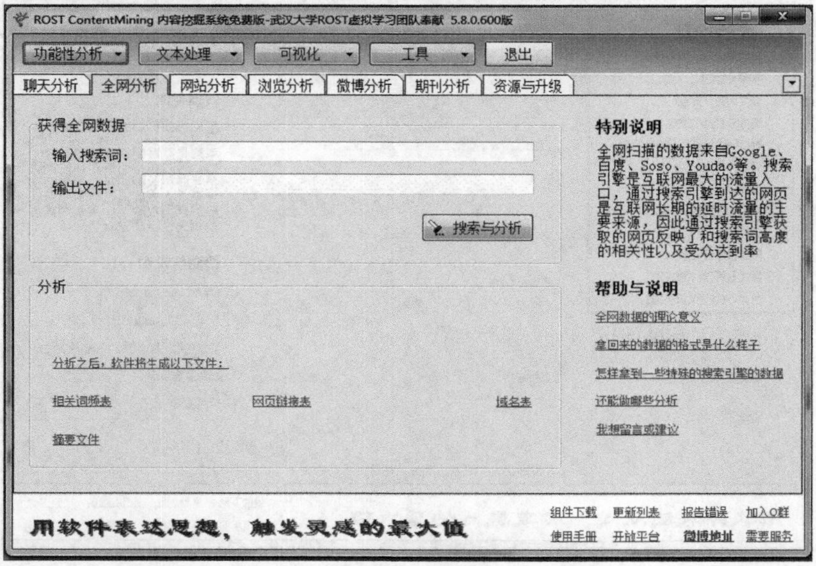

图 15-18　ROSTCM6 实现语义网络构建的步骤示意图

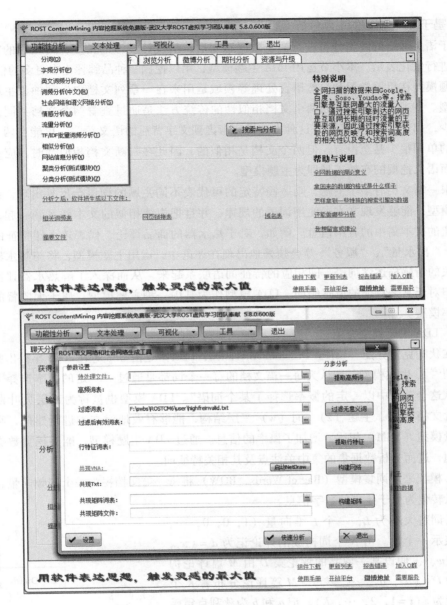

图 15-18 （续）

成的语义网络结果中的节点以增强该网络的可读性），为了方便分析，再点击"构建矩阵"，形成被挑选出的节点词的矩阵词表，该操作会生成一个 XLS 文件。完成好评文档语义网络图的构建后再对差评文档进行同样的操作，也将得到相应的语义网络图。三种品牌三种型号对应就会有总共六个好评文档及差评文档，对应就会生成六个语义网络图，并以此为基础，结合共词矩阵（可在语义网络生成后再点击"构建矩阵"形成）与评论定向筛选回查，便可进行相关评论分析。

3. 基于 LDA 模型的主题分析

基于语义网络的评论分析进行初步数据感知后，从统计学习的角度，对主题的特征词出现频率进行量化表示。本小节运用 LDA 主题模型，用以挖掘三种品牌评论中更多的信息。

主题模型在机器学习和自然语言处理等领域是用来在一系列文档中发现抽象主题的一种统计模型。直观上来说，判断两个文档相似性的传统方法是通过查看两个文档共同出现的单词的多少，如 TF、TF-IDF 等，这种方法没有考虑到文字背后的语义关联，可能在两个文档共同出现的单词很少甚至没有，但两个文档是相似的，因此在判断文档相似性时，应进行语义挖掘，而语义挖掘的有效工具即为主题模型。

如果一篇文档有多个主题，则一些特定的可代表不同主题的词语会反复出现，此时，运用主题模型，能够发现文本中使用词语的规律，并且把规律相似的文本联系到一起，以寻求非结构化的文本集中的有用信息。例如，对于热水器的商品评论，代表热水器特征的词语如"安装"、"出水量"、"服务"等会频繁地出现在评论中，运用主题模型，将与热水器代表性特征相关的情感描述性词语，同相应的特征词语联系起来，从而深入了解热水器评价的聚焦点及用户对于某一特征的情感倾向。LDA 模型作为其中一种主题模型，属于无监督的生成式主题概率模型。

（1）LDA 主题模型介绍

潜在狄利克雷分配（Latent Dirichlet Allocation，LDA）是由 Blei 等在 2003 年提出的生成式主题模型[22]。生成模型，即认为每一篇文档的每一个词都是通过"一定的概率选择了某个主题，并从这个主题中以一定的概率选择了某个词语"。LDA 模型也被称为三层贝叶斯概率模型，包含文档（d）、主题（z）、词（w）三层结构，能够有效地对文本进行建模，和传统的空间向量模型（VSM）相比，增加了概率的信息。通过 LDA 主题模型，能够挖掘数据集中的潜在主题，进而分析数据集的集中关注点及其相关特征词。

LDA 模型采用词袋模型（Bag of Words，BOW）将每一篇文档视为一个词频向量，从而将文本信息转化为易于建模的数字信息。

定义词表大小为 L，一个 L 维向量 $(1, 0, 0, \cdots, 0, 0)$ 表示一个词。由 N 个词构成的评论记为 $d = (w_1, w_2, \cdots, w_N)$。假设某一商品的评论集 D 由 M 篇评论构成，记为 $D = (d_1, d_2, \cdots, d_M)$。$M$ 篇评论分布着 K 个主题，记为 $z_i (i = 1, 2, \cdots, K)$。记 a 和 b 为狄利克雷函数的先验参数，q 为主题在文档中的多项分布的参数，其服从超参数为 a 的 Dirichlet 先验分布，f 为词在主题中的多项分布的参数，其服从超参数 b 的 Dirichlet 先验分布。LDA 模型示意图如图 15-19 所示。

LDA 模型假定每篇评论由各个主题按一定比例随机混合而成，混合比例服从多项分布，记为：

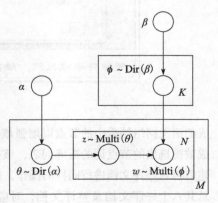

图 15-19　LDA 模型结构示意图

$$Z \mid \theta = \mathrm{Multinomial}(\theta) \tag{15-2}$$

而每个主题由词汇表中的各个词语按一定比例混合而成，混合比例也服从多项分布，记为：

$$W \mid Z, \phi = \mathrm{Multinomial}(\phi) \tag{15-3}$$

在评论 d_j 条件下生成词 w_i 的概率表示为：

$$P(w_i \mid d_j) = \sum_{s=1}^{K} P(w_i \mid z = s) \times P(z = s \mid d_j) \tag{15-4}$$

式中，$P(w_i \mid z = s)$ 表示词 w_i 属于第 s 个主题的概率；$P(z = s \mid d_j)$ 表示第 s 个主题在评论 d_j 中的概率。

（2）LDA 主题模型估计

LDA 模型对参数 q、f 的近似估计通常使用马尔科夫链蒙特卡洛（Markov Chain Monte Carlo，MCMC）[23]算法中的一个特例 Gibbs 抽样。利用 Gibbs 抽样对 LDA 模型进行参数估计，依据下式：

$$P(z_i = s \mid Z_{-i}, W) \propto \frac{(n_{s,-i} + \beta_i)}{\left(\sum_{i=1}^{V} n_{s,-i} + \beta_i \right) \times (n_{s,-j} + \alpha_s)} \tag{15-5}$$

式中，$z_i = s \mid$ 表示词 w_i 属于第 $s \mid$ 个主题的概率；Z_{-i} 表示其他所有词的概率；$n_{s,-i}$ 表示不包含当前词 w_i 的被分配到当前主题 z_s 下的个数；$n_{s,-j}$ 表示不包含当前文档 d_j 的被分配到当前主题 z_s 下的个数。

通过对式（15-5）的推导，可以推导得到词 w_i 在主题 z_s 中的分布的参数估计 $\phi_{s,i}$，主题 z_s 在评论 d_j 中的多项分布的参数估计 $\theta_{j,s}$：

$$\phi_{s,i} = \frac{(n_{s,i} + \beta_i)}{\left(\sum_{i=1}^{V} n_{s,i} + \beta_i \right)} \tag{15-6}$$

$$\theta_{j,s} = \frac{(n_{j,s} + \alpha_s)}{\left(\sum_{s=1}^{K} n_{j,s} + \alpha_s \right)} \tag{15-7}$$

式中，$n_{s,i}$ 表示词 w_i 在主题 z_s 中出现的次数；$n_{j,s}$ 表示文档 d_j 中包含主题 z_s 的个数。

首先，LDA 主题模型在文本聚类、主题挖掘、相似度计算等方面都有广泛的应用，相对于其他主题模型，其引入了狄利克雷先验知识，因此，模型的泛化能力较强，不易出现过拟合现象。其次，它是一种无监督的模式，只需要提供训练文档，它就可以自动训练出各种概率，无需任何人工标注过程，节省大量人力及时间。再次，LDA 主题模型可以解决多种指代问题。例如，在热水器的评论中，根据分词的一般规则，经过分词的语句会将"费用"一词单独分割出来，而"费用"是指安装费用，还是热水器费用等其他情况，如果简单地进行词频统计及情感分析，是无法识别的，从而也无法准确了解用户反映的情况。运用 LDA 主题模型，可以求得词汇在主题中的概率分布，进而判断"费用"一词属于哪个主题，并求得属于这一主题的概率和同一主题下的其他特征词，从而解决多种指代问题。

（3）运用 LDA 模型进行主题分析的实现过程

在本章商品评论关注点的研究中，即对评论中的潜在主题进行挖掘，评论中的特征词是模型中的可观测变量。一般来说，每则评论中都存在一个中心思想，即主题。如果某个潜在主题同时是多则评论中的主题，则这一潜在主题很可能是整个评论语料集的热门关注点。在这个潜在主题上越高频的特征词将越可能成为热门关注点中的评论词。

首先，为提高主题分析在不同情感倾向下热门关注点反映情况的精确度，本章在语义网络情感分类结果的基础上，对不同情感倾向下的潜在主题分别进行挖掘分析，从而得到不同情感倾向下用户对热水器不同方面的反映情况。例如，选取差评中的一则评论"售后服务差极了，不买他们的材料不给安装，还谎称免费安装，其实要收挺贵的安装费，十分不合理。这也算了，安装费之前说 200 元，安好之后要 400 元，更贵了，更加不合理，不管是安装师傅自己还是美的规定，都是很差很差的体验，我看其他人的了，一样的安装，比别人贵的安装费。而且安装师傅做事粗糙，态度粗鲁。"在这则评论中，"安装费"和"安装师傅"在这则评论中出现频率较高，可作为潜在主题。同时，可以得到潜在主题上特征词的概率分布情况，反映潜在主题"安装费"的特征词包括"贵"、"不合理"，反映"安装师傅"的特征词包括"粗糙"、"粗鲁"。

然后，分别统计整个评论语料库中正负情感倾向的主题分布情况，对两种情感倾向下，各个主题出现的次数从高到低进行排序，根据分析需要，选择排在前若干位的主题作为评论集中的热门关注点，接着根据潜在主题上特征词的概率分布情况，得到所对应的热门关注点的评论词。

本章运用 LDA 主题模型的算法，并采用 Gibbs 抽样方法对 LDA 模型的参数进行近似估计，由上面的模型介绍可知，模型中存在 3 个可变量需要确定最佳取值，分别是狄利克雷函数的先验参数 α 和 β、主题个数 K。这里将狄利克雷函数的先验参数 α 和 β 设置为经验值，分别是 $\alpha = 50/K$，$\beta = 0.1$。而主题个数 K 采用统计语言模型中常用的评价标准困惑度[24]来选取，即令 $K = 50$。

（4）LDA 模型的实现

虽然 LDA 可以直接对文本做主题分析，但是文本的正面评价和负面评价混淆在一起，并且由于分词粒度的影响（否定词或程度词等），可能在一个主题下生成一些令人迷惑的词语。因此，将文本分为正面评价和负面评价两个文本，再分别进行 LDA 主题分析是一个比较好的主意。为将文本一分为二，可以进行手工分类，但是极耗精力和时间。为此，可以进行机器标注。这里采用 ROSTCM6 中的情感分析做机器分类，生成"正面情感结果"、"负面情感结果"和"中性情感结果"，抛弃"中性情感结果"文本，分别对"正面情感结果"和"负面情感结果"文本进行 LDA 分析，挖掘出商品的优点与不足。

图 15-20 是对 meidi_jd_process_end. txt 得到的负面评价文本，由于 ROSTCM6 得到的结果还有评分前缀，还需要对前缀的评分删除，并且分类文本是 unicode 编码，则统一另存为

UTF-8 编码再删除评分。删除前缀评分的代码如代码清单 15-3 所示。

```
-1        还行吧 安装有点小贵
-6        热水器很好用 但安装说明不清楚
-9        安装费超贵无比 一副挂件150元 角阀36元一个 我说我自己有 安装师傅说
&ldquo;你的不好 质量不好 我去 我买的可是九牧啊 &rdquo;最可气的是 角阀在墙上
有个装饰盖 竟然另收费 12元一个 结果按照师傅的&ldquo;满意度&rdquo;装完后 光安
装就花了327元&mdash;&mdash;半个热水器 安装挺坑人的
```

图 15-20　负面评价文本

代码清单 15-3　删除前缀评分代码

```
#把"数据及程序"文件夹复制到 F 盘下,再用 setwd 设置工作空间
setwd("F:/数据及程序/chapter15/示例程序")
#读入数据
Data1 = readLines("./data/meidi_jd_process_end_负面情感结果.txt",encoding = "UTF-8")
Data2 = readLines("./data/meidi_jd_process_end_正面情感结果.txt",encoding = "UTF-8")

for (i in 1:length(Data1))
  {
Data1[i] = unlist(strsplit(Data1[i], "\t"))[2]
}
for (i in 1:length(Data2))
{
  Data2[i] = unlist(strsplit(Data2[i], "\t"))[2]
}
write.table(Data1,"./tmp/meidi_jd_neg.txt",row.names = FALSE)
write.table(Data2,"./tmp/meidi_jd_pos.txt",row.names = FALSE)
```

* 代码详见：示例程序/code/clean_ prefix. R

接下来需要对两文本进行分词，保存成两个 TXT 文档，并和停用词文档一起作为 LDA 程序的输入。分词代码如代码清单 15-4 所示。

代码清单 15-4　分词代码

```
#加载工作空间
library(jiebaRD)
library(Rcpp)
library(jiebaR)
setwd("F:/数据及程序/chapter15/示例程序")
Data1 = readLines("./data/meidi_jd_pos.txt",encoding = "UTF-8")
Data2 = readLines("./data/meidi_jd_neg.txt",encoding = "UTF-8")
cutter = worker()
cutter <= Data1
cutter2 = worker()
cutter2 <= Data2
write.table(cutter <= Data1,"./tmp/meidi_jd_neg_cut.txt",row.names = FALSE)
write.table(cutter2 <= Data2,"./tmp/meidi_jd_pos_cut.txt",row.names = FALSE)
```

* 代码详见：示例程序/code/cut. R

在分好词的正面评价、负面评价文件以及过滤用的停用词表的基础上，完成 LDA 的代码如代码清单 15-5 所示。

代码清单 15-5 LDA 代码

```
library(NLP)
library(tm)
library(slam)
library(wordcloud)
#R 语言环境下的文本可视化及主题分析
setwd("F:/数据及程序/chapter15/示例程序")
Data1 = readLines("./data/meidi_jd_pos_cut.txt",encoding = "UTF-8")
Data2 = readLines("./data/meidi_jd_neg_cut.txt",encoding = "UTF-8")
stopwords <- unlist (readLines("./data/stoplist.txt",encoding = "UTF-8"))
#删除 stopwords
removeStopWords = function(x,words) {
  ret = character(0)
  index <- 1
  it_max <- length(x)
  while (index <= it_max) {
    if (length(words[words == x[index]]) <1) ret <- c(ret,x[index])
    index <- index +1
  }
  ret
}
sample.words1 <- lapply(Data1, removeStopWords, stopwords)
sample.words2 <- lapply(Data2, removeStopWords, stopwords)
#构建语料库
corpus1 = Corpus(VectorSource(sample.words1))
#建立文档——词条矩阵
sample.dtm1 <- DocumentTermMatrix(corpus1, control = list(wordLengths = c(2, Inf)))
#主题模型分析
library(topicmodels)
Gibbs = LDA(sample.dtm1, k = 3, method = "Gibbs",control = list(seed = 2015,
    burnin = 1000,thin = 100, iter = 1000))
#最可能的主题文档
Topic1 <- topics(Gibbs, 1)
table(Topic1)
#每个 Topic 前 10 个 Term
Terms1 <- terms(Gibbs, 10)
Terms1
####负面情绪 LDA 分析
#构建语料库
corpus2 = Corpus(VectorSource(sample.words2))
#建立文档——词条矩阵
sample.dtm2 <- DocumentTermMatrix(corpus2, control = list(wordLengths = c(2, Inf)))
#主题模型分析
library(topicmodels)
Gibbs2 = LDA(sample.dtm2, k = 3, method = "Gibbs",control = list(seed = 2015,
    burnin = 1000,thin = 100, iter = 1000))
#最可能的主题文档
```

```
Topic2 <- topics(Gibbs2, 1)
table(Topic2)
#每个 Topic 前 10 个 Term
Terms2 <- terms(Gibbs2, 10)
Terms2
```

*代码详见：示例程序/code/LDA.R

经过 LDA 主题分析后，评论文本被聚成 3 个主题，每个主题下生成 10 个最有可能出现的词语以及相应的概率，表 15-2 显示了美的正面评价文本中的潜在主题，表 15-3 展示了美的负面评价文本中的潜在主题。

表 15-2　美的正面评价潜在主题

主题 1	主题 2	主题 3
很好	不错	安装
送货	的	了
快	东西	师傅
就是	还不错	自己
好	京东	美的
加热	美的	的
速度	价格	元
很快	感觉	没有
服务	很不错	售后
非常	值得	上门

表 15-3　美的负面评价潜在主题

主题 1	主题 2	主题 3
安装	就是	了
师傅	不错	的
美的	加热	东西
元	不知道	没有
送货	不过	京东
售后	有点	自己
服务	还可以	还是
不好	使用	但是
上门	速度	这个
好	吧	可以

根据美的热水器好评的 3 个潜在主题的特征词提取，主题 1 中的高频特征词，即很好、送货、快、加热、速度、很快、服务、非常等，主要反映京东送货快、服务非常好；美的热水器加热速度快；主题 2 中的高频特征词，即热门关注点主要是价格、东西、值得等，主要反映美的热水器不错，价格合适值得购买等；主题 3 中的高频特征词，即热门关注点主要是售后、师傅、上门、安装等，主要反映京东的售后服务以及师傅上门安装等。

从美的热水器差评的 3 个潜在主题中，我们可以看出，主题 1 中的高频特征词主要是安装、服务、元等，主要反映的是美的热水器安装收费高、热水器售后服务不好等；主题 2 中的高频特征词主要是不过、有点、还可以等情感词汇，主要反映的是美的热水器可能不满足其需求等；主题 3 中的高频特征词主要是没有、但是、自己等，可能主要反映美的热水器自己安装等。

综合以上对主题及其中的高频特征词可以看出，美的热水器的优势有以下几个方面：价格实惠、性价比高、外观好看、热水器实用、使用起来方便、加热速度快、服务好。

相对而言，用户对美的热水器的抱怨点主要体现以下几个方面：美的热水器安装的费用贵及售后服务等。

因此，用户的购买原因可以总结为以下几个方面：美的大品牌值得信赖，美的热水器价格实惠，性价比高。

根据对京东平台上，美的热水器的用户评价情况进行 LDA 主题模型分析，我们对美的品牌提出以下建议：

1）在保持热水器使用方便、价格实惠等优点的基础上，对热水器进行改进，从整体上提升热水器的质量。

2）提升安装人员及客服人员的整体素质，提高服务质量。制定安装费用收取明文细则，并进行公开透明，减少安装过程的乱收费问题。适度降低安装费用和材料费用，以此在大品牌的竞争中凸显优势。

15.3 上机实验

1. 实验目的

□ 学习运用 R 语言对文本数据做数据清洗（预处理）。

□ 学习运用 ROSTCM6 对评论文本分类。

□ 学习运用 R 语言对文本做分词处理。

□ 加深对 LDA 主题分析算法原理的理解及使用。

□ 掌握使用 LDA 主题分析算法解决实际问题的方法。

2. 实验内容

□ 京东评论数据中有众多品牌的评论，数据见"上机实验/data/huizong. csv"，利用 R 语言从 csv 文件中，提取出某个品牌的评论数据（如海尔），并对数据做预处理。

□ 将原始数据做完预处理后，再利用 ROSTCM6 划分评论数据，并对两个文本做分词处理和 LDA 主题分析。

3. 实验方法与步骤

（1）实验一

第一步，打开 R 语言软件，新建 excel2txt. R。

第二步，使用 readLines 函数读取数据，并筛选出某个品牌的评论，保存成 TXT 文件（编码统一用 UTF-8，下同）。

1）依次编写 clean_same. R 函数和 clean_prefix. R 函数；

2）clean_same 函数可应用 unique 来高效去重，也可以两重 for 循环比较去重；

3）clean_prefix. 函数对于各个类别的评分进行删除。

第三步，编写并运行程序后，与之前的对比，观察预处理后的效果。

（2）实验二

第一步，利用 ROSTCM6 将预处理后的文本一分为二（只保留正面评价和负面评价）。

1）打开 ROSTCM6 软件，选择"功能性分析"→"情感分析"；

2）在"待分析文件路径"中选择预处理后的文件路径，点击"分析"；

3）将得到的正面评价和负面评价文本另存为到"＼上机实验＼data＼"目录下，并将编码改回 UTF-8（而非 unicode）；

4）编写 clean_prefix. R 代码，运用正则表达式将上述两个文本的前缀评分和空格去除，保存为 meidi_jd_pos. txt 和 meidi_jd_pos. txt 文本。

第二步，利用 jieba 模块分别对上述所得的两个文本做分词，为达到更好的分词效果，添加了自定义词典 myDict. txt（在"＼data"中），可以尝试往 myDict. txt 中自定义编辑添加词组。

第三步，编写 LDA. R 代码，分别运行 meidi_jd_pos_cut. txt 和 meidi_jd_pos_cut. txt 文本，分析产品的优点和不足。

4. 思考与实验总结

如何在 R 中实现情感分析，将评论内容分为正面和负面评价？

15.4　拓展思考

AHP（Analytical Hierachy Process，应用层次分析法）是匹兹堡大学 T. L. Saaty 教授在 20 世纪 70 年代初期提出对定性问题进行定量分析的一种渐变灵活的多准则决策方案，其特点在于把复杂问题中的各种因素通过划分为相互联系的有序层次，使之条理化，根据对有一定客观现实的主观两两比较，把专家意见和分析者的客观判断结果直接有效地结合起来，而后利用数学方法计算每一层元素相对重要性次序的权值，最终通过所有层次间的总排序计算所有元素的相对权重并进行排序从而分析消费者决策。

FCE（Fuzzy Comprehensive Evaluation，模糊综合评判）是在 20 世纪 80 年代初，由我国模糊数学领域的汪培庄教授提出的，并通过广大实际工作者不断的补充发展，衍生出了适用于各种领域的评判方法。模糊综合评判的过程可简述为：决策者将价目表看成是由多重因素组成的因素集 U，再设定这些因素所能选取的评审等级，组成评语的评判集合 V，分别求出各单一因素对各个评审等级的模糊矩阵，然后根据各个因素在评价中的权重分配，通过模糊矩阵合成，求出评价的定量值。

但是这两种方法各有利弊：AHP 能够准确地对决策定性，但其决策过程需要经过大量数据比对最终通过概率确定权重；而 FCE 虽然有很好的定量评价但是无法很好地对决策定性。请利用本案例的数据，尝试通过对二者的结合来实现对电商平台上热水器的购买决策分析。

AHP-FCE 模型需要经历以下三个步骤，具体流程如图 15-21 所示。

- □ 划分因素层；
- □ 应用 AHP 构造消费者心理的隶属函数和因素权集合；
- □ 对所求结果进行综合评判。

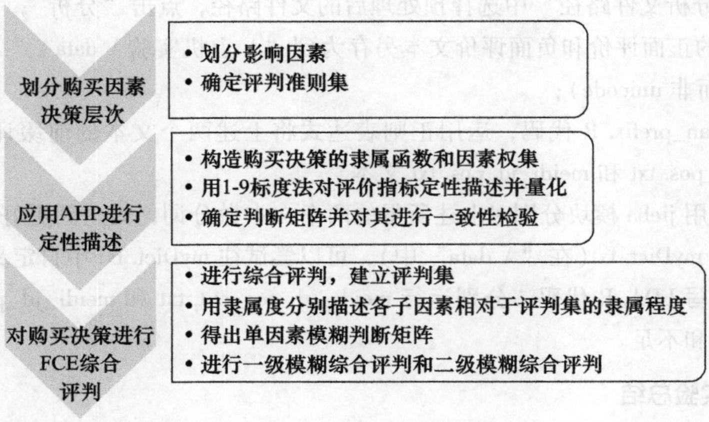

图 15-21　AHP-FCE 模型

15.5　小结

本章结合京东商城美的热水器评论的文本分析的案例,重点介绍了数据挖掘算法中文本挖掘分词算法以及 LDA 主题模型在实际案例中的应用。研究京东平台上的热水器评论问题,从分析某一热水器的用户情感倾向出发挖掘出该热水器的优点与不足,从而提升对应商品生产厂家自身的竞争力,同时提供上机实验加深对 LDA 主题分析算法原理的理解及使用。

提 高 篇

- 第 16 章　基于R语言的数据挖掘二次开发

基于 R 语言的数据挖掘二次开发

16.1　混合编程应用体验——TipDM 数据挖掘平台

顶尖数据挖掘平台（TipDM）是广州 TipDM 团队花费数年时间自主研发的一个数据挖掘平台，基于 SOA 架构，使用 Java 语言开发，能从各种数据源获取数据，建立各种不同的数据挖掘模型。系统支持数据挖掘流程所需的主要过程，并提供开放的应用接口和常用算法，能够满足各种复杂的应用需求。TipDM 以智能预测技术为核心，并提供开放的应用接口。TipDM 的底层算法，主要基于 R、WEKA、Mahout 等通过封装形成，所以建模输出结果与这几个工具的输出类同。使用过程中，用户也可以嵌入自己开发的其他任何算法。

下面以实现网站访问用户聚类为例，先来体验一下 TipDM 数据挖掘平台的魅力！

1. 建设目标

全国大学生数据挖掘竞赛网站（www.tipdm.org）是一个致力于为高校师生提供各类数据挖掘资源、资讯和竞赛活动开展的综合性网站，高校师生可通过网站获取到所需的竞赛通知、教学资源、项目需求、培训课程等信息。访问网站的用户很多，但不同用户群体感兴趣的内容不一样，适合推荐的服务也不一样，有的用户对数据挖掘领域不是太熟悉，相关的技术还不熟悉，此时就需要提供相应的培训资源，有的用户是寻求企业级的数据挖掘服务，希望找到数据挖掘在企业方面的应用，此时就需要提供相应的企业应用服务资源。对于网站而言，可结合用户访问网站的行为，挖掘出不同用户群体，推荐匹配的服务，提高用户留存率。

用户访问网站中不同类别网页的次数反映了用户的倾向，网站网页以一级标签和二级标签进行了标识，统计用户访问不同标签网页的次数能作为用户聚类的指标，考虑到网站建设的目的是有效组织数据挖掘竞赛活动、提供培训咨询服务和企业数据挖掘应用研发合作，聚类的指标可针对这三方面进行设计，将用户划分为不同的群体后可针对相应的群体推荐不同的业务。

2. 模型构建

（1）创建模型方案

根据建设目标，本例需要构建如下预测模型：网站访问用户聚类模型（Model1）登录 TipDM 平台，创建模型方案，如图 16-1 所示。

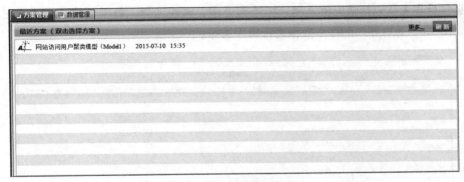

图 16-1　创建方案

（2）专家样本管理

在方案管理界面中，双击激活该方案，在数据管理界面中导入网站访问用户聚类的样本数据，如图 16-2 所示。

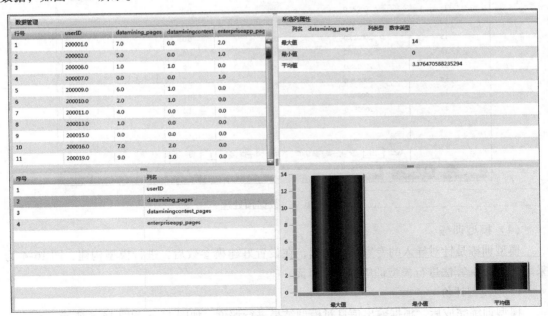

图 16-2　导入样本数据

（3）数据探索和预处理

模型预测的质量不会超过抽取样本的质量。数据探索和预处理的目的是保证样本数据的质量，从而为保证预测质量打下基础。

数据探索是对导入系统中的数据进行初步研究，以便更好地理解它的特殊性质，有助于选择合适的数据预处理和数据分析技术。数据探索包括：相关性分析、主成分分析、周期性分析、脏数据分析等。

数据预处理主要包括缺失值处理、坏数据处理、属性选择、数据规约、离散处理、特征提取等。图 16-3 为对导入的样本数据进行属性选择。

index	userID	datamining_pages	dataminingcontest_pages	enterpriseapp_pages
1	200001.0	7.0	0.0	2.0
2	200002.0	5.0	0.0	1.0
3	200006.0	1.0	1.0	0.0
4	200007.0	0.0	0.0	1.0
5	200009.0	6.0	1.0	0.0
6	200010.0	2.0	1.0	0.0
7	200011.0	4.0	0.0	0.0
8	200013.0	1.0	0.0	0.0
9	200015.0	0.0	0.0	0.0
10	200016.0	7.0	2.0	0.0
11	200019.0	9.0	3.0	0.0
12	200021.0	2.0	0.0	1.0
13	200023.0	1.0	0.0	0.0
14	200024.0	1.0	0.0	0.0
15	200025.0	5.0	0.0	1.0
16	200027.0	1.0	0.0	1.0
17	200028.0	1.0	1.0	1.0
18	200029.0	0.0	0.0	4.0
19	200030.0	0.0	0.0	0.0
20	200031.0	4.0	1.0	0.0

K均值聚类(R语言) 训练数据

每页 20 上一页 第1/3页 共50条 下一页 1 页 Excel

导入数据 参数设置 聚类分析

图 16-3 数据预处理

（4）模型训练

模型训练是针对导入的专家样本数据，在设置好建模参数后，进行模型构建，图 16-4 为采用 K-Means 算法进行模型训练的操作界面。

（5）模型评价

模型训练完成后，根据输出信息对模型结果进行评价，如图 16-5 和图 16-6 所示。

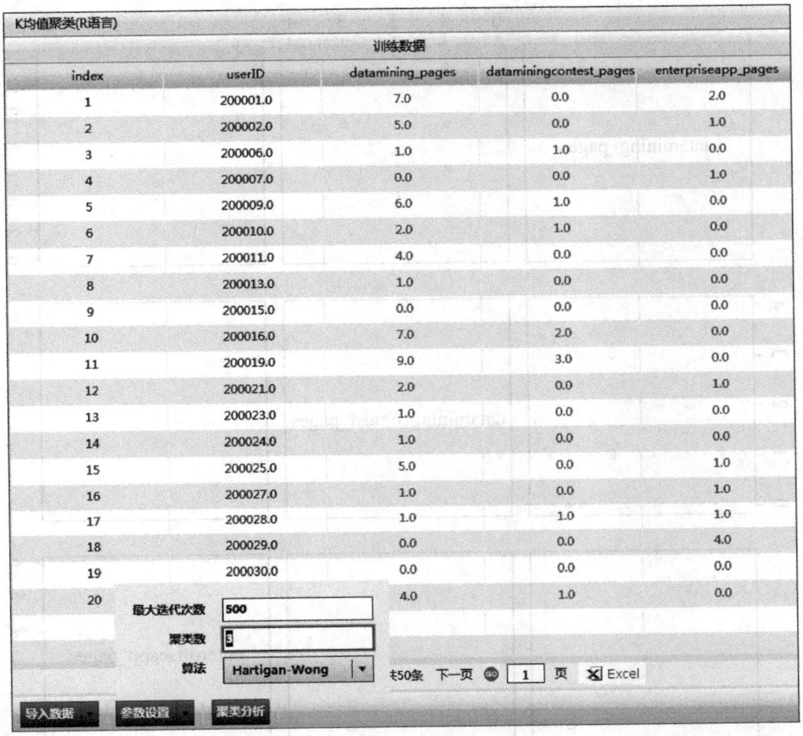

K均值聚类(R语言)

训练数据

index	userID	datamining_pages	dataminingcontest_pages	enterpriseapp_pages
1	200001.0	7.0	0.0	2.0
2	200002.0	5.0	0.0	1.0
3	200006.0	1.0	1.0	0.0
4	200007.0	0.0	0.0	1.0
5	200009.0	6.0	1.0	0.0
6	200010.0	2.0	1.0	0.0
7	200011.0	4.0	0.0	0.0
8	200013.0	1.0	0.0	0.0
9	200015.0	0.0	0.0	0.0
10	200016.0	7.0	2.0	0.0
11	200019.0	9.0	3.0	0.0
12	200021.0	2.0	0.0	1.0
13	200023.0	1.0	0.0	0.0
14	200024.0	1.0	0.0	0.0
15	200025.0	5.0	0.0	1.0
16	200027.0	1.0	0.0	1.0
17	200028.0	1.0	1.0	1.0
18	200029.0	0.0	0.0	4.0
19	200030.0	0.0	0.0	0.0
20		4.0	1.0	0.0

最大迭代次数 500
聚类数 3
算法 Hartigan-Wong

每50条 下一页 1 页 Excel

导入数据　参数设置　聚类分析

图 16-4　模型训练

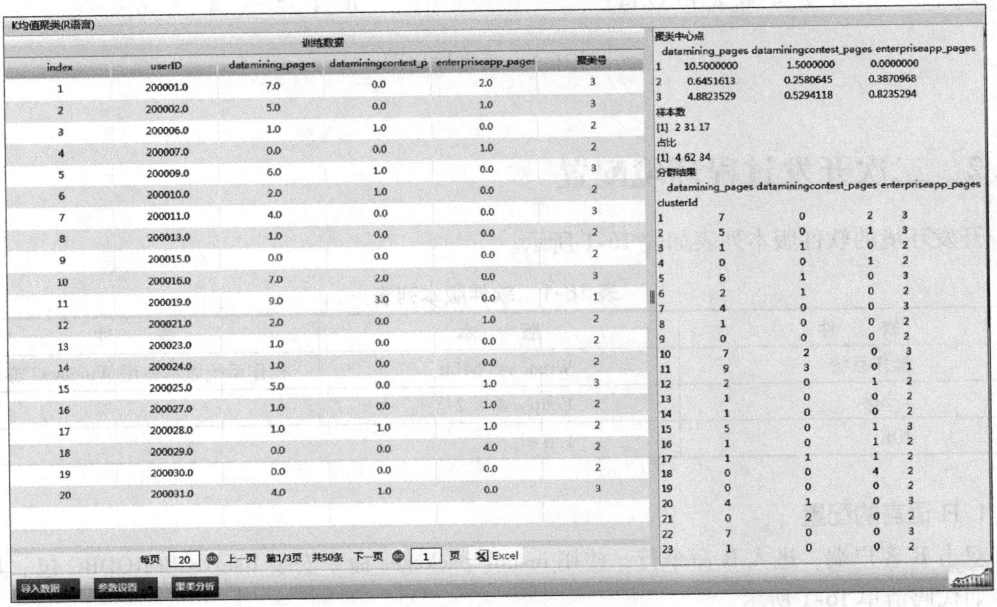

K均值聚类(R语言)

训练数据

index	userID	datamining_pages	dataminingcontest_p	enterpriseapp_pages	聚类号
1	200001.0	7.0	0.0	2.0	3
2	200002.0	5.0	0.0	1.0	3
3	200006.0	1.0	1.0	0.0	2
4	200007.0	0.0	0.0	1.0	2
5	200009.0	6.0	1.0	0.0	3
6	200010.0	2.0	1.0	0.0	2
7	200011.0	4.0	0.0	0.0	3
8	200013.0	1.0	0.0	0.0	2
9	200015.0	0.0	0.0	0.0	2
10	200016.0	7.0	2.0	0.0	3
11	200019.0	9.0	3.0	0.0	1
12	200021.0	2.0	0.0	1.0	2
13	200023.0	1.0	0.0	0.0	2
14	200024.0	1.0	0.0	0.0	2
15	200025.0	5.0	0.0	1.0	3
16	200027.0	1.0	0.0	1.0	2
17	200028.0	1.0	1.0	1.0	2
18	200029.0	0.0	0.0	4.0	2
19	200030.0	0.0	0.0	0.0	2
20	200031.0	4.0	1.0	0.0	3

聚类中心点
　　datamining_pages dataminingcontest_pages enterpriseapp_pages
1　10.5000000　　1.5000000　　　0.0000000
2　0.6451613　　0.2580645　　　0.3870968
3　4.8823529　　0.5294118　　　0.8235294
样本数
[1] 2 31 17
占比
[1] 4 62 34
分群结果
　　datamining_pages dataminingcontest_pages enterpriseapp_pages
clusterId
1	7	0	2	3
2	5	0	1	3
3	1	1	0	2
4	0	0	1	2
5	6	1	0	3
6	2	1	0	2
7	4	0	0	3
8	1	0	0	2
9	0	0	0	2
10	7	2	0	3
11	9	3	0	1
12	2	0	1	2
13	1	0	0	2
15	5	0	1	3
16	1	0	1	2
17	1	1	1	2
18	0	0	4	2
19	0	0	0	2
20	4	1	0	3
21	0	2	0	2
22	7	0	0	3
23	1	0	0	2

每页 20　上一页 第1/3页 共50条 下一页 1 页 Excel

导入数据　参数设置　聚类分析

图 16-5　模型结果

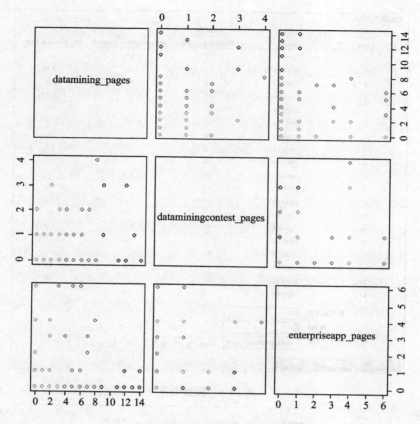

图 16-6　模型输出图

16.2　二次开发过程环境配置

开发环境的软件版本列表如表 16-1 所示。

表 16-1　软件版本列表

软　件	版　本	备　注
操作系统	Windows8 64bit	操作系统版本使用 Windows7 亦可
Eclipse	Eclipse 4.4.2	
JDK	1.6 +	

1. R 语言的配置

双击 R 客户端，进入 R 命令行，使用 install. packages 命令安装 Rserve 和 RODBC 包。具体命令如代码清单 16-1 所示。

代码清单 16-1　安装 Rserve 和 RODBC 包

```
install.packages('Rserve')
install.packages('RODBC')
```

2. Java 的安装与配置

从 Oracle 的官网下载最新的 Windows 版本的 JDK，JDK 是整个 Java 的核心，包括 Java 的运行环境、Java 工具和 Java 基础类库。根据安装向导提示完成 JDK 安装。

JDK 安装完成后还需要设置环境变量。打开系统属性，选择"高级"选项卡，点击"环境变量"，新建系统变量 JAVA_HOME，设置变量值为 JDK 的安装目录，如本示例的为"D:/Program Files/Java/jdk1.7.0_75"，注意不包括""，如图 16-7 所示。新建系统变量 classpath，设变量值为"%JAVA_HOME%\lib\tools.jar;%JAVA_HOME%\lib\dt.jar"，编辑系统变量 Path，添加变量值为"%JAVA_HOME%\bin;"，如图 16-8 和图 16-9 所示。

最后，打开命令行，输入 java-version 查看是否有对应的版本信息输出，以验证安装是否成功。

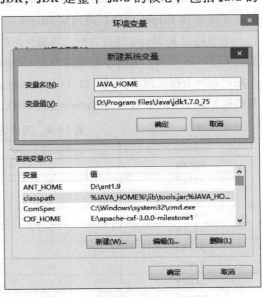

图 16-7　配置系统变量 JAVA_HOME

图 16-8　配置系统变量 classpath

图 16-9　配置系统变量 Path

16.3 R 语言数据挖掘二次开发实例

Rserve 是一个基于 TCP/IP 协议的，允许 R 语言与其他语言通信的 C/S 结构的程序，支持 C/C++、Java、PHP、Python、Ruby、Nodejs 等。Rserve 提供远程连接、认证、文件传输等功能。了解更多 Rserve 信息，可访问 Rserve 的官方网站：http://www.rforge.net/Rserve/。

本节将以 K-Means 模型为例，详细介绍如何在 Java 环境下通过 Rserve 来远程连接 R 服务器，实现 K-Means 聚类。实例中的数据为上一节网站访问用户聚类样本数据（见表 16-2），记录了每个用户访问数据挖掘培训网页数（datamining_pages）、企业应用网页数（dataminingcontest_pages）和数据挖掘竞赛网页数（enterpriseapp_pages），通过聚类分析能够发现用户的偏好。

表 16-2　网站访问用户聚类样本数据

userID	datamining_pages	dataminingcontest_pages	enterpriseapp_pages
200001	7	0	2
200002	5	0	1
200006	1	1	0
200007	0	0	1
200009	6	1	0
200010	2	1	0
200011	4	0	0
200013	1	0	0
200015	0	0	0
200016	7	2	0
200019	9	3	0
200021	2	0	1
200023	1	0	0
200024	1	0	0
200025	5	0	1
200027	1	0	1
200028	1	1	1
200029	0	0	4
200030	0	0	0
200031	4	1	0
200032	0	2	0
200033	7	0	0
200034	1	0	0
200035	0	1	0
200036	1	0	0
200037	1	0	1
200038	0	0	0

＊数据详见：示例程序/data/cluster_data.xls

双击 R 客户端，进入 R 命令行，使用 install. packages 命令安装 Rserve 和 RODBC 包，并且调用 Rserve 函数以远程方式启动 Rserve。具体命令如代码清单 16-2 所示。

代码清单16-2　远程方式启动 Rserve 代码

```
install.packages('Rserve')
install.packages('RODBC')
library('Rserve')
Rserve(args = ' -- RS - enable - remote')
```

在 Eclipse 中创建 Java 工程，将 R_HOME/library/Rserve/Java 下的 jar 包添加到工程的 classpath，工程目录结构如图 16-10 所示。

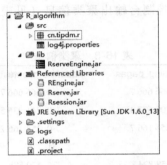

图 16-10　工程目录结构

新建 Java 类，编写代码如代码清单 16-3 所示。

代码清单16-3　R 语言二次开发代码

```
//配置连接信息
RserverConf conf = new RserverConf("localhost",6311,null,null,new Properties());
Rsession session = Rsession.newInstanceTry(System.out, conf);
//设置聚类参数{n:聚类数,i:迭代次数,a:聚类算法,可选项有["Hartigan - Wong", "Lloyd",
    "Forgy","MacQueen"]}
session.set("n", 3);
session.set("i", 500);
session.set("a","Forgy");
StringBuilder sb = new StringBuilder();
String line = "/n";
sb.append("library(RODBC)").append(line);
sb.append("source = odbcConnectExcel2007('D:/sample/data.xls')").append(line);
sb.append("data = sqlFetch(source,'Sheet1')").append(line);
sb.append("kmeansdata = data[,2:ncol(data)]").append(line);
sb.append("kmeansresult = kmeans(kmeansdata,n,i,algorithm = a)").append(line);
sb.append("jpeg(file = 'cluster.jpeg')").append(line);
sb.append("plot(kmeansdata,col = kmeansresult$cluster)").append(line);
sb.append("dev.off()").append(line);
sb.append("kmeansdata = cbind(kmeansdata,kmeansresult$cluster)").append(line);
sb.append("colnames(kmeansdata)[ncol(kmeansdata)] = 'clusterId'").append(line);
```

```
sb.append("centers = capture.output(kmeansresult$centers)").append(line);
sb.append("size = capture.output(kmeansresult$size)").append(line);
sb.append("percent = capture.output(kmeansresult$size*100/sum
    (kmeansresult$size))").append(line);
sb.append("predicts = array(kmeansresult$cluster)").append(line);
session.eval(sb.toString());
System.out.println("聚类中心点:" + session.asString("centers"));
System.out.println("样本数:" + session.asString("size"));
System.out.println("样本占比:" + session.asString("percent"));
System.out.println("分群结果:" + session.asString("capture.output(kmeansdata)"));
session.end();conn.close();
```

运行代码，聚类完成后，在控制台输出聚类信息（见表 16-3）、分群结果（见表 16-4）和聚类结果图（图 16-11）。

表 16-3　聚类信息

聚类中心点：[1]"	datamining_pages	dataminingcontest_pages	enterpriseapp_pages"
[2]"1	12. 666 666 7	0. 666 666 7	0. 333 333 3"
[3]"2	5. 709 677 4	0. 741 935 5	1. 193 548 4"
[4]"3	0. 854 166 7	0. 354 166 7	0. 708 333 3"
样本数：[1]" [1]	6	31	48"
样本占比：[1]" [1]	7. 058 824	36. 470 588	56. 470 588"

表 16-4　分群结果

分群结果：[1]"	datamining_pages	dataminingcontest_pages	enterpriseapp_pages	clusterId"
[2]"1	7	0	2	2"
[3]"2	5	0	1	2"
[4]"3	1	1	0	3"
[5]"4	0	0	1	3"
[6]"5	6	1	0	2"
[7]"6	2	1	0	3"
[8]"7	4	0	0	2"
[9]"8	1	0	0	3"
[10]"9	0	0	0	3"
[11]"10	7	2	0	2"
[12]"11	9	1	0	2"
...				
[83]"82	6	1	6	2"
[84]"83	2	3	4	3"
[85]"84	13	1	0	1"
[86]"85	5	0	6	2"

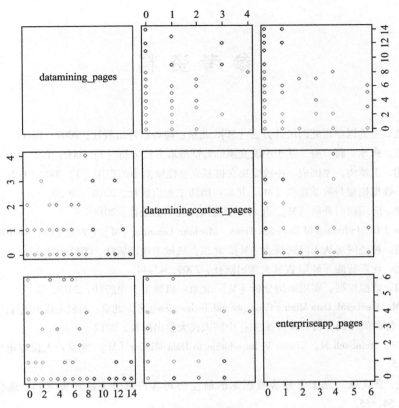

图 16-11　聚类结果图

16.4　小结

本章首先介绍了基于 R 语言二次开发的数据挖掘应用软件 TipDM 数据挖掘平台，并以此平台介绍了如何使用此平台进行挖掘建模，包括挖掘建模的各个步骤，使读者可以切身体验到 R 语言二次开发平台的强大魅力。接着，针对 R 语言二次开发做了重点介绍，主要使用与 Java 的混合编程进行展示，最后给出 Java 程序调用 R 语言代码进行聚类运算的实例。

参 考 资 料

［1］ 方积乾. 生物医学研究的统计方法 ［M］. 北京：高等教育出版社，2007：16-17.

［2］ 张静远，张冰，蒋方舟. 基于小波变换的特征提取方法分析 ［J］. 2000：1-8.

［3］ 张良均，王靖涛，李国成. 小波变换在桩基完整性检测中的应用 ［J］. 2002：1-2.

［4］ 廖芹. 数据挖掘与数学建模 ［M］. 北京：国防工业出版社，2010：49-50.

［5］ 何晓群. 应用回归分析 ［M］. 北京：中国人民大学出版社，2011.

［6］ Quinlan J R. Induction of Decision Trees, Machine Learning ［M］. 1986，（1）：81-106.

［7］ 张良均. 神经网络从入门到精通 ［M］. 北京：机械工业出版社，2012：11-12.

［8］ 周春光. 计算智能 ［M］. 吉林大学出版社，2009：43-44.

［9］ 张良均. 数据挖掘：实用案例分析 ［M］. 北京：机械工业出版社，2013.

［10］ Han J M, KamberM. Data Mining Concepts and Techniques ［M］. 北京：机械工业出版社，2012：247-254.

［11］ 王燕. 应时间序列分析 ［M］. 北京：中国人民大学出版社，2012.

［12］ Tan P N, Steinbach M, Kumar V. Introdution to Data Mining ［M］. 北京：人民邮电出版社，2010：404-415.

［13］ 罗亮生，张文欣. 基于常旅客数据库的航空公司客户细分方法研究 ［J］. 现代商业，2008，（23）：54，55.

［14］ 电子商务网站 RFM 分析 ［EB/OL］. http://www. skynuo. com/Seo_detail131. Html/.

［15］ 鹿竟文. 三阴乳腺癌证素变化规律及截断疗法研究 ［D］. 江苏：南京中医药大学. 2012.

［16］ Stricker M A, Orengo M. Similarity of color images ［C］//IS&T/SPIE′s Symposium on Electronic Imaging: Science & Technology. International Society for Optics and Photonics，1995：381-392.

［17］ 袁守正，丁富强，裴国才. 云计算环境下业务系统健康度模型研究 ［J］. 电信技术，2014，（03）：86-90.

［18］ 张利. 基于时间序列 ARIMA 模型的分析预测算法研究及系统实现 ［D］. 江苏大学. 2008.

［19］ 项亮. 推荐系统实战 ［M］. 北京：人民邮电出版社，2012.

［20］ Tibshirani R. Regression shrinkage and selection via the lasso ［J］. J. Royal. Statist. Soc B.，58(1)：267-288.

［21］ Zou H. The Adaptive Lasso and its oracle properties ［J］. Journal of the American Statistical Association，2006，101(476)：1418-1429.

［22］ Blei D M, Ng A Y, Jordan M I. Latent dirichlet allocation ［J］. Journal of Machine Learning Research，2003，3：2003.

［23］ Berg B A. Markov Chain Monte Carlo Simulations and Their Statistical Analysis ［M］. World Scientific. 2004.

［24］ Cao J, Xia T, Li J T. A density method for adaptive LDA model selection ［J］. Neurocomputing，2009，（72）：1775-1781.